全国工程专业学位研究生教育国家级规划教材

李元科 编著
Li Yuanke

工程最优化设计

（第2版）

Optimization Principles
and Techniques
for E esign
(Seco

清華大学出版社
北京

内容简介

本书系统地介绍了工程最优化设计所涉及的基本知识、基本理论、主要算法和常用计算程序，包括数学模型、线性规划算法、非线性无约束算法、非线性约束算法、遗传算法和神经网络算法，以及大型工具软件包 MATLAB 中的最优化工具箱。书中还配有大量的例题、设计计算实例以及双级斜齿圆柱齿轮减速器最优化设计和平面四杆机构再现轨迹最优化设计的全过程。本书既兼顾理论的严密性和系统性，又注重算法的应用性和可操作性。应用本书介绍的基本算法和 MATLAB 程序，可以方便地求解各类实际的工程设计问题。

本书主要用作工程硕士研究生的教材，也可作为工科院校相关专业硕士生、本科生的教材及教学参考书，还可用作工程技术人员，特别是工程设计人员的学习参考书。

图书在版编目(CIP)数据

工程最优化设计/李元科编著.—2版.—北京：清华大学出版社，2019（2025.3重印）
（全国工程专业学位研究生教育国家级规划教材）
ISBN 978-7-302-53589-8

Ⅰ.①工… Ⅱ.①李… Ⅲ.①工程－最优设计－研究－教材 Ⅳ.①TB21

中国版本图书馆 CIP 数据核字(2019)第 181867 号

责任编辑：许　龙
封面设计：常雪影
责任校对：赵丽敏
责任印制：刘海龙

出版发行：清华大学出版社
　　网　　址：https://www.tup.com.cn, https://www.wqxuetang.com
　　地　　址：北京清华大学学研大厦 A 座　　邮　　编：100084
　　社 总 机：010-83470000　　邮　　购：010-62786544
　　投稿与读者服务：010-62776969，c-service@tup. tsinghua. edu. cn
　　质量反馈：010-62772015，zhiliang@tup. tsinghua. edu. cn
印 装 者：三河市君旺印务有限公司
经　　销：全国新华书店
开　　本：185mm×260mm　　印　　张：11　　字　　数：265 千字
版　　次：2006 年 8 月第 1 版　2019 年 7 月第 2 版　　印　　次：2025 年 3 月第 5 次印刷
定　　价：39.80 元

产品编号：073727-02

前言

人类从事的一切生产活动都离不开设计。设计是为满足社会需要进行的一系列创造性思维活动，是把各种先进的科学技术转化为生产力的重要手段，设计就是创新。对工业企业来说，设计决定着企业的命运和前途。因为现代企业的竞争，实质上是产品性能和质量的竞争，而产品的性能和质量主要是通过设计来实现并保证的，如同生物体的基本性态是在其胚胎基因的遗传和重组过程中就确定一样。正因为如此，近 60 年来，形成了一整套有关现代设计的理论和方法。工程最优化设计就是其中之一。

工程最优化设计是应用数学方法和计算机技术求取工程项目或工业产品的最优设计方案的方法和技术。本书主要介绍工程最优化设计的基本理论、基本方法及其工程应用。

本书共分 8 章，第 1 章介绍数学模型的组成及其建立方法；第 2 章补充必要的数学基础知识；第 3 章讲解单变量函数的最优化方法；第 4 章讲解非线性无约束问题的最优化方法；第 5 章讲解线性规划问题的最优化方法；第 6 章讲解非线性约束问题的最优化方法；第 7 章讲解新兴的智能最优化方法；第 8 章介绍工程最优化问题的计算机编程和求解。本书用作硕士生或本科生教材时，总教学学时为 32～40。前 6 章为精讲内容，后两章可作简单介绍或留给学生自学。

本书在编写过程中融入了作者对这门课程多年的教学经验和有关的科研体会。在讲解基本理论和算法的过程中，努力揭示各种算法巧妙而严密的构造思想及其内在的联系和各自特色。使读者不仅学到具体的算法，而且学到用数学方法解决实际问题的思维模式和分析方法。

本书是全国工程专业学位研究生教育国家级规划教材，具有以下特色：

(1) 内容精练，具有代表性。在算法的介绍中，尽量选取那些相对简单，但具有鲜明特点和代表性的算法。要求读者重点掌握的，不是各个具体的算法，而是相关的基本概念、基本思想和解题思路。

(2) 注重工程应用性和可操作性。除配有大量的例题之外，在第 8 章还介绍了大型工具软件 MATLAB 中最优化工具箱的使用方法，以及几个典型的机械工程设计实例的求解全过程。读者在学完本书之后，可以借助 MATLAB 软件方便地求解类似的工程设计问题。

(3) 力求知识的先进性。介绍完一般的函数最优化算法之后，在第 7 章比较详尽地介绍了当代最新发展起来的遗传算法和神经网络算法，以求扩展读者的视野，激发其进一步学习和应用的热情。

Foreword

(4) 尽量面向学习对象。文中配有大量的插图、程序框图、例题和习题,并在每章结束前给出本章重点、基本要求和内容提要,以方便读者自学。

本书内容丰富而详实,除用作有关专业工程硕士研究生的教材之外,也可作为各高校相关专业硕士生和本科生的教材或参考书,还可供从事工程设计和管理工作的工程技术人员学习参考。

由于时间仓促,水平有限,书中难免有错误和不足之处,恳请同行专家和广大读者给予批评指正。

作者

2018年9月

目录

Contents

绪 论

人们做任何事情都希望用最少的付出得到最佳的效果，工程设计人员总是力求取得工程问题的一组最合理的设计参数，使得由这组设计参数确定的设计方案既满足各种设计标准、设计规范和技术要求，又使其某一项或多项技术经济指标达到最佳，如结构最紧凑、用料最省、成本最低、工作性能最好等，这就是最优化设计。传统的工程设计，由于设计手段和设计方法的限制，设计者不可能在一次设计中得到某个项目的多个方案，不可能进行多方案的分析比较，更不可能寻求最优的设计方案。于是，人们只能在漫长的设计、实施和使用过程中，通过不断地认识、试验与改进，逐步使项目的设计方案趋于完善。现代电子计算机的发展和普及，以计算机为基础的最优化数值计算方法的成熟和应用，使工程问题的最优化设计成为可能，并在其应用和发展过程中形成了一套完整的工程最优化设计理论和方法。

工程最优化设计是把工程设计问题转化为与之对应的条件极值问题，然后利用最优化数值计算方法和计算机程序，借助计算机求得最优设计方案的过程和方法。进行工程最优化设计，首先必须将实际问题加以数学描述，形成一组代表该问题的数学表达式，称为设计问题的数学模型；然后选择一种最优化数值计算方法和计算机程序；最后在计算机上运算求解，得到一组代表最优设计方案的最佳的设计参数，称为设计问题的最优解。可见，最优化设计是一种先进的设计理念和方法，它同CAD设计、可靠性设计、动态设计、有限元分析等构成了一整套现代设计的理论和方法。在近四五十年内，这些现代设计理论和方法的推广和应用，使得各种工程设计的质量和速度得到了极大的改进和提高，从而在工程设计领域引起了一场巨大的变革。

20世纪50年代以前，用于解决最优化问题的数学方法仅限于古典的微分法和变分法。20世纪50年代末，由于计算机的出现，数学规划法即数值迭代法被用于求解工程最优化问题，并于其后的20～30年间，迅速地得到发展和应用，形成了一门新的应用数学的分支。

工程最优化问题可以分为函数最优化问题和组合最优化问题两大类。函数最优化问题就是通常所说的连续变量最优化问题，一般的工程设计问题都属于此类问题，用一般的最优化数值迭代方法即可求解。组合最优化是指一类离散变量和整数变量的最优化问题，这种问题的解是在一个有限或无限集合中，既满足各种设计要求，又使定义在该集合上的某个函数达到极值的子集。典型的组合最优化问题有旅行商(TSP)问题、加工调度问题、背包问题、装箱问题、着色问题和聚类问题等。

组合最优化问题有很强的工程代表性,从理论上讲可以用原始的穷举法求解,但该类问题的解集合的大小随着问题的复杂化会发生急剧地膨胀乃至“爆炸”。如已知 N 个城市中两两之间的距离,要求计算遍历每个城市一次的最短距离,这就是著名的 TSP 问题。这里存在 $(N-1)!/2$ 条不同的路径,其计算量正比于 $(N-1)!$,显然一般的穷举法或迭代搜索法都无法承受如此大的计算量。

随着人工智能学科的出现和发展,20 世纪 60 年代以后出现了一类模仿人类和生物繁衍、进化以及信息传播过程的最优化计算方法,如遗传算法、神经网络算法、蚁群算法等,简称智能最优化方法或进化方法。这类算法不仅能够求解一般的函数最优化问题,而且在解决全局最优解问题和组合最优化问题中具有独特的优势,因此在近 40 年来,得到了迅速的发展和应用。

本教材第 1 章介绍工程最优化设计的数学模型,第 2～6 章介绍各种最优化数值迭代方法,第 7 章介绍智能最优化方法,包括遗传算法和神经网络算法,第 8 章介绍 MATLAB 软件包中有关最优化计算的工具箱的使用,并列举了部分工程最优化设计的典型实例。

第1章

最优化问题的数学模型

数学模型是对实际问题的数学描述和概括，是进行最优化设计的基础。根据设计问题的具体要求和条件建立完备的数学模型是最优化设计成败的关键。这是因为最优化问题的计算求解完全是针对数学模型进行的。也就是说，最优化计算所得最优解实际上只是数学模型的解，至于是否是实际问题的解，则完全取决于数学模型与实际问题符合的程度。

工程设计问题通常是相当复杂的，欲建立便于求解的数学模型，必须对实际问题加以适当的抽象和简化。不同的简化方法得到不同的数学模型和计算结果，而且一个完善的数学模型，往往需要在计算求解过程中进行反复地修改和补充才能最后得到。由此可见，建立数学模型是一项重要而复杂的工作：一方面希望建立一个尽可能完善的数学模型，以求精确地表达实际问题，得到满意的设计结果；另一方面又要力求建立的数学模型尽可能简单，以方便计算求解。要想正确地协调这两方面的要求，就必须对实际问题及其相关设计理论和设计知识有深入的理解，并且善于将一个复杂的设计问题分解为多个子问题，抓住主要矛盾逐个加以解决。

本章通过几个简单的最优化设计简例，说明数学模型的一般形式、结构及其有关的基本概念。

1.1 设计简例

下面是3个最优化设计简例，可以看作几个复杂工程设计问题的子问题，虽然比较简单，但却具有一定的代表性。

例 1-1 用一块边长 3m 的正方形薄板，在四角各裁去一个大小相同的方块，做成一个无盖的箱子。试确定如何裁剪可以使做成的箱子具有最大的容积。

解：设裁去的4个小方块的边长为 x，则做成的箱子的容积为

$$f(x)=x(3-2x)^2$$

于是，上述问题可描述为

求变量　x

使函数　$f(x)=x(3-2x)^2$　极大化

这样就把该设计问题转化成为一个求函数 $f(x)$ 最大值的数学问题。其中，x 是待定的求解参数，称为设计变量；函数 $f(x)$ 代表设计目标，称为目标函数。由于目标函数是设计变量的三次函数，并且不存在任何限制条件，故称此类问题为非线性无约束最优化问题。

根据一元函数的极值条件，令 $f'(x)=0$，解得 $x=0.5$，$f(x)=2.0$，记作 $x^*=0.5$，$f^*(x)=2.0$，称为原设计问题的最优解。

例 1-2 某工厂生产甲、乙两种产品，生产每种产品所需的材料、工时、用电量和可以获得的利润，以及每天能够提供的材料、工时、用电量见表 1-1，试确定该厂两种产品每天的生产计划，以使得每天获得的利润最大。

表 1-1 生产条件基本数据

产品	材料/kg	工时/h	用电能量/(kW·h)	利润/元
甲	9	3	4	60
乙	4	10	5	120
供应量	360	300	200	

解：这是一个简单的生产计划问题，可归结为在满足各项生产条件的基础上，合理安排两种产品每天的生产量，以使利润最大化的最优化设计问题。

设每天生产甲产品 x_1 件，乙产品 x_2 件，每天获得的利润用函数 $f(x_1,x_2)$ 表示，即

$$f(x_1,x_2)=60x_1+120x_2$$

每天实际消耗的材料、工时和电力分别用函数 $g_1(x_1,x_2)$、$g_2(x_1,x_2)$ 和 $g_3(x_1,x_2)$ 表示，即

$$g_1(x_1,x_2)=9x_1+4x_2$$
$$g_2(x_1,x_2)=3x_1+10x_2$$
$$g_3(x_1,x_2)=4x_1+5x_2$$

于是，该生产计划问题可归结为以下数学问题

求变量 x_1,x_2

使函数 $f(x_1,x_2)=60x_1+120x_2$ 极大化

并满足条件

$$g_1(x_1,x_2)=9x_1+4x_2\leqslant 360$$
$$g_2(x_1,x_2)=3x_1+10x_2\leqslant 300$$
$$g_3(x_1,x_2)=4x_1+5x_2\leqslant 200$$
$$g_4(x_1,x_2)=x_1\geqslant 0$$
$$g_5(x_1,x_2)=x_2\geqslant 0$$

这些表达式是对该生产计划问题的数学描述，称为数学模型。其中，函数 $f(x_1,x_2)$ 代表设计目标，称为目标函数。x_1,x_2 是待求解参数，称为设计变量。$g_u(x_1,x_2)(u=1,2,\cdots,5)$ 代表 5 个已知的生产指标，称为约束函数；对应的 5 个不等式代表 5 个生产条件，称为约束条件。由于目标函数和所有约束函数都是设计变量的线性函数，故称此类问题为线性约束最优化问题。此问题虽然比较简单，但却无法用高等数学中的极值条件直接求解。

例 1-3 一种承受纯扭矩的空心传动轴，已知需传递的转矩为 T，见图 1-1，试设计确定此传动轴的尺寸，以使其用料最省。

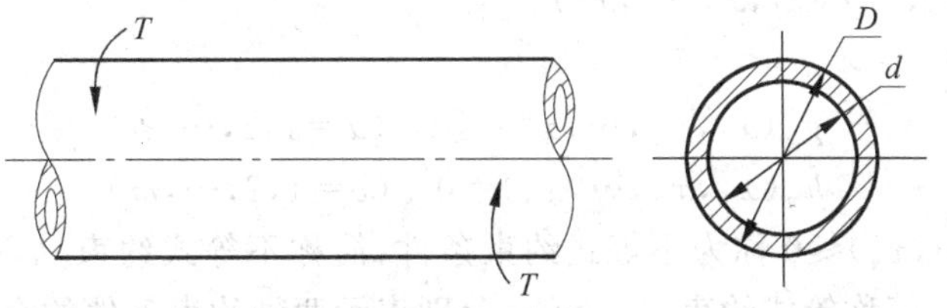

图 1-1 空心传动轴简图

解：由机械设计理论知，传动轴是只承受纯扭矩载荷的轴，一般采用空心圆截面轴。当传动轴的长度一定时，这种轴的体积和重量与轴的截面积成正比。为了承受一定的扭矩而又不发生失效，要求传动轴必须具备一定的强度和刚度。令轴的外径和内径分别用 D 和 d 表示，由设计资料知，空心传动轴的截面积、强度条件和刚度条件分别为

$$S=\frac{\pi}{4}(D^2-d^2)$$

$$\tau=\frac{16DT}{\pi(D^4-d^4)}\leqslant[\tau]$$

$$\theta=\frac{32T}{\pi G(D^4-d^4)}\leqslant[\theta]$$

式中，τ 为轴截面上的最大扭剪应力，$[\tau]$为轴用材料的许用扭剪应力；θ 和$[\theta]$为轴的扭转角和许用扭转角；G 为剪切弹性模量。

用 x_1 表示外径 D，用 x_2 表示内径 d，则上述传动轴设计问题可转化为如下数学模型所代表的最优化设计问题：

求设计变量　x_1,x_2

使目标函数　$f(x_1,x_2)=\frac{\pi}{4}(x_1^2-x_2^2)$　极小化

满足约束条件

$$g_1(x_1,x_2)=\frac{16T}{\pi}\cdot\frac{x_1}{x_1^4-x_2^4}-[\tau]\leqslant 0$$

$$g_2(x_1,x_2)=\frac{32T}{\pi G}\cdot\frac{1}{x_1^4-x_2^4}-[\theta]\leqslant 0$$

$$g_3(x_1,x_2)=x_1\geqslant 0$$

$$g_4(x_1,x_2)=x_2\geqslant 0$$

显然，这是一个含有 4 个约束条件、两个设计变量的非线性约束最优化设计问题，同样无法直接用极值条件求解。

1.2 数学模型的一般形式

从以上 3 个例子可以看出，最优化设计的数学模型是对实际问题的数学描述，由设计变量、目标函数和约束条件 3 部分组成。可以概括为如下的一般形式：

求设计变量　$x_1,x_2,\cdots,x_n$

极小化目标函数　$f(x_1,x_2,\cdots,x_n)$

满足约束条件

$$g_u(x_1,x_2,\cdots,x_n)\leqslant 0\quad(u=1,2,\cdots,p)$$
$$h_v(x_1,x_2,\cdots,x_n)=0\quad(v=1,2,\cdots,m)$$

其中，$g_u(x_1,x_2,\cdots,x_n)\leqslant 0$ 称为不等式约束条件，简称不等式约束，$h_v(x_1,x_2,\cdots,x_n)=0$ 称为等式约束条件，简称等式约束。p 和 m 分别表示两种约束条件的个数。

用向量 $\boldsymbol{X}=[x_1,x_2,\cdots,x_n]^{\mathrm{T}}$ 表示 n 个设计变量，用 $\boldsymbol{X}\in\mathbf{R}^n$ 表示向量 $\boldsymbol{X}$ 属于 n 维实欧氏空间，用 min 和 max 分别表示极小化和极大化，用 s. t. (subject to)表示“满足于”，则最优化设计的数学模型可简写为如下向量形式：

$$\begin{aligned}&\min f(\boldsymbol{X})\quad \boldsymbol{X}\in\mathbf{R}^n\\&\text{s. t. }\ g_u(\boldsymbol{X})\leqslant 0\quad(u=1,2,\cdots,p)\\&\qquad h_v(\boldsymbol{X})=0\quad(v=1,2,\cdots,m)\end{aligned}\tag{1-1}$$

由于工程设计中所要求的解都是实数解，故式(1-1)中的 $\boldsymbol{X}\in\mathbf{R}^n$ 可以省略。

式(1-1)是数学模型的一般形式，本书后面所推导出的算法和相关公式，都是以此一般形式为基础给出的。当实际问题与此形式不一致时，应首先将其转化为一般形式。如设计问题要求目标函数 $f(\boldsymbol{X})$ 极大化时，只要将目标函数以 $-f(\boldsymbol{X})$ 代替即可，因为对同一个问题，$\min f(\boldsymbol{X})$ 和 $\max[-f(\boldsymbol{X})]$ 具有相同的解。同样，当约束条件中的不等号为不小于($\geqslant$)时，只需将不等式两端同乘以“-1”即可。

例 1-2 的数学模型经上述转化成为如下一般形式：

$$\begin{aligned}&\min f(\boldsymbol{X})=-60x_1-120x_2\\&\text{s. t. }\ 9x_1+4x_2-360\leqslant 0\\&\qquad 3x_1+10x_2-300\leqslant 0\\&\qquad 4x_1+5x_2-200\leqslant 0\\&\qquad -x_1\leqslant 0\\&\qquad -x_2\leqslant 0\end{aligned}$$

最优化问题也称数学规划问题。根据数学模型中目标函数和约束函数的性质可将最优化问题分为线性最优化(规划)问题和非线性最优化(规划)问题。

当数学模型中的目标函数和约束函数全部是设计变量的线性函数时，称此问题为线性最优化问题或线性规划问题；当目标函数和约束函数中至少有一个是非线性函数时，称这样的问题为非线性最优化问题或非线性规划问题。

线性规划和非线性规划是数学规划的两个重要分支，生产计划和经济管理方面的问题一般可归结为线性规划问题，工程设计问题可归结为非线性规划问题。

1.3 数学模型的组成

1.3.1 设计变量与设计空间

在最优化问题的数学模型中，设计变量是一组待定的未知数，它对应于实际工程问题的一组特征主参数，它的任意一组确定的数值代表该工程问题的一个特定的设计方案。因此，在建立工程问题的数学模型时，应该首先选取那些能够代表设计方案的主参数作为设计变量。

工程问题的设计参数一般是相当多的，包括常量和变量，变量又分独立变量和因变量。建立数学模型时，为了使数学模型尽量简单并且易于求解，通常只选取独立变量作为设计变量。如例 1-3 的空心传动轴设计中有 3 个设计参数：内径 d、外径 D 和壁厚 δ，其中只有两个参数是独立的。当选内径 d、外径 D 为设计变量时，壁厚可表示为 $\delta=0.5(D-d)$，当选外径 D、壁厚 δ 为设计变量时，内径可表示为 $d=D-2\delta$。

同一设计问题，当设计要求或设计条件发生变化时，设计变量的确定也应随之变化。如前述空心传动轴设计，若将传动轴改为转轴，则轴上不仅受扭矩作用，而且受弯矩作用，这时轴的长度也成为决定轴的强度和刚度的参数，故也应选作设计变量。

对于比较复杂的问题，可以先把那些较次要的参数或者变化范围较窄的参数暂时作为常量，建立简化的数学模型，以减少设计变量的数目，加快最优化求解的速度。当确定这种简化的模型计算无误时，再逐渐增加设计变量的个数，逐步提高求解的准确性与完整性。

设计变量有连续变量和离散变量之分。工程问题中很多变量要求取整数或标准系列值，这就是离散变量问题。通常所说的最优化理论和算法都是对连续变量问题提出的，对于离散变量最优化问题，目前直接的求解算法还不够成熟，通常的处理方法是先将离散变量当作连续变量，用连续变量最优化算法求出连续最优解后，再作适当的离散化处理，如某种方式的圆整或取标准值等。

由线性代数知，分别以 n 个设计变量 $x_1,x_2,\cdots,x_n$ 为坐标轴，可以形成一个 n 维实欧氏空间，记作 $\mathbf{R}^n$。称这样的空间为设计空间，称 n 为空间的维数，称空间中的点为设计点。于是每一个设计点都对应设计变量的一组确定的值，都代表设计问题的一个确定的解。可见，设计空间就是最优化问题的解空间。最优化问题的目的就是要在设计空间内无穷多个设计点中，找到一个既满足所有约束条件，又使目标函数取得极小值的点，称为最优点，它所代表的解称为设计问题的最优解。

记设计空间中的一个设计点为 $\boldsymbol{X}=[x_1,x_2,\cdots,x_n]^{\mathrm{T}}$，其中 $x_1,x_2,\cdots,x_n$ 代表各个坐标方向上的坐标值。则 $\boldsymbol{X}$ 同时也代表一个以坐标原点为起点，以 $\boldsymbol{X}$ 为终点的向量(矢量)。这样的几个设计点间可以进行向量运算。如图 1-2 和图 1-3 所示，两个设计点 $\boldsymbol{X}^1$ 和 $\boldsymbol{X}^2$ 的连线构成的第三个向量，可以用 $\boldsymbol{X}^1-\boldsymbol{X}^2$ 表示。

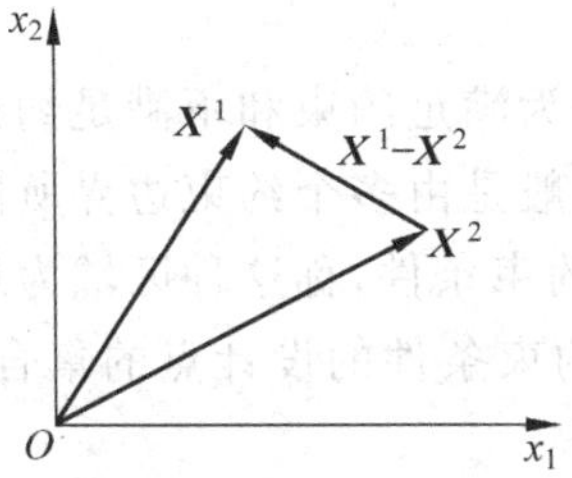

图 1-2 二维设计空间

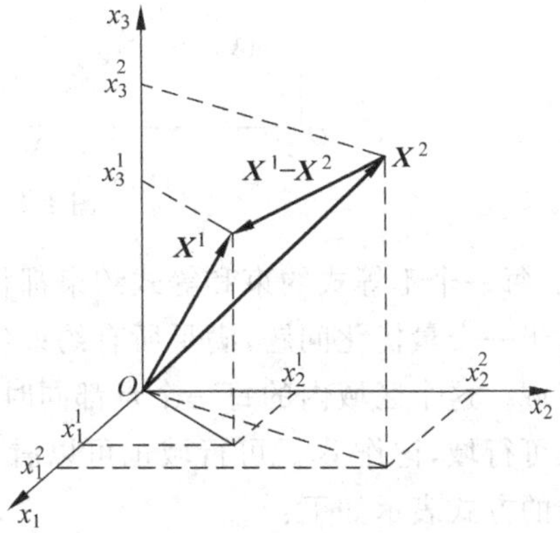

图 1-3 三维设计空间

1.3.2 约束条件与可行域

任何设计问题都附带大量的设计要求和限制条件,将这样的要求和限制表示成设计变量 $\boldsymbol{X}$ 的函数 $h_v(\boldsymbol{X})$ 和 $g_u(\boldsymbol{X})$,进而构成如下的数学不等式或等式:

$$g_u(\boldsymbol{X}) \leqslant 0 \quad (u=1,2,\cdots,p)$$

$$h_v(\boldsymbol{X}) = 0 \quad (v=1,2,\cdots,m)$$

则这样的一组表达式就称为该设计问题的约束条件。

约束条件除有等式约束和不等式约束之分外,还可分为边界约束和性能约束,起作用约束和不起作用约束等。

边界约束是对设计变量本身所加的直接限制,如下面的约束

$$a_i - x_i \leqslant 0$$

$$x_i - b_i \leqslant 0$$

就限定了设计变量 x_i 的取值范围为闭区间 $[a_i, b_i]$,因此属于边界约束。

性能约束从形式上看,是对设计问题的某一项技术性能指标或性能参数所加的限制,但实际上仍是对设计变量所加的间接限制。如例 1-3 中关于材料、用电量和工时的约束条件都属于性能约束条件。

将不等式约束中的不等号改成等号后得到的方程

$$g_i(\boldsymbol{X}) = 0$$

称为约束方程,对应的图形称为约束边界。一个约束边界把设计空间一分为二,其中一部分区域内的所有点均满足原不等式约束,而另一部分区域内的点都不满足原不等式约束。

等式约束本身也是一种约束方程和约束边界,不过此时只有约束边界上的点满足该等式约束,边界之外的任何点都不满足该等式约束。如图 1-4 所示。

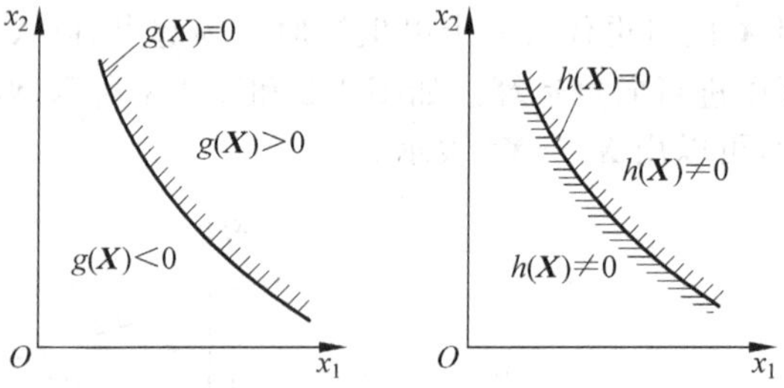

图 1-4 约束边界

可见,每一个不等式约束和等式约束都将设计空间分为满足约束和不满足约束的两个区域。对于一个最优化问题,满足所有约束条件的部分一般是由多个约束边界所围成的一个封闭区域。这个区域内的每一个点都同时满足所有的约束条件,称这种区域为最优化问题的约束可行域,记作 $\mathcal{D}$。可行域也可以看作满足所有约束条件的设计点的集合,于是也可用集合的方式表示如下:

$$\mathcal{D} = \{\boldsymbol{X} \mid g_u(\boldsymbol{X}) \leqslant 0, h_v(\boldsymbol{X}) = 0 \ (u=1,2,\cdots,p;\ v=1,2,\cdots,m)\} \tag{1-2}$$

由例 1-2 得到的 5 个约束方程分别是

$$g_1(\boldsymbol{X}) = 9x_1 + 4x_2 - 360 = 0$$
$$g_2(\boldsymbol{X}) = 3x_1 + 10x_2 - 300 = 0$$
$$g_3(\boldsymbol{X}) = 4x_1 + 5x_2 - 200 = 0$$
$$g_4(\boldsymbol{X}) = x_1 = 0$$
$$g_5(\boldsymbol{X}) = x_2 = 0$$

它们在二维设计平面中形成的约束边界和约束可行域如图 1-5 所示。可以看出这个问题的约束可行域是由 5 条约束边界(直线)围成的封闭五边形 $OABCD$。

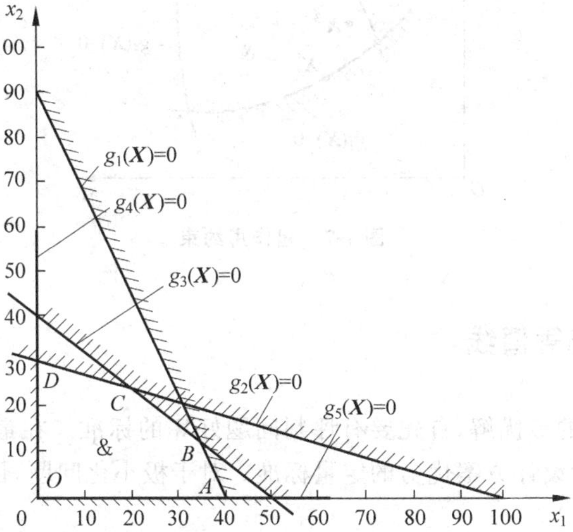

图 1-5 例 1-2 的可行域

再看下面的一组约束条件

$$g_1(\boldsymbol{X}) = -x_1 + x_2 - 2 \leqslant 0$$
$$g_2(\boldsymbol{X}) = x_1^2 - x_2 + 1 \leqslant 0$$
$$g_3(\boldsymbol{X}) = -x_1 \leqslant 0$$

它们的 3 条约束边界线所围成的可行域如图 1-6 所示。

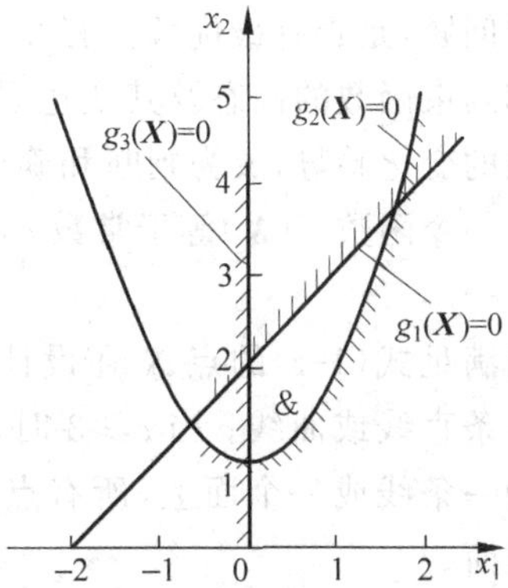

图 1-6 约束可行域

根据是否满足约束条件可以把设计点分成可行点(也称内点)和非可行点(也称外点),根据约束边界是否通过某个设计点,又可将约束条件分成该设计点的起作用约束和不起作用约束。

所谓起作用约束就是对某个设计点特别敏感的约束,或者说约束边界正好通过该设计点的约束。

具体地说,如果在点 $\boldsymbol{X}^k$ 上,某个不等式约束条件 $g_i(\boldsymbol{X}) \leqslant 0$ 变成等式,即有

$$g_i(\boldsymbol{X}^k) = 0$$

也就是说,该点位于这个约束边界上时,则称 $g_i(\boldsymbol{X}) \leqslant 0$ 是点 $\boldsymbol{X}^k$ 的起作用约束。在图 1-7 中,点 $\boldsymbol{X}^1$ 位于约束边界 $g_1(\boldsymbol{X}^1) = 0$ 上,故 $g_1(\boldsymbol{X}) \leqslant 0$ 是点

$\boldsymbol{X}^1$ 的起作用约束,其余 3 个约束条件则是点 $\boldsymbol{X}^1$ 的不起作用约束。又如点 $\boldsymbol{X}^2$,它位于两个约束边界的交点上,故这两个约束条件 $g_1(\boldsymbol{X})\leqslant 0$ 和 $g_2(\boldsymbol{X})\leqslant 0$ 都是点 $\boldsymbol{X}^2$ 的起作用约束。

一个点 $\boldsymbol{X}^k$ 的起作用约束的个数和对应的约束条件序号可以用集合形式表示如下

$$I_k=\{u \mid g_u(\boldsymbol{X}^k)=0\ (u=1,2,\cdots,p)\} \tag{1-3}$$

式中,I_k 称为点 $\boldsymbol{X}^k$ 的起作用约束的下标集合。如图 1-7 中,$I_1=\{1\}$,$I_2=\{1,2\}$。

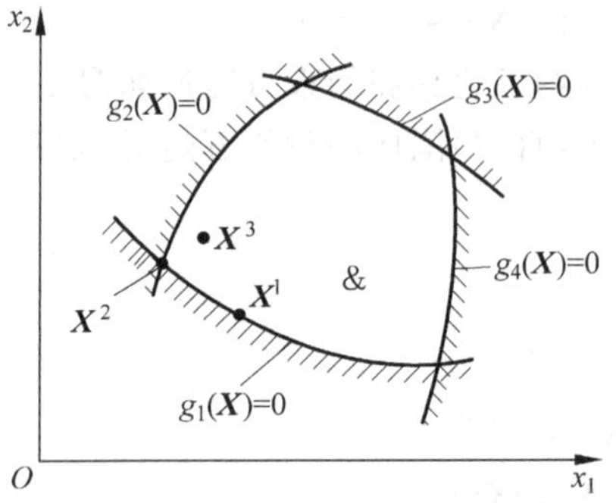

图 1-7 起作用约束

1.3.3 目标函数与等值线

要寻求某一问题的最优解,首先要有评判问题好坏的标准。在最优化设计的数学模型中,目标函数就是衡量设计方案优劣的定量标准。对于极小化问题,目标函数的值越小对应的设计方案越好。

不同的设计问题有不同的方案评价标准,甚至一个问题有几个不同的评价标准。一般情况下,应针对具体问题,选择设计问题的某个重要的技术经济指标作为最优化设计的目标函数,如利润、成本、功率、重量等。

通常一个设计问题只有一个目标函数,这就是单目标最优化问题,它是本书讨论的重点。

求解最优化问题的目的就是要找出最优解所代表的最优设计方案。对于一个具体的设计问题,是否有最优解?有几个最优解?最优解在什么位置?这些问题都决定于目标函数和约束函数的性态及其变化规律。对于简单的问题,函数的等值线(面)可以直观地描绘函数的变化趋势,成为判断和确定最优解的重要依据。

令函数 $f(\boldsymbol{X})$等于常数 c,即

$$f(\boldsymbol{X})=c \tag{1-4}$$

则满足式(1-4)的点 $\boldsymbol{X}$ 在设计空间定义了一个点集。当 $c=2$ 时,该点集是设计平面内的一条直线或曲线;当 $c\geqslant 3$ 时,该点集是设计空间内的一个平面、曲面或超曲面。在这样的一条线或一个面上,所有点的函数值均相等,因此,称这种线或面为函数的等值线或等值面。

当 c 取一系列不同的常数值时,式 (1-4)定义了一组形态相似的等值线(面),称为函数 $f(\boldsymbol{X})$的等值线(面)族。如图 1-8 和图 1-9 所示。

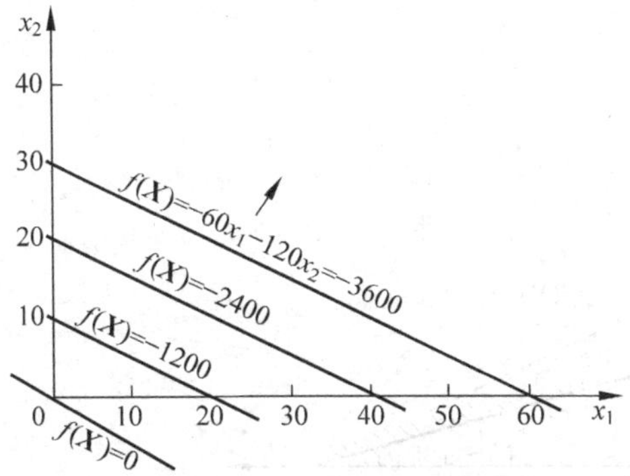

图 1-8 例 1-2 的目标函数等值线

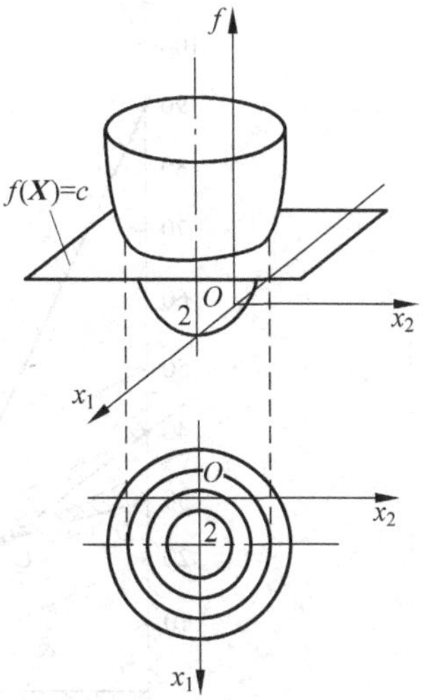

图 1-9 函数的等值线族

图 1-8 所示为例 1-2 中目标函数 $f(\boldsymbol{X}) = -60x_1 - 120x_2$ 的等值线族，它们是一组相互平行的直线，各条等值线所对应的函数值，由左下向右上方逐渐减小。

图 1-9 所示为旋转抛物面 $f(\boldsymbol{X})=x_1^2+x_2^2-4x_1+4$ 被一组平面 $f(\boldsymbol{X})=c$ 切割所得交线在设计空间 x_1Ox_2 上的投影，显然这组投影线就是旋转抛物面函数的一族等值线，它们是以点 $\boldsymbol{X}=[2,\ 0]^{\mathrm{T}}$ 为圆心的一组同心圆，其圆心 $\boldsymbol{X}=[2,\ 0]^{\mathrm{T}}$ 就是该旋转抛物面函数的极小点。

1.4 最优化问题的图解法

对简单的二维最优化问题，可以用作图的方法。在设计平面中画出约束可行域和目标函数的一族等值线，并根据等值线与可行域的相互关系确定出最优点的位置，进而得到问题的近似最优解，这就是最优化问题的图解法。

图解法的步骤如下：

① 确定设计空间。

② 画出由约束边界围成的约束可行域。

③ 作出 1～2 条目标函数的等值线，并判断目标函数的下降方向。

④ 判断并确定最优点。

例 1-2 是一个二维线性规划问题。其可行域见图 1-5，目标函数的等值线见图 1-8。把这两张图叠加在一起就形成了图 1-10。由图 1-10 可知，等值线向右上方移动时，目标函数的值逐渐下降。点 $C(20,24)$是在目标函数的下降方向上等值线与可行域的最后一个交点，因此，点 C 就是可行域内的最优点，是数学模型的最优解。对应的原生产计划问题的最优方案是：每天生产甲产品 20 件，生产乙产品 24 件，可以获得最大利润 4080 元。

例 1-4 用图解法求解最优化问题：

$$\min f(\boldsymbol{X})=x_1^2+x_2^2-4x_1+4$$

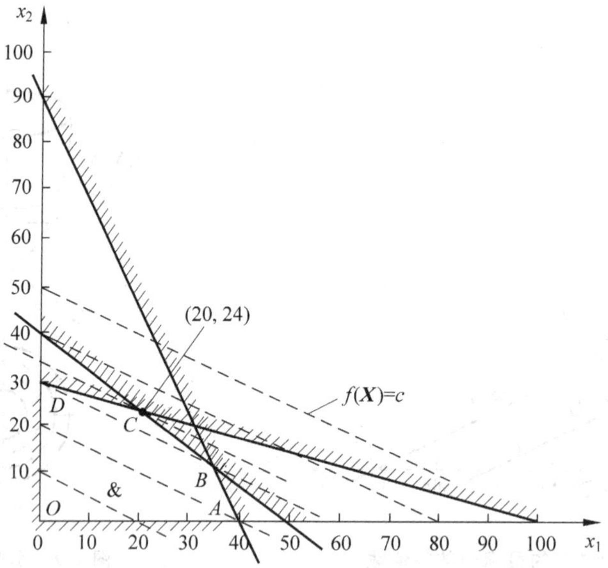

图 1-10　例 1-2 的图解法

$$
\text{s.t.}\ g_1(\boldsymbol{X}) = -x_1 + x_2 - 2 \leqslant 0
$$

$$
g_2(\boldsymbol{X}) = x_1^2 - x_2 + 1 \leqslant 0
$$

$$
g_3(\boldsymbol{X}) = -x_1 \leqslant 0
$$

这是一个二维非线性规划问题,约束的可行域如图 1-6 所示,目标函数的等值线如图 1-9 所示。将这两张图叠加起来就是图 1-11。由图 1-11 可以看出,在可行域内使目标函数取最小值的点就是点 A。它是目标函数的一条等值线与可行域边界的切点,函数值更小的等值线已经不可能与可行域再有交点,因此点 A 就是该问题的最优点。对应的最优解约是:$\boldsymbol{X}^* = [0.58, 1.34]^{\mathrm{T}}$,$f^* = 2.98$。

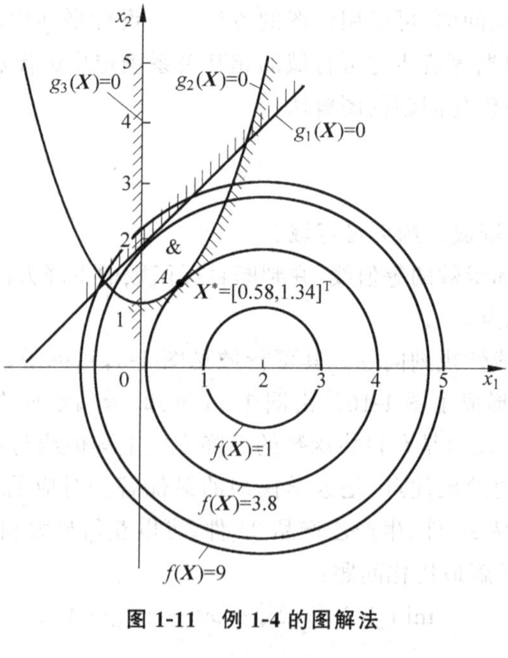

图 1-11　例 1-4 的图解法

可见,在画出约束可行域和1～2条目标函数的等值线的情况下,如果有最优解存在,最优点必定是在目标函数的下降方向上,等值线与可行域的最后一个交点或切点。

一般来说,线性规划问题的约束可行域是由线性约束边界围成的凸多边形或凸多面体,等值线(面)是一族平行的直线(平面),故最优点必定位于可行域的某个顶点上。而非线性最优化问题的最优点通常位于某个约束边界上。

图解法只适用于一些极其简单的最优化问题,虽然很少有实用价值,但是对于理解最优化方法的诸多基本概念和基本原理却是很有意义的。

1.5 最优化问题的下降迭代解法

最优化问题的求解方法(简称最优化方法)是针对比较复杂的极值问题提出的一种区别于解析法的数值解法,或者说迭代算法。由于在数学模型中定义的是极小化问题,因此将这种求解最优化问题的数值解法称为下降迭代解法。

按照某一迭代算式,从任意一个初始点 $\boldsymbol{X}^0$ 开始,以某种递推格式产生如下点列:

$$\boldsymbol{X}^0,\boldsymbol{X}^1,\boldsymbol{X}^2,\cdots,\boldsymbol{X}^k,\boldsymbol{X}^{k+1},\cdots$$

若该点列所对应的目标函数值呈严格的单调下降趋势,即有

$$f(\boldsymbol{X}^0)>f(\boldsymbol{X}^1)>f(\boldsymbol{X}^2)>\cdots>f(\boldsymbol{X}^k)>f(\boldsymbol{X}^{k+1})>\cdots$$

并且该点列的极限就是所求目标函数的极小点 $\boldsymbol{X}^*$,即有

$$\lim_{k\to\infty}\boldsymbol{X}^k=\boldsymbol{X}^*$$

则产生此点列的算式和递推迭代格式就构成为一种下降迭代解法。

1.5.1 下降迭代解法的基本格式

在最优化方法中,迭代点的产生一般采用如下迭代算式:

$$\boldsymbol{X}=\boldsymbol{X}^k+\alpha\boldsymbol{S}^k$$

式中,$\boldsymbol{S}^k$ 称为搜索方向;α 称为步长因子。此式意味着新的迭代点 $\boldsymbol{X}$ 是从当前点 $\boldsymbol{X}^k$ 出发,沿方向 $\boldsymbol{S}^k$ 跨出 α 步长得到的。

为了让每一次迭代都能使目标函数获得最大的下降量,新的迭代点通常取作方向 $\boldsymbol{S}^k$ 上的极小点,亦称一维极小点,记作 $\boldsymbol{X}^{k+1}$,即有

$$\boldsymbol{X}^{k+1}=\boldsymbol{X}^k+\alpha_k\boldsymbol{S}^k \tag{1-5}$$

式中,α_k 为最优步长因子。求最优步长因子 α_k 和一维极小点 $\boldsymbol{X}^{k+1}$ 的数值算法称为一维搜索算法或线性搜索算法。

于是下降迭代解法的基本迭代格式可概括如下:

① 给定初始点 $\boldsymbol{X}^0$ 和一个足够小的收敛精度 $\varepsilon>0$,并置计数单元 $k=0$。

② 选取搜索方向 $\boldsymbol{S}^k$。

③ 确定最优步长因子 α_k,并由 $\boldsymbol{X}^{k+1}=\boldsymbol{X}^k+\alpha_k\boldsymbol{S}^k$ 计算得到新的迭代点 $\boldsymbol{X}^{k+1}$。

④ 最优解判断:若点 $\boldsymbol{X}^{k+1}$ 满足收敛精度要求,亦称终止准则,则以 $\boldsymbol{X}^{k+1}$ 作为最优解,输出计算结果并终止迭代;否则,以 $\boldsymbol{X}^{k+1}$ 作为新的起点,即令 $k=k+1$,转②进行下一轮

迭代。

由此不难看出,要构成一个下降迭代解法必须解决以下3个基本问题:

(1) 选择合适的搜索方向,不同的搜索方向构成不同的下降迭代算法。

(2) 寻找最优步长因子和新的迭代点,一般采用一维搜索算法。

(3) 给定适当的终止判断准则。

下降迭代解法的基本迭代框图见图1-12。

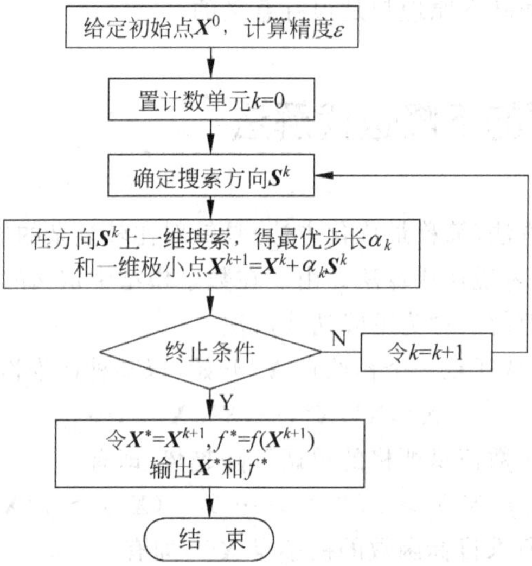

图1-12 下降迭代解法的基本迭代框图

1.5.2 算法的收敛性与终止准则

1) 算法的收敛性

如前所述,当迭代算法产生的点列所对应的函数值严格地单调递减,并且最终收敛于最优化问题的极小点时,称此迭代算法具有收敛性。点列向极小点逼近的速度称为算法的收敛速度。作为一种可靠实用的最优化算法,不仅要有良好的收敛性,而且应具有尽可能快的收敛速度。

最优化算法的收敛速度可以这样定义:对于与迭代次数无关的常数$\sigma\in(0,1)$,如果存在数$\beta\geqslant1$,使下式成立:

$$\lim_{k\to\infty}\frac{\|\boldsymbol{X}^{k+1}-\boldsymbol{X}^*\|}{\|\boldsymbol{X}^k-\boldsymbol{X}^*\|^{\beta}}=\sigma \tag{1-6}$$

当$\beta=1$时,称算法具有线性收敛性,或者说算法具有线性收敛速度;当$1<\beta<2$时,称算法具有超线性收敛性;当$\beta=2$时,称算法具有二次收敛性。分析可知,超线性收敛快于线性收敛,二次收敛又快于超线性收敛。一般来说,具有二次收敛性的算法是收敛速度最快的算法,具有线性收敛性的算法是速度比较缓慢的算法,具有超线性收敛速度的算法已经是计算速度比较快的算法了。如后面要介绍的最优化算法中,梯度法具有线性收敛性,牛顿法具有二次收敛性,其他算法都只具有超线性收敛性。

2）终止准则

由于计算机的计算精度越来越高，任何最优化算法向极小点的逼近过程，都将是一个可望而不可即的过程。因为不可能让两个实数完全相等，所以精确的最优解是永远也不可能达到的。但是从工程角度考虑，一个精确度过高的最优解在计量和实施过程中是无法实现的和没有必要的。因此，最优化计算只要求得到满足一定精度的近似最优解，而非精确最优解。判断迭代点是否达到给定精度要求的判别式称为最优化算法的终止(收敛)准则。

常用的终止准则有以下 3 种。

(1) 点距准则。一般来说，迭代点向极小点的逼近速度是逐渐变慢的，越接近极小点，相邻迭代点间的距离越小。当相邻迭代点间的距离充分小，并且小于给定的收敛精度 $\varepsilon>0$，即有

$$\|\boldsymbol{X}^{k+1}-\boldsymbol{X}^{k}\|\leqslant\varepsilon \tag{1-7}$$

时，便可认为点 $\boldsymbol{X}^{k+1}$ 是满足给定收敛精度的最优解。于是，可令 $\boldsymbol{X}^{*}=\boldsymbol{X}^{k+1}$，输出 $\boldsymbol{X}^{*}$ 和 $f(\boldsymbol{X}^{*})$ 后终止迭代。一般取收敛精度 $\varepsilon=10^{-6}\sim10^{-4}$。

(2) 值差准则。在迭代点向极小点逼近的过程中，不仅相邻迭代点间的距离逐渐缩短，而且它们的函数值也越来越接近。因此，可将相邻迭代点的函数值之差作为判断近似最优解的另一个准则，这就是值差准则。即对于充分小的正数 ε，如果

$$|f(\boldsymbol{X}^{k})-f(\boldsymbol{X}^{k+1})|\leqslant\varepsilon$$

或者

$$\left|\frac{f(\boldsymbol{X}^{k})-f(\boldsymbol{X}^{k+1})}{f(\boldsymbol{X}^{k})}\right|\leqslant\varepsilon \tag{1-8}$$

成立，则令 $\boldsymbol{X}^{*}=\boldsymbol{X}^{k+1}$，输出 $\boldsymbol{X}^{*}$ 和 $f(\boldsymbol{X}^{*})$ 后终止迭代。

(3) 梯度准则。由极值理论知，多元函数在某点取得极值的必要条件是函数在该点的梯度等于零。一般情况下，梯度等于零的点就是函数的极值点。但是在迭代计算中，梯度值不可能绝对等于零，故可认为，梯度的模小于给定精度($\varepsilon>0$)的点就是函数的近似最优点。即当

$$\|\nabla f(\boldsymbol{X}^{k+1})\|\leqslant\varepsilon \tag{1-9}$$

时，令 $\boldsymbol{X}^{*}=\boldsymbol{X}^{k+1}$，输出 $\boldsymbol{X}^{*}$ 和 $f(\boldsymbol{X}^{*})$ 后终止迭代。

通常，上述 3 种终止准则都可以单独使用，只要其中一个得到满足，即可认为已经得到了符合给定精度要求的近似最优解。

但是，在某些情况下，相邻迭代点及其函数值不可能同时达到充分接近，如图 1-13 所示。这时只有将点距准则和值差准则联合起来使用，才能保证得到真正的近似最优解。

下降迭代解法的另外两个问题：最优步长因子的确定和搜索方向的选择，将分别在第 3 章和第 4 章中加以介绍。

1.5.3 最优化算法分类

由于最优化问题的多样性以及下降迭代解法的不同构造方式，产生了多种多样的最优化算法。这些问题和算法可以用不同的方法分类。

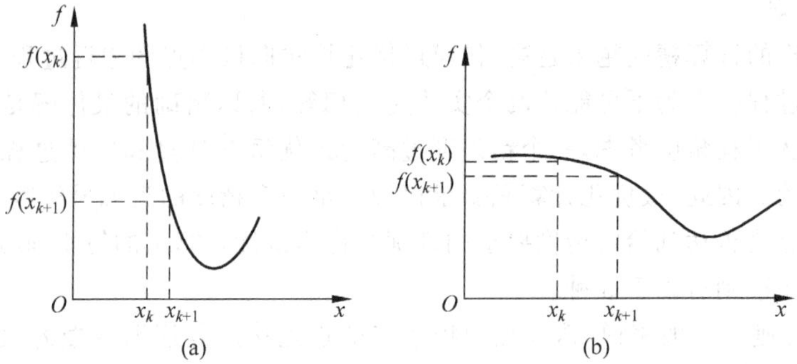

图 1-13　迭代点与函数值不同时收敛的情形

根据目标函数和约束函数的性质可以把最优化问题分为线性问题和非线性问题，目标函数和约束函数均为线性函数的问题称为线性问题，对应的数值求解方法称为线性最优化(规划)算法；目标函数和约束函数中，至少有一个为非线性函数的问题，称为非线性问题，对应的数值求解方法称为非线性最优化(规划)算法。

根据是否具有约束条件，可以将最优化问题分为无约束问题和约束问题，对应的数值解法称为无约束算法和约束算法。根据设计变量的多少可以把最优化算法分为单变量算法和多变量算法，单变量的数值解法即一维搜索法。表 1-2 就是依据上述原则进行的最优化问题和算法分类。

表 1-2　最优化问题和算法分类

问题性质	问题特征		算法特征	算法名称
	特征 1	特征 2		
线性	目标函数和约束函数均为线性函数		顶点转换	单纯形法
非线性	单变量	无约束或有约束	一维搜索	黄金分割法 二次插值法
	多变量	无约束	利用导数	梯度法 牛顿法 变尺度法 共轭梯度法
			不利用导数	鲍威尔法
		有约束	直接求解	可行方向法
			间接求解	序列二次规划法 惩罚函数法 乘子法 遗传算法 神经网络算法

本章重点：数学模型、图解法与下降迭代解法。

基本要求：理解设计变量与设计空间、约束条件、约束边界与可行域、目标函数及其等值线等相关概念和它们之间的相互关系；理解下降迭代解法的基本思想、基本格式与基本问题；掌握简单问题的图解法；能够建立简单的设计问题的数学模型。

内容提要：

最优化设计就是在满足所有设计要求的前提下，寻求实际问题的一组设计主参数的值，以使设计问题的某一项或多项技术经济指标达到最大值或最小值。

数学模型是对实际问题的数学描述，由设计变量、约束条件和目标函数 3 部分组成。设计变量是一组待定的未知数，也是实际问题的一组主参数，设计变量的一组值代表实际问题的一个确定的设计方案。以每一个设计变量为坐标轴所构成的空间称为设计空间，其中的点称为设计点，一个设计点对应设计问题的一个设计方案。

约束条件是关于设计变量的一组不等式和等式，代表设计所受到的各种要求和限制。将不等式约束的不等号改为等号所成方程的图形称为约束边界，每一个约束边界把设计空间一分为二，所有约束边界所界定的满足约束条件区域的交集称为约束的可行域。

目标函数是设计变量的函数，它代表设计问题的某一项技术经济指标，也是评价设计方案优劣的定量标准。既满足所有约束条件，又使目标函数取得极值的解称为最优解，它所代表的方案就是设计问题的最优方案。令目标函数分别等于一组确定的常数所形成的方程式的图形称为该目标函数的一族等值线（面）。根据约束可行域和目标函数等值线（面）之间的关系，可以确定某些简单的设计问题是否有最优解，以及最优解的位置，这种方法称为最优化问题的图解法。

一般的设计问题都是含有多个约束条件的非线性问题，对于这类问题的求解只能采用数值迭代解法，也称下降迭代解法。下降迭代解法具有统一的迭代格式，其关键问题在于如何确定搜索方向、最优步长和终止准则。常用的终止准则有 3 种，分别是点距准则、值差准则和梯度准则。

习　题

1. 试建立下列问题的数学模型。

（1）某制造企业用 A、B、C 3 种设备，生产 4 种产品，每件产品在生产中需要占用设备的工时数及单件产品的利润如表 1-3 所列，试制定利润最大化的产品生产计划。

表 1-3　题(1)的参数

工时数/(h/件) 设备 \ 产品	1	2	3	4	每周可利用工时/h
A	1.5	1	2.4	1	200
B	1	5	1	3.5	800
C	1.5	3	3.5	1	500
利润/(元/件)	52.4	73	83.4	41.8	?

（2）用长 3m 的某种型号角钢切割钢窗用料，每副钢窗需长 1.5m 的料两根，1.2m 的料 3 根，1m 的料 4 根，0.6m 的料 6 根。若需制作钢窗 100 副，问最少需要多少根这种 3m 长

的角钢?

(3) 某建筑企业3年内有5项工程可以承担施工任务。每项选定的工程必须在3年内完成。每项工程的年建设费用、期望收入和各年可利用资金数如表1-4所列,试制定此企业的投标计划,以使3年的总收入最大。

表1-4 题(3)的参数

工程 \ 费用/万元 \ 年度	第一年	第二年	第三年	各项工程期望收入/万元
1	5	1	8	20
2	4	7	10	40
3	3	9	2	20
4	7	4	1	15
5	8	6	10	30
各年可用资金/万元	25	25	25	

(4) 甲、乙两煤矿供应A、B、C 3个城市的生活和生产用煤。两煤矿的产量、各城市的需求量以及煤矿与各城市的距离如表1-5所列,试制定合理的煤炭调运计划,在保证各城市需求的情况下,使运输的总吨公里数最少。

表1-5 题(4)的参数

城市 \ 煤矿	A	B	C	日产量/t
	距离/km			
甲	90	70	100	200
乙	80	65	80	250
日需求量/t	100	150	200	

(5) 已知5名运动员各种姿势下的50m游泳成绩如表1-6所列,试选拔一个4人组成的200m混合泳接力队,使其预期成绩最好。

表1-6 题(5)的参数

泳姿 \ 成绩/s \ 姓名	赵	钱	孙	李	周
仰 泳	37.7	32.9	33.8	37.0	35.4
蛙 泳	43.4	33.1	42.2	34.7	41.8
蝶 泳	33.3	28.5	38.9	30.4	33.6
自由泳	29.2	26.4	29.6	28.5	31.1

(6) 某快餐店一周中每天需要如表1-7所示不同数目的雇员,规定应聘者需连续工作5天,每天雇员的工资均为100元。问每天需要聘请多少雇员,既满足工作需要,又使支出的工资最少?

表 1-7 题(6)的数据

星期	一	二	三	四	五	六	日
雇员数	16	15	16	19	14	12	18

提示：每天招聘员工 $x_i(i=1,2,\cdots,7)$人，每天工作的员工见表 1-8。

表 1-8 每天上班员工

星期	一	二	三	四	五	六	日
上班员工	x_1	x_1	x_1	x_1	x_1		
		x_2	x_2	x_2	x_2	x_2	
			x_3	x_3	x_3	x_3	x_3
	x_4			x_4	x_4	x_4	x_4
	x_5	x_5			x_5	x_5	x_5
	x_6	x_6	x_6			x_6	x_6
	x_7	x_7	x_7	x_7			x_7

(7) 某公司有 400 万元资金，要求 4 年内投资用完。若每年使用资金 $x_i(i=1,2,3,4)$ 万元，可获得效益 $\sqrt{x_i}$ 万元(已使用资金和效益都不能再使用)，当年不用资金存入银行，年利率为 10%(利息可再使用)，要求制定资金的最优使用规划，以使 4 年效益之和最大。试写出该问题的数学模型。

提示：若当年使用资金 $x_i\leqslant b_i$，则不使用资金为(b_i-x_i)，年末可使用资金为 $1.1(b_i-x_i)$。

2. 结合自己的工作，提出一个实际的最优化问题，并写出其数学模型。

3. 用图解法求解以下最优化问题。

(1) $\min\ f(\boldsymbol{X})=(x_1-1)^2+(x_2-2)^2$

s. t. $x_1+x_2=1$

(2) $\min\ f(\boldsymbol{X})=x_1^2+x_2^2-4x_1+2x_2+5$

s. t. $x_1^2+x_2-2\leqslant 0$

$2x_1-x_2-1\leqslant 0$

(3) $\min\ f(\boldsymbol{X})=x_1^2+x_2^2-12x_1-4x_2+40$

s. t. $x_1^2+x_2^2-9\leqslant 0$

$-x_1-x_2+2\leqslant 0$

$x_1,x_2\geqslant 0$

(4) $\min\ f(\boldsymbol{X})=-x_1-2x_2$

s. t. $x_1+x_2^2-2\leqslant 0$

$x_1,x_2\geqslant 0$

(5) $\min\ f(\boldsymbol{X})=2x_1^2+x_2^2$

s. t. $-x_1-x_2+2\leqslant 0$

$x_1-4\leqslant 0$

$x_2-3\leqslant 0$

(6) $\min\ f(\boldsymbol{X})=(x_1-2)^2+(x_2-1)^2$

s. t. $x_1^2+x_2-2\leqslant 0$

$-x_1-x_2+1\leqslant 0$

$-x_1\leqslant 0$

(7) $\min\ f(\boldsymbol{X})=-x_1-x_2$

s. t. $x_1^2+x_2+2\leqslant 0$

$x_1+x_2-1\leqslant 0$

$-x_1\leqslant 0$

4. 思考题

(1) 数学模型由哪几部分组成？其含义是什么？

(2) 为什么有时用最优化方法求得的结果与实际问题有较大的差距？

(3) 在建立工程实际问题的数学模型时，如何确定设计变量和目标函数？

(4) 设计变量和设计空间的关系是什么？

(5) 约束边界的意义是什么？如何确定约束边界和约束可行域？

(6) 目标函数的等值线和约束边界的数学表达式如何表示？

(7) 如何绘制目标函数的等值线？

(8) 在图解法中，如何确定约束可行域、目标函数的下降方向和最优点？

(9) 在最优化算法中，为什么要使用终止准则？

(10) 线性问题和非线性问题在数学模型的形式、可行域的构成和最优点的位置等方面有什么不同？

(11) 为什么说线性问题是最简单的最优化问题？

第1章　习题解答

第2章

最优化设计的数学基础

2.1 向量与矩阵

由线性代数知，n 个有序的数 $x_1, x_2, \cdots, x_n$ 所组成的数组称为 n 维向量。n 维向量写成一列时称为列向量，记作 $\boldsymbol{X}$；写成一行时称为行向量，记作 $\boldsymbol{X}^{\mathrm{T}}$。如

$$\boldsymbol{X}=\begin{bmatrix}x_1\\x_2\\\vdots\\x_n\end{bmatrix},\quad \boldsymbol{X}^{\mathrm{T}}=\begin{bmatrix}x_1 & x_2 & \cdots & x_n\end{bmatrix}$$

$n\times m$ 个有序的数 $a_{ij}(i=1,2,\cdots,m;\ j=1,2,\cdots,n)$ 排成的 m 行 n 列的数表称为 m 行 n 列矩阵，可表示为

$$\boldsymbol{A}=\boldsymbol{A}_{m\times n}=\begin{bmatrix}a_{11} & a_{12} & \cdots & a_{1n}\\a_{21} & a_{22} & \cdots & a_{2n}\\\vdots & \vdots & & \vdots\\a_{m1} & a_{m2} & \cdots & a_{mn}\end{bmatrix}$$

向量和向量、矩阵和矩阵之间可以进行各种运算，除简单的加减法和数乘运算外，还可进行一般的乘法运算。设

$$\boldsymbol{X}=\begin{bmatrix}x_1\\x_2\\x_3\end{bmatrix},\quad \boldsymbol{Y}=\begin{bmatrix}y_1\\y_2\\y_3\end{bmatrix},\quad \boldsymbol{A}=\begin{bmatrix}a_{11} & a_{12} & a_{13}\\a_{21} & a_{22} & a_{23}\\a_{31} & a_{32} & a_{33}\end{bmatrix}$$

则有

$$\boldsymbol{X}^{\mathrm{T}}\boldsymbol{Y}=\begin{bmatrix}x_1 & x_2 & x_3\end{bmatrix}\begin{bmatrix}y_1\\y_2\\y_3\end{bmatrix}=x_1y_1+x_2y_2+x_3y_3\quad(\text{数})$$

$$\boldsymbol{X}^{\mathrm{T}}\boldsymbol{A}=\begin{bmatrix}x_1 & x_2 & x_3\end{bmatrix}\begin{bmatrix}a_{11} & a_{12} & a_{13}\\a_{21} & a_{22} & a_{23}\\a_{31} & a_{32} & a_{33}\end{bmatrix}$$

$$=[x_1a_{11}+x_2a_{21}+x_3a_{31} \quad x_1a_{12}+x_2a_{22}+x_3a_{32} \quad x_1a_{13}+x_2a_{23}+x_3a_{33}] \quad (\text{行向量})$$

$$\boldsymbol{AY}=\begin{bmatrix} a_{11} & a_{12} & a_{13} \\ a_{21} & a_{22} & a_{23} \\ a_{31} & a_{32} & a_{33} \end{bmatrix}\begin{bmatrix} y_1 \\ y_2 \\ y_3 \end{bmatrix}=\begin{bmatrix} a_{11}y_1+a_{12}y_2+a_{13}y_3 \\ a_{21}y_1+a_{22}y_2+a_{23}y_3 \\ a_{31}y_1+a_{32}y_2+a_{33}y_3 \end{bmatrix} \quad (\text{列向量})$$

$$\boldsymbol{X}^{\mathrm{T}}\boldsymbol{AY}=[x_1 \quad x_2 \quad x_3]\begin{bmatrix} a_{11} & a_{12} & a_{13} \\ a_{21} & a_{22} & a_{23} \\ a_{31} & a_{32} & a_{33} \end{bmatrix}\begin{bmatrix} y_1 \\ y_2 \\ y_3 \end{bmatrix}$$

$$=(x_1a_{11}+x_2a_{21}+x_3a_{31})y_1+(x_1a_{12}+x_2a_{22}+x_3a_{32})y_2+ (x_1a_{13}+x_2a_{23}+x_3a_{33})y_3 \quad (\text{数})$$

2.2 方向导数与梯度

多元函数 $f(\boldsymbol{X})$在点 $\boldsymbol{X}^k$ 沿某一坐标方向 x_j 的变化率,称为函数在该点沿该方向的偏导数,用$\frac{\partial f(\boldsymbol{X}^k)}{\partial x_j}$表示。同理,多元函数 $f(\boldsymbol{X})$在点 $\boldsymbol{X}^k$ 沿任意方向 $\boldsymbol{S}$ 的变化率也可以用同样的方法表示为$\frac{\partial f(\boldsymbol{X}^k)}{\partial \boldsymbol{S}}$,称为函数 $f(\boldsymbol{X})$在点 $\boldsymbol{X}^k$ 沿方向 $\boldsymbol{S}$ 的方向导数。

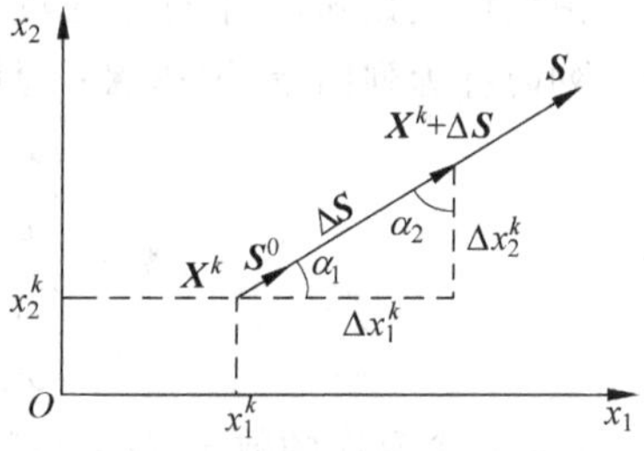

图 2-1 方向导数

对于二元函数,方向导数如图 2-1 所示,并可根据导数的定义写作

$$\begin{aligned}\frac{\partial f(\boldsymbol{X}^k)}{\partial \boldsymbol{S}} &= \lim_{\|\Delta \boldsymbol{S}\|\to 0}\frac{f(\boldsymbol{X}^k+\Delta\boldsymbol{S})-f(\boldsymbol{X}^k)}{\|\Delta\boldsymbol{S}\|} \\ &= \lim_{\|\Delta \boldsymbol{S}\|\to 0}\frac{f(x_1^k+\Delta x_1^k,x_2^k+\Delta x_2^k)-f(x_1^k,x_2^k+\Delta x_2^k)}{\Delta x_1}\cdot\frac{\Delta x_1^k}{\|\Delta\boldsymbol{S}\|}+ \\ &\quad \lim_{\|\Delta \boldsymbol{S}\|\to 0}\frac{f(x_1^k,x_2^k+\Delta x_2^k)-f(x_1^k,x_2^k)}{\Delta x_2}\cdot\frac{\Delta x_2^k}{\|\Delta\boldsymbol{S}\|} \\ &= \frac{\partial f(\boldsymbol{X}^k)}{\partial x_1}\cos\alpha_1+\frac{\partial f(\boldsymbol{X}^k)}{\partial x_2}\cos\alpha_2 \end{aligned} \tag{2-1}$$

同理,对于一般 n 元函数有

$$\begin{aligned}\frac{\partial f(\boldsymbol{X}^k)}{\partial \boldsymbol{S}} &= \frac{\partial f(\boldsymbol{X}^k)}{\partial x_1}\cos\alpha_1+\frac{\partial f(\boldsymbol{X}^k)}{\partial x_2}\cos\alpha_2+\cdots+\frac{\partial f(\boldsymbol{X}^k)}{\partial x_n}\cos\alpha_n \\ &= \left[\frac{\partial f(\boldsymbol{X}^k)}{\partial x_1},\ \frac{\partial f(\boldsymbol{X}^k)}{\partial x_2},\ \cdots,\ \frac{\partial f(\boldsymbol{X}^k)}{\partial x_n}\right]\begin{bmatrix}\cos\alpha_1 \\ \cos\alpha_2 \\ \vdots \\ \cos\alpha_n\end{bmatrix} \\ &= [\nabla f(\boldsymbol{X}^k)]^{\mathrm{T}}\boldsymbol{S}^0 \end{aligned} \tag{2-2}$$

式中,$\nabla f(\boldsymbol{X}^k)$称为函数在点 $\boldsymbol{X}^k$ 的梯度; $\boldsymbol{S}^0=[\cos\alpha_1,\cos\alpha_2,\cdots,\cos\alpha_n]^{\mathrm{T}}$ 为方向 $\boldsymbol{S}$ 上的单位

向量；$\alpha_1,\alpha_2,\cdots,\alpha_n$ 为 $\boldsymbol{S}$ 的方向角；$\cos\alpha_1,\cos\alpha_2,\cdots,\cos\alpha_n$ 为 $\boldsymbol{S}$ 的方向余弦。

可见，函数 $f(\boldsymbol{X})$ 在点 $\boldsymbol{X}^k$ 的梯度是由函数在该点的各个一阶偏导数组成的向量，即

$$\nabla f(\boldsymbol{X}^k)=\left[\frac{\partial f(\boldsymbol{X}^k)}{\partial x_1},\frac{\partial f(\boldsymbol{X}^k)}{\partial x_2},\cdots,\frac{\partial f(\boldsymbol{X}^k)}{\partial x_n}\right]^{\mathrm{T}} \tag{2-3}$$

根据向量代数的概念，式(2-2)所表示的两个向量之积

$$\begin{aligned}\frac{\partial f(\boldsymbol{X}^k)}{\partial \boldsymbol{S}}&=[\nabla f(\boldsymbol{X}^k)]^{\mathrm{T}}\boldsymbol{S}^0\\&=\|\nabla f(\boldsymbol{X}^k)\|\cdot\|\boldsymbol{S}^0\|\cdot\cos\langle\nabla f(\boldsymbol{X}^k)\cdot\boldsymbol{S}\rangle\\&=\|\nabla f(\boldsymbol{X}^k)\|\cos\langle\nabla f(\boldsymbol{X}^k)\cdot\boldsymbol{S}\rangle\end{aligned} \tag{2-4}$$

式中，$\cos\langle\nabla f(\boldsymbol{X}^k)\cdot\boldsymbol{S}\rangle$ 表示向量 $\nabla f(\boldsymbol{X}^k)$ 和 $\boldsymbol{S}$ 间夹角的余弦；$\|\nabla f(\boldsymbol{X}^k)\|$ 和 $\|\boldsymbol{S}^0\|$ 分别表示向量 $\nabla f(\boldsymbol{X}^k)$ 和 $\boldsymbol{S}^0$ 的模，即

$$\|\boldsymbol{S}^0\|=\sqrt{\cos^2\alpha_1+\cos^2\alpha_2+\cdots+\cos^2\alpha_n}=1$$

$$\|\nabla f(\boldsymbol{X}^k)\|=\sqrt{\left[\frac{\partial f(\boldsymbol{X}^k)}{\partial x_1}\right]^2+\left[\frac{\partial f(\boldsymbol{X}^k)}{\partial x_2}\right]^2+\cdots+\left[\frac{\partial f(\boldsymbol{X}^k)}{\partial x_n}\right]^2}$$

式(2-4)表明，函数在某点沿方向 $\boldsymbol{S}$ 的方向导数等于函数在该点的梯度在方向 $\boldsymbol{S}$ 上的投影，如图 2-2 所示。

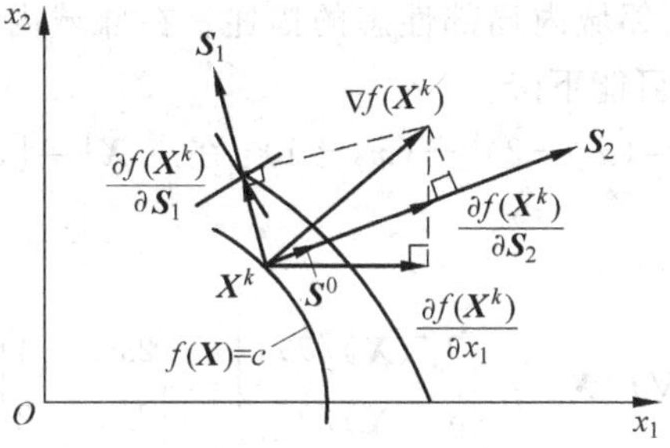

图 2-2 方向导数与梯度

由此可见，只要知道函数在一点的梯度，就可以求出函数在该点上沿任意方向的方向导数。因此，梯度是函数在一点变化率的综合描述。

当方向 $\boldsymbol{S}$ 与函数的梯度相垂直时，由式(2-4)知函数在点 $\boldsymbol{X}^k$ 沿 $\boldsymbol{S}$ 的方向导数等于零，即

$$\frac{\partial f(\boldsymbol{X}^k)}{\partial \boldsymbol{S}}=[\nabla f(\boldsymbol{X}^k)]^{\mathrm{T}}\boldsymbol{S}=0$$

这说明方向 $\boldsymbol{S}$ 位于该点等值线的切线上或等值面的切平面内。也就是说，函数在该点的梯度方向必定是该点等值线(面)的法线方向。

当方向 $\boldsymbol{S}$ 与梯度的夹角为零时，方向导数达到最大值，即

$$\frac{\partial f(\boldsymbol{X}^k)}{\partial \boldsymbol{S}}=[\nabla f(\boldsymbol{X}^k)]^{\mathrm{T}}\boldsymbol{S}=\|\nabla f(\boldsymbol{X}^k)\|$$

这说明函数在一点的梯度方向是函数在该点上方向导数最大的方向，或者说函数值增长最快的方向。

与梯度相反的方向称负梯度方向,记作$-\nabla f(\boldsymbol{X}^k)$。显然,函数在一点的负梯度方向是函数在该点上函数值下降得最快的方向,因为

$$\frac{\partial f(\boldsymbol{X}^k)}{\partial \boldsymbol{S}}=[\nabla f(\boldsymbol{X}^k)]^{\mathrm{T}}\boldsymbol{S}=-\parallel \nabla f(\boldsymbol{X}^k)\parallel$$

同理可知,当方向$\boldsymbol{S}$与梯度方向的夹角为锐角时

$$\frac{\partial f(\boldsymbol{X}^k)}{\partial \boldsymbol{S}}=[\nabla f(\boldsymbol{X}^k)]^{\mathrm{T}}\boldsymbol{S}>0$$

当方向$\boldsymbol{S}$与梯度的夹角为钝角时

$$\frac{\partial f(\boldsymbol{X}^k)}{\partial \boldsymbol{S}}=[\nabla f(\boldsymbol{X}^k)]^{\mathrm{T}}\boldsymbol{S}<0$$

这说明,与梯度成锐角的方向是函数值增加(上升)的方向,而与梯度成钝角的方向则是函数值减小(下降)的方向。

综上所述,函数的梯度具有以下特征:

(1) 函数在一点的梯度是由函数在该点上的所有一阶偏导数组成的向量。梯度的方向是该点函数值上升最快的方向,梯度的大小就是它的模。

(2) 函数在一点的梯度方向与函数过该点的等值线(面)的切线(平面)相垂直,或者说是该点等值线(面)的外法线方向。

(3) 梯度是函数在一点邻域内局部性态的描述。在邻域内上升得快的方向,离开邻域后就不一定上升得快,甚至可能下降。

例 2-1 求函数$f(\boldsymbol{X})=(x_1-2)^2+(x_2-1)^2$在点$\boldsymbol{X}^1=[3,2]^{\mathrm{T}}$和$\boldsymbol{X}^2=[1,2]^{\mathrm{T}}$的梯度,并作图表示。

解:根据定义

$$\nabla f(\boldsymbol{X})=\begin{bmatrix}\partial f(\boldsymbol{X})/\partial x_1\\ \partial f(\boldsymbol{X})/\partial x_2\end{bmatrix}=\begin{bmatrix}2x_1-4\\ 2x_2-2\end{bmatrix}$$

$$\nabla f(\boldsymbol{X}^1)=\begin{bmatrix}2x_1-4\\ 2x_2-2\end{bmatrix}_{\begin{bmatrix}3\\2\end{bmatrix}}=\begin{bmatrix}2\\ 2\end{bmatrix}$$

$$\nabla f(\boldsymbol{X}^2)=\begin{bmatrix}2x_1-4\\ 2x_2-2\end{bmatrix}_{\begin{bmatrix}1\\2\end{bmatrix}}=\begin{bmatrix}-2\\ 2\end{bmatrix}$$

梯度的模

$$\parallel \nabla f(\boldsymbol{X}^1)\parallel=\sqrt{2^2+2^2}=2\sqrt{2}$$

$$\parallel \nabla f(\boldsymbol{X}^2)\parallel=\sqrt{(-2)^2+2^2}=2\sqrt{2}$$

单位梯度向量

$$\boldsymbol{S}^1=\frac{\nabla f(\boldsymbol{X}^1)}{\parallel \nabla f(\boldsymbol{X}^1)\parallel}=\frac{1}{2\sqrt{2}}\begin{bmatrix}2\\ 2\end{bmatrix}=\begin{bmatrix}\sqrt{2}/2\\ \sqrt{2}/2\end{bmatrix}$$

$$\boldsymbol{S}^2=\frac{\nabla f(\boldsymbol{X}^2)}{\parallel \nabla f(\boldsymbol{X}^2)\parallel}=\frac{1}{2\sqrt{2}}\begin{bmatrix}-2\\ 2\end{bmatrix}=\begin{bmatrix}-\sqrt{2}/2\\ \sqrt{2}/2\end{bmatrix}$$

在设计平面 x_1Ox_2 内标出点(2,2)和点(−2,2),并将此两点分别与原点相连得到向量 $[2,2]^{\mathrm{T}}$ 和 $[-2,2]^{\mathrm{T}}$,将这两个向量各自平移至点 $\boldsymbol{X}^1$ 和 $\boldsymbol{X}^2$,所得新的向量就是点 $\boldsymbol{X}^1$ 和 $\boldsymbol{X}^2$ 的梯度,如图 2-3 所示。

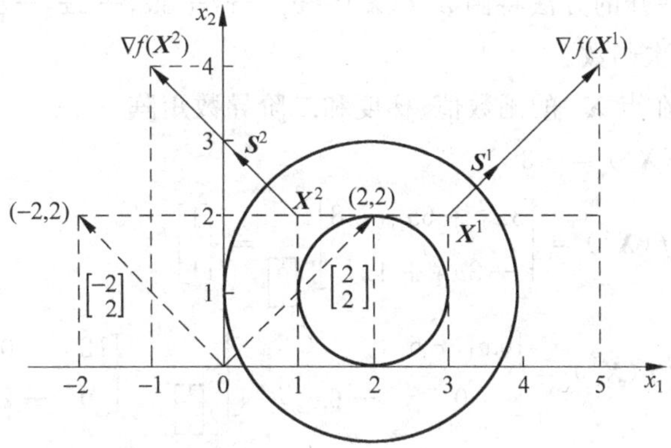

图 2-3 函数的梯度

2.3 函数的泰勒展开

为了便于数学问题的分析和求解,往往需要将一个复杂的非线性函数简化成线性函数或二次函数,简化的方法一般采用泰勒展开。

由高等数学可知,一元函数 $f(x)$ 若在点 x_k 的邻域内 n 阶可导,则函数可在该点的邻域内作如下泰勒展开:

$$f(x)=f(x_k)+f'(x_k)\cdot(x-x_k)+\frac{1}{2!}f''(x_k)\cdot(x-x_k)^2+\cdots+R_n$$

式中,R_n 为余项。

多元函数 $f(\boldsymbol{X})$ 在点 $\boldsymbol{X}^k$ 处也可以作泰勒展开,展开式一般取三项,其形式与一元函数展开式的前三项相似,即

$$f(\boldsymbol{X})\approx f(\boldsymbol{X}^k)+[\nabla f(\boldsymbol{X}^k)]^{\mathrm{T}}[\boldsymbol{X}-\boldsymbol{X}^k]+\frac{1}{2}[\boldsymbol{X}-\boldsymbol{X}^k]^{\mathrm{T}}\nabla^2 f(\boldsymbol{X}^k)[\boldsymbol{X}-\boldsymbol{X}^k] \tag{2-5}$$

此式称为函数 $f(\boldsymbol{X})$ 的泰勒二次近似式。其中,$\nabla^2 f(\boldsymbol{X}^k)$ 是由函数在点 $\boldsymbol{X}^k$ 的所有二阶偏导数组成的矩阵,称为函数 $f(\boldsymbol{X})$ 在点 $\boldsymbol{X}^k$ 的二阶导数矩阵或黑塞(Hessian)矩阵,有时也记作 $\boldsymbol{H}(\boldsymbol{X}^k)$,即

$$\nabla^2 f(\boldsymbol{X}^k)=\boldsymbol{H}(\boldsymbol{X}^k)=\begin{bmatrix}\dfrac{\partial^2 f(\boldsymbol{X}^k)}{\partial x_1^2} & \dfrac{\partial^2 f(\boldsymbol{X}^k)}{\partial x_1\partial x_2} & \cdots & \dfrac{\partial^2 f(\boldsymbol{X}^k)}{\partial x_1\partial x_n}\\ \dfrac{\partial^2 f(\boldsymbol{X}^k)}{\partial x_2\partial x_1} & \dfrac{\partial^2 f(\boldsymbol{X}^k)}{\partial x_2^2} & \cdots & \dfrac{\partial^2 f(\boldsymbol{X}^k)}{\partial x_2\partial x_n}\\ \vdots & \vdots & & \vdots\\ \dfrac{\partial^2 f(\boldsymbol{X}^k)}{\partial x_n\partial x_1} & \dfrac{\partial^2 f(\boldsymbol{X}^k)}{\partial x_n\partial x_2} & \cdots & \dfrac{\partial^2 f(\boldsymbol{X}^k)}{\partial x_n^2}\end{bmatrix} \tag{2-6}$$

二阶导数矩阵$\nabla^2 f(\boldsymbol{X}^k)$也可看作对梯度$\nabla f(\boldsymbol{X}^k)$的每一个元素分别再求一次梯度，横排而成的矩阵。由于n元函数的二阶偏导数有$n\times n$个，而且二阶偏导数的值与求导次序无关，所以二阶导数矩阵是$n\times n$阶对称矩阵。

例 2-2 用泰勒展开的方法将函数$f(\boldsymbol{X})=x_1^3-x_2^3+3x_1^2+2x_2^2-8x_1$在点$\boldsymbol{X}^1=[1,1]^{\mathrm{T}}$简化成线性函数和二次函数。

解：分别求函数在点$\boldsymbol{X}^1$的函数值、梯度和二阶导数矩阵

$$f(\boldsymbol{X}^1)=-3$$

$$\nabla f(\boldsymbol{X}^1)=\begin{bmatrix}3x_1^2+6x_1-8\\-3x_2^2+4x_2\end{bmatrix}_{\begin{bmatrix}1\\1\end{bmatrix}}=\begin{bmatrix}1\\1\end{bmatrix}$$

$$\nabla^2 f(\boldsymbol{X}^1)=\begin{bmatrix}6x_1+6 & 0\\0 & -6x_2+4\end{bmatrix}_{\begin{bmatrix}1\\1\end{bmatrix}}=\begin{bmatrix}12 & 0\\0 & -2\end{bmatrix}$$

$$\boldsymbol{X}-\boldsymbol{X}^1=\begin{bmatrix}x_1\\x_2\end{bmatrix}-\begin{bmatrix}1\\1\end{bmatrix}=\begin{bmatrix}x_1-1\\x_2-1\end{bmatrix}$$

代入式(2-5)得简化的线性函数

$$\begin{aligned}f(\boldsymbol{X})&\approx f(\boldsymbol{X}^1)+[\nabla f(\boldsymbol{X}^1)]^{\mathrm{T}}[\boldsymbol{X}-\boldsymbol{X}^1]\\&=-3+[1\quad 1]\begin{bmatrix}x_1-1\\x_2-1\end{bmatrix}\\&=x_1+x_2-5\end{aligned}$$

和展开式的二次项：

$$\begin{aligned}&\frac{1}{2}[\boldsymbol{X}-\boldsymbol{X}^1]^{\mathrm{T}}\nabla^2 f(\boldsymbol{X}^1)[\boldsymbol{X}-\boldsymbol{X}^1]\\&=\frac{1}{2}[x_1-1\quad x_2-1]\begin{bmatrix}12 & 0\\0 & -2\end{bmatrix}\begin{bmatrix}x_1-1\\x_2-1\end{bmatrix}\\&=6(x_1-1)^2-(x_2-1)^2\end{aligned}$$

将上面的结果相加得简化后的二次函数

$$\begin{aligned}f(\boldsymbol{X})&\approx 6(x_1-1)^2-(x_2-1)^2+x_1+x_2-5\\&=6x_1^2-x_2^2-11x_1+3x_2\end{aligned}$$

将$\boldsymbol{X}^1=[1,1]^{\mathrm{T}}$代入简化所得的线性函数和二次函数，其函数值都等于$-3$，与原函数在点$\boldsymbol{X}^1$的值是相等的。说明在给定的展开点上，泰勒展开式与原函数的值完全相等，离开展开点以后，两者之间出现误差，而且离展开点越远误差越大。

2.4 正定二次函数

二次函数是最简单的非线性函数，在最优化理论中具有重要的意义。根据函数的泰勒二次展开式，可以把一般的二次函数写成以下向量形式：

$$f(\boldsymbol{X})=\frac{1}{2}\boldsymbol{X}^{\mathrm{T}}\boldsymbol{H}\boldsymbol{X}+\boldsymbol{B}^{\mathrm{T}}\boldsymbol{X}+c \tag{2-7}$$

式中,$\boldsymbol{B}$ 为常数向量,相当于函数的梯度;$\boldsymbol{H}$ 为 $n\times n$ 阶常数矩阵,相当于函数的二阶导数矩阵。$\boldsymbol{X}^{\mathrm{T}}\boldsymbol{H}\boldsymbol{X}$ 称二次型,$\boldsymbol{H}$ 称二次型矩阵。

矩阵有正定、负定和不定之分。对于任意非零向量 $\boldsymbol{X}$:

(1) 若有 $\boldsymbol{X}^{\mathrm{T}}\boldsymbol{H}\boldsymbol{X}>0$,则称矩阵 $\boldsymbol{H}$ 是正定矩阵。

(2) 若有 $\boldsymbol{X}^{\mathrm{T}}\boldsymbol{H}\boldsymbol{X}<0$,则称矩阵 $\boldsymbol{H}$ 是负定矩阵。

(3) 若有时 $\boldsymbol{X}^{\mathrm{T}}\boldsymbol{H}\boldsymbol{X}\geqslant 0$,有时 $\boldsymbol{X}^{\mathrm{T}}\boldsymbol{H}\boldsymbol{X}\leqslant 0$,则称矩阵 $\boldsymbol{H}$ 是不定矩阵。

由线性代数可知,矩阵 $\boldsymbol{H}$ 的正定性除了可以用上面的定义判断外,还可以用矩阵的各阶主子式进行判别。所谓矩阵的主子式,就是包含第一个元素在内的左上角各阶子矩阵所对应的行列式。

如果矩阵 $\boldsymbol{H}$ 的各阶主子式的值均大于零,即

一阶主子式 $|h_{11}|>0$

二阶主子式 $\begin{vmatrix} h_{11} & h_{12} \\ h_{21} & h_{22} \end{vmatrix}>0$

三阶主子式 $\begin{vmatrix} h_{11} & h_{12} & h_{13} \\ h_{21} & h_{22} & h_{23} \\ h_{31} & h_{32} & h_{33} \end{vmatrix}>0$

⋮

则矩阵 $\boldsymbol{H}$ 是正定的。

如果矩阵 $\boldsymbol{H}$ 的各阶主子式的值负正相间

$$|h_{11}|<0$$

$$\begin{vmatrix} h_{11} & h_{12} \\ h_{21} & h_{22} \end{vmatrix}>0$$

$$\begin{vmatrix} h_{11} & h_{12} & h_{13} \\ h_{21} & h_{22} & h_{23} \\ h_{31} & h_{32} & h_{33} \end{vmatrix}<0$$

⋮

即奇数阶主子式小于零,偶数阶主子式大于零时,矩阵 $\boldsymbol{H}$ 负定,否则 $\boldsymbol{H}$ 不定。

如果式(2-7)中的二次型矩阵 $\boldsymbol{H}$ 是正定的,则称函数 $f(\boldsymbol{X})$ 为正定二次函数。在最优化理论中正定二次函数具有特殊的作用,这是因为许多最优化理论和最优化方法都是根据正定二次函数提出并加以证明的,而且所有对正定二次函数适用并有效的最优化算法,经证明,对一般非线性函数也是适用和有效的。

可以证明,正定二次函数具有以下性质:

(1) 正定二次函数的等值线(面)是一族同心椭圆(球)。椭圆(球)族的中心就是该二次函数的极小点,如图 2-4 所示。

(2) 非正定二次函数在极小点附近的等值线(面)近似于椭圆(球),如图 2-5 所示。

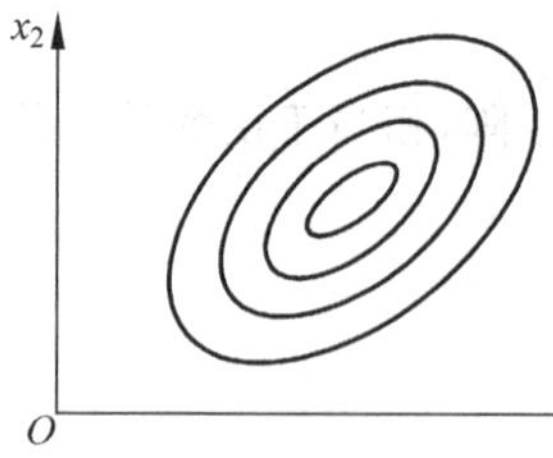

图 2-4 正定二元二次函数的等值线

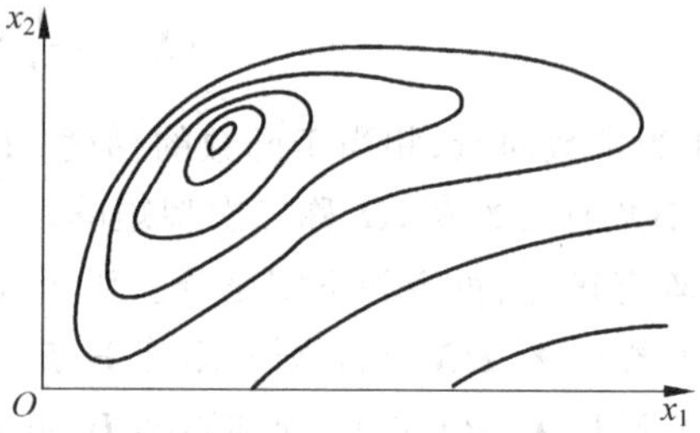

图 2-5 非正定二元二次函数的等值线

2.5 极值条件

2.5.1 无约束问题的极值条件

由微分理论可知,一元函数 $f(x)$在点 x_k 取得极值的必要条件是函数在该点的一阶导数等于零,充分条件是对应的二阶导数不等于零,即

$$\left.\begin{aligned} f'(x_k) &= 0 \\ f''(x_k) &\neq 0 \end{aligned}\right\} \tag{2-8}$$

当 $f''(x_k)>0$ 时,函数 $f(x)$在点 x_k取得极小值。当 $f''(x_k)<0$ 时,函数 $f(x)$在点 x_k 取得极大值。极值点和极值分别记作 $x^*=x_k$ 和 $f^*=f(x_k)$。

与此相似,多元函数 $f(\boldsymbol{X})$在点 $\boldsymbol{X}^k$ 取得极值的必要条件是函数在该点的所有方向导数都等于零,也就是说函数在该点的梯度等于零,即

$$\nabla f(\boldsymbol{X}^k)=\boldsymbol{0}$$

把函数在点 $\boldsymbol{X}^k$ 展开成泰勒二次近似式,并将以上必要条件代入,整理后得

$$f(\boldsymbol{X})-f(\boldsymbol{X}^k)=\frac{1}{2}[\boldsymbol{X}-\boldsymbol{X}^k]^{\mathrm{T}}\nabla^2 f(\boldsymbol{X}^k)[\boldsymbol{X}-\boldsymbol{X}^k]$$

当 $\boldsymbol{X}^k$ 为函数的极小点时,因为有 $f(\boldsymbol{X})-f(\boldsymbol{X}^k)>0$,故必有

$$[\boldsymbol{X}-\boldsymbol{X}^k]^{\mathrm{T}}\nabla^2 f(\boldsymbol{X}^k)[\boldsymbol{X}-\boldsymbol{X}^k]>\boldsymbol{0}$$

此式说明函数的二阶导数矩阵必须是正定的,这就是多元函数取得极小值的充分条件。由此可知,多元函数在点 $\boldsymbol{X}^k$ 取得极小值的充要条件是:函数在该点的梯度为零,二阶导数矩阵为正定,即

$$\nabla f(\boldsymbol{X}^k)=\boldsymbol{0} \tag{2-9}$$

$$\nabla^2 f(\boldsymbol{X}^k)\ \text{正定} \tag{2-10}$$

同理,多元函数在点 $\boldsymbol{X}^k$ 取得极大值的充要条件是:函数在该点的梯度等于零,二阶导数矩阵为负定。若二阶导数矩阵$\nabla^2 f(\boldsymbol{X}^k)$不定,则 $\boldsymbol{X}^k$ 为非极值点。

一般说来,式(2-10)对最优化问题只有理论意义,因为就实际问题而言,由于目标函数比较复杂,二阶导数矩阵不容易求得,二阶导数矩阵正定性的判断更加困难。因此,具体的最优化算法,只将式(2-9)作为判断极小点的终止准则。

例 2-3 求函数 $f(\boldsymbol{X})=x_1^3+x_2^3+3x_1^2+2x_2^2-9x_1-4x_2$ 的极值。

解：由极值的必要条件

$$\nabla f(\boldsymbol{X})=\begin{bmatrix}3x_1^2+6x_1-9\\3x_2^2+4x_2-4\end{bmatrix}=\boldsymbol{0}$$

解得以下 4 个驻点：

$$\boldsymbol{X}^1=\begin{bmatrix}1\\\frac{2}{3}\end{bmatrix},\quad \boldsymbol{X}^2=\begin{bmatrix}1\\-2\end{bmatrix}$$

$$\boldsymbol{X}^3=\begin{bmatrix}-3\\\frac{2}{3}\end{bmatrix},\quad \boldsymbol{X}^4=\begin{bmatrix}-3\\-2\end{bmatrix}$$

由极值的充分条件求函数的二阶导数矩阵，并判断其正定性得

$$\nabla^2 f(\boldsymbol{X}^1)=\begin{bmatrix}6x_1+6&0\\0&6x_2+4\end{bmatrix}_{\begin{bmatrix}1\\\frac{2}{3}\end{bmatrix}}=\begin{bmatrix}12&0\\0&8\end{bmatrix}\qquad \text{矩阵正定}$$

$$\nabla^2 f(\boldsymbol{X}^2)=\begin{bmatrix}6x_1+6&0\\0&6x_2+4\end{bmatrix}_{\begin{bmatrix}1\\-2\end{bmatrix}}=\begin{bmatrix}12&0\\0&-8\end{bmatrix}\qquad \text{矩阵不定}$$

$$\nabla^2 f(\boldsymbol{X}^3)=\begin{bmatrix}6x_1+6&0\\0&6x_2+4\end{bmatrix}_{\begin{bmatrix}-3\\\frac{2}{3}\end{bmatrix}}=\begin{bmatrix}-12&0\\0&8\end{bmatrix}\qquad \text{矩阵不定}$$

$$\nabla^2 f(\boldsymbol{X}^4)=\begin{bmatrix}6x_1+6&0\\0&6x_2+4\end{bmatrix}_{\begin{bmatrix}-3\\-2\end{bmatrix}}=\begin{bmatrix}-12&0\\0&-8\end{bmatrix}\qquad \text{矩阵负定}$$

由此知 $\boldsymbol{X}^1$ 是函数的极小值点，$\boldsymbol{X}^4$ 是函数的极大值点，$\boldsymbol{X}^2$ 和 $\boldsymbol{X}^3$ 均为非极值点。

2.5.2 约束问题的极值条件

约束问题的极值有多种状态，如图 2-6 所示。其中，图 2-6(a)为目标函数的极小点在约束可行域内的情况，此时目标函数的极小点也就是约束问题的极小点。图 2-6(b)为目标函数的极小点在可行域外的情况，此时约束问题的极小点是约束边界上的一点，该点是约束边界与目标函数的一条等值线的切点。图 2-6(c)中有两个极值点，一个是目标函数的等值线与约束边界的切点，一个是两条约束边界线的交点。

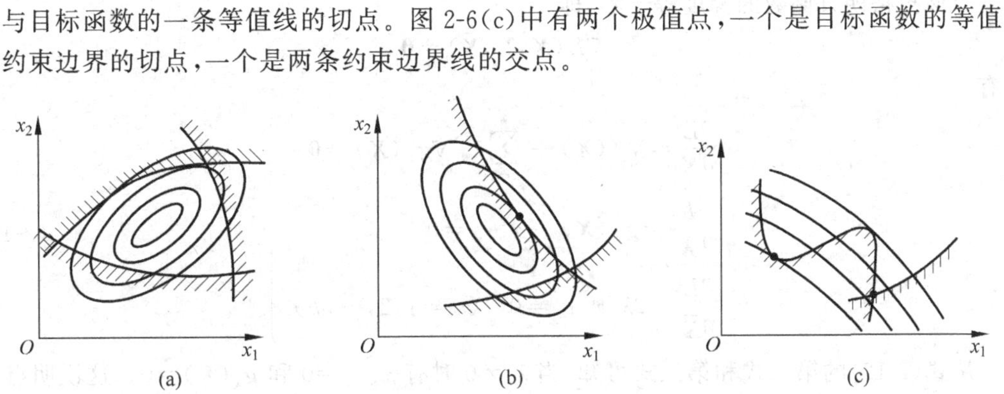

图 2-6 约束问题的极值

可见,约束问题的极值条件比无约束问题复杂得多。下面分别就等式约束和不等式约束两种情况加以讨论。

1) 等式约束问题的极值条件

由高等数学可知,对于等式约束最优化问题

$$\begin{aligned}&\min\ f(\boldsymbol{X})\\&\text{s.t.}\ h_v(\boldsymbol{X})=0\quad(v=1,2,\cdots,m)\end{aligned}$$

可以建立如下拉格朗日函数

$$L(\boldsymbol{X},\boldsymbol{\lambda})=f(\boldsymbol{X})+\sum_{v=1}^{m}\lambda_v h_v(\boldsymbol{X})$$

式中,$\boldsymbol{\lambda}=[\lambda_1,\lambda_2,\cdots,\lambda_n]^{\mathrm{T}}$ 称为拉格朗日乘子向量。

令$\nabla L(\boldsymbol{X},\boldsymbol{\lambda})=\boldsymbol{0}$,得

$$\nabla f(\boldsymbol{X})+\sum_{v=1}^{m}\lambda_v\ \nabla h_v(\boldsymbol{X})=\boldsymbol{0} \tag{2-11}$$

λ_v 不全为零

这就是等式约束问题在点 $\boldsymbol{X}$ 取得极值的必要条件。此式可概括为:在等式约束的极值点上,目标函数的负梯度等于诸约束函数梯度的非零线性组合。

2) 不等式约束问题的极值条件

对于不等式约束问题:

$$\begin{aligned}&\min\ f(\boldsymbol{X})\\&\text{s.t.}\ g_u(\boldsymbol{X})\leqslant 0\quad(u=1,2,\cdots,p)\end{aligned}$$

引入 p 个松弛变量 $x_{n+u}(u=1,2,\cdots,p)$,可将上面的不等式约束问题变成等式约束问题:

$$\begin{aligned}&\min\ f(\boldsymbol{X})\\&\text{s.t.}\ g_u(\boldsymbol{X})+x_{n+u}^2=0\quad(u=1,2,\cdots,p)\end{aligned}$$

建立这一问题的拉格朗日函数

$$L(\boldsymbol{X},\boldsymbol{\lambda},\bar{\boldsymbol{X}})=f(\boldsymbol{X})+\sum_{u=1}^{p}\lambda_u[g_u(\boldsymbol{X})+x_{n+u}^2]$$

式中,$\bar{\boldsymbol{X}}=[x_{n+1},x_{n+2},\cdots,x_{n+p}]^{\mathrm{T}}$ 为松弛变量组成的向量。

令该拉格朗日函数的梯度等于零,即

$$\nabla L(\boldsymbol{X},\boldsymbol{\lambda},\bar{\boldsymbol{X}})=\boldsymbol{0}$$

则有

$$\left.\begin{aligned}&\frac{\partial L}{\partial \boldsymbol{X}}=\nabla f(\boldsymbol{X})+\sum_{u=1}^{p}\lambda_u\ \nabla g_u(\boldsymbol{X})=\boldsymbol{0}\\&\frac{\partial L}{\partial \boldsymbol{\lambda}}=g_u(\boldsymbol{X})+x_{n+u}^2=0\\&\frac{\partial L}{\partial \bar{\boldsymbol{X}}}=2\lambda_u x_{n+u}=0\quad(u=1,2,\cdots,p)\end{aligned}\right\} \tag{2-12}$$

从式(2-12)的第二式和第三式可知,当 $\lambda_i\neq 0$ 时有 $x_{n+i}=0$ 和 $g_i(\boldsymbol{X})=0$。这说明点 $\boldsymbol{X}$ 在 $g_i(\boldsymbol{X})\leqslant 0$ 的约束边界上,$g_i(\boldsymbol{X})\leqslant 0$ 是点 $\boldsymbol{X}$ 起作用的约束。注意到约束条件为"$\leqslant$"的

形式，可知约束函数的梯度为正且指向可行域外。此时为使点 $\boldsymbol{X}$ 成为约束极小点，目标函数的梯度必须指向可行域之内，为满足式(2-12)的第一式，必须有 $\lambda_i>0$。

当 $\lambda_i=0$ 时有 $x_{n+i}\neq0$ 和 $g_i(\boldsymbol{X})<0$，说明点 $\boldsymbol{X}$ 在可行域内，此时的极小点就是目标函数的梯度等于零的点。

根据上述分析可知，不等式约束问题的极小点要么在可行域内取得，要么在约束边界上取得。其条件可概括为

$$\left.\begin{aligned}&\nabla f(\boldsymbol{X})+\sum_{i\in I_k}\lambda_i\nabla g_i(\boldsymbol{X})=\boldsymbol{0}\\&\lambda_i\geqslant0\quad(i\in I_k)\end{aligned}\right\}\tag{2-13}$$

式中，$g_i(\boldsymbol{X})\leqslant0(i\in I_k)$ 为点 $\boldsymbol{X}$ 的起作用约束。

式(2-13)是不等式约束问题的极值条件，其意义可概括为：在不等式约束问题的极小点上，目标函数的负梯度等于起作用约束梯度的非负线性组合。其几何意义见图 2-7，即在不等式约束问题的极小点上，目标函数的负梯度位于起作用约束梯度所成的夹角或锥体之内。在非极小点上，目标函数的负梯度位于起作用约束梯度所成的夹角或锥体之外。

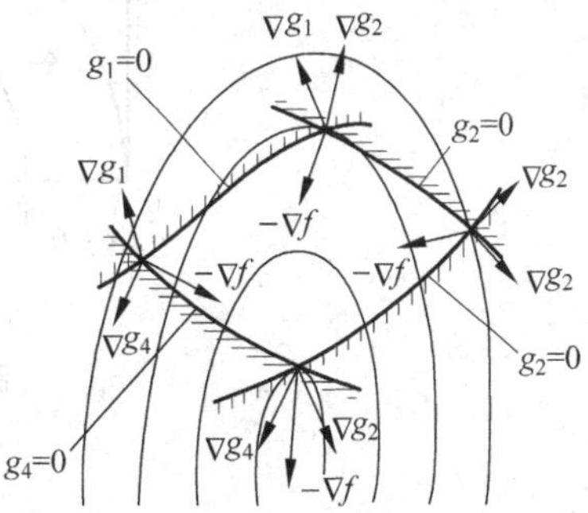

图 2-7 不等式约束问题的 k-t 条件

式(2-11)和式(2-13)也称 Kuhn-Tucker 条件，简称 k-t 条件。k-t 条件是约束问题极值的必要条件。满足 k-t 条件的点称为 k-t 点，在一般情况下 k-t 点就是约束问题的最优点。因此 k-t 条件既可以用作约束问题的终止条件，也可以用来直接求解简单的约束最优化问题。

例 2-4 用 k-t 条件判断点 $\boldsymbol{X}^k=[2,0]^{\mathrm{T}}$ 是否为以下问题的最优点：

$$\begin{aligned}\min\ &f(\boldsymbol{X})=(x_1-3)^2+x_2^2\\ \text{s.t.}\ &g_1(\boldsymbol{X})=x_1^2+x_2-4\leqslant0\\&g_2(\boldsymbol{X})=-x_2\leqslant0\\&g_3(\boldsymbol{X})=-x_1\leqslant0\end{aligned}$$

解：因

$$\begin{aligned}&g_1(\boldsymbol{X}^k)=2^2+0-4=0\\&g_2(\boldsymbol{X}^k)=0\\&g_3(\boldsymbol{X}^k)=-2\end{aligned}$$

知点 $\boldsymbol{X}^k$ 的起作用约束是 $g_1(\boldsymbol{X})\leqslant0$ 和 $g_2(\boldsymbol{X})\leqslant0$。

在点 $\boldsymbol{X}^k$ 有

$$\nabla f(\boldsymbol{X}^k)=\begin{bmatrix}2(x_1-3)\\2x_2\end{bmatrix}=\begin{bmatrix}-2\\0\end{bmatrix}$$

$$\nabla g_1(\boldsymbol{X}^k)=\begin{bmatrix}2x_1\\1\end{bmatrix}=\begin{bmatrix}4\\1\end{bmatrix}$$

$$\nabla g_2(\boldsymbol{X}^k)=\begin{bmatrix}0\\-1\end{bmatrix}$$

将以上各梯度值代入 k-t 条件式(2-13)的第一式有

$$-\nabla f(\boldsymbol{X}^k)=\lambda_1\nabla g_1(\boldsymbol{X}^k)+\lambda_2\nabla g_2(\boldsymbol{X}^k)$$

$$-\begin{bmatrix}-2\\0\end{bmatrix}=\lambda_1\begin{bmatrix}4\\1\end{bmatrix}+\lambda_2\begin{bmatrix}0\\-1\end{bmatrix}$$

解得 $\lambda_1=\lambda_2=0.5$,均大于零,满足 k-t 条件,说明 $\boldsymbol{X}^k=[2,0]^{\mathrm{T}}$ 就是所给约束最优化问题的最优点,如图 2-8 所示。

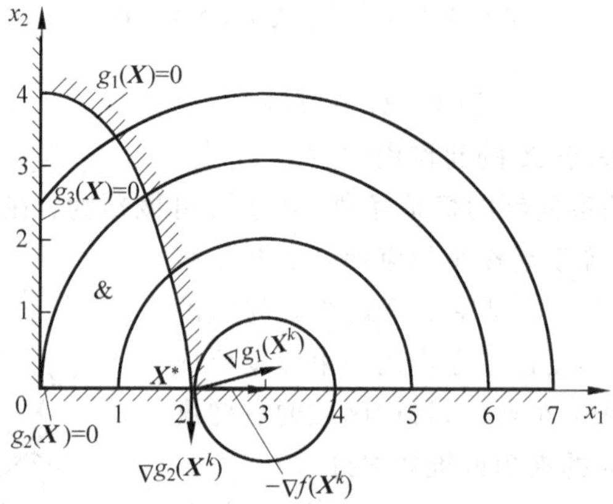

图 2-8 例 2-3 的极小点判断

本章重点:方向导数与梯度的关系,多元函数的泰勒展开与正定二次函数的性质,无约束问题和约束问题的极值条件。

基本要求:理解梯度与方向导数的关系、梯度及正定二次函数的性质、无约束问题与约束问题的极值条件的含义及几何意义。掌握梯度的计算及梯度方向的判断与表示;掌握多元函数泰勒展开式的应用,以及无约束问题与约束问题的极值的计算与判断。

内容提要:

导数是函数在一个点上变化率的描述。偏导数是函数在一点沿坐标方向的变化率,方向导数是函数在一点沿任意方向的变化率,梯度则是函数在一个点上变化率最大的方向导数。函数在一个点上沿任意方向的方向导数等于函数在该点的梯度在该方向上的投影。

梯度是由函数在一个点上的各个偏导数组成的向量,其大小等于它的模长,方向等于函数在该点方向导数最大的方向,或者说函数上升得最快的方向,也是函数过该点的等值线(面)的外法线方向。

在一个点上连续且二阶可导的多元函数,可以按泰勒展开式的形式简化为线性函数或二次函数。展开式中的二阶导数矩阵是由函数在该点上的 $n\times n$ 个二阶偏导数组成的 $n\times n$ 阶对称矩阵。任意二次函数都可以写成泰勒二次展开式的形式,若其中的二阶导数矩阵为正定矩阵,则称此二次函数为正定二次函数。正定二次函数的等值线(面)是一族椭圆(球),函数的极小点就是椭圆(球)的中心。

无约束问题在一个点上取得极值的条件是,函数在该点的梯度等于零,二阶导数矩阵正定或负定。二阶导数矩阵正定时取得极小值,二阶导数矩阵负定时取得极大值,二阶导数不定时无极值点。

等式约束问题在一个点上取得极值的条件是，目标函数的负梯度等于约束函数梯度的非零线性组合。

不等式约束问题在一个点上取得极值的条件是，目标函数的负梯度等于起作用约束函数梯度的非负线性组合。其几何解释是，目标函数的负梯度位于起作用约束函数梯度所成夹角或锥体之内。

习 题

1. 求下列函数在点 $\boldsymbol{X}^1=[1,1]^{\mathrm{T}}, \boldsymbol{X}^2=[1,2]^{\mathrm{T}}, \boldsymbol{X}^3=[4,1]^{\mathrm{T}}$ 的梯度及其模长，并作图表示。

(1) $f(\boldsymbol{X})=x_1^2+x_2^2-6x_1$

(2) $f(\boldsymbol{X})=x_1^2+x_2^2-4x_1-3x_2$

2. 将以下函数在指定的点上简化为线性函数和二次函数。

(1) $f(\boldsymbol{X})=x_1(x_1-2)^2+x_2(x_2+1)^2$， $\boldsymbol{X}^1=[1,2]^{\mathrm{T}}, \boldsymbol{X}^2=[2,1]^{\mathrm{T}}$

(2) $f(\boldsymbol{X})=x_1^3-x_2^3+3x_1^2+3x_2^2-8x_1$， $\boldsymbol{X}^1=[1,2]^{\mathrm{T}}$

(3) $f(\boldsymbol{X})=x_1^4-2x_1^2x_2+x_1^2+x_2^2-2x_1+5$， $\boldsymbol{X}^1=[1,2]^{\mathrm{T}}$

(4) $f(\boldsymbol{X})=x_1^4+x_2^3$， $\boldsymbol{X}^1=[1,1]^{\mathrm{T}}$

3. 求以下函数的极值点，并判断是极大值点或极小值点。

(1) $f(\boldsymbol{X})=5x_1^2+4x_1x_2+8x_2^2-32x_1-56x_2$

(2) $f(\boldsymbol{X})=-9x_1^2+20x_1x_2-16x_2^2+26x_1+20x_2$

(3) $f(\boldsymbol{X})=\frac{1}{3}x_1^3+\frac{1}{3}x_2^3-\frac{3}{2}x_1^2-\frac{1}{2}x_2^2-4x_1-6x_2$

4. 用 k-t 条件求解以下等式约束问题。

(1) $\min\ f(\boldsymbol{X})=x_1^2-2x_2^2$

s. t. $x_1+2x_2+1=0$

(2) $\min\ f(\boldsymbol{X})=x_1^2+4x_2^2-2x_1$

s. t. $x_1^2+x_2^2-1=0$

$x_1^2+x_2^2-4x_1-1=0$

(3) $\min\ f(\boldsymbol{X})=(x_1-3)^2+x_2^2$

s. t. $x_1+x_2-4=0$

5. 用 k-t 条件判断点 $\boldsymbol{X}=[1,1,1]^{\mathrm{T}}$ 是否是以下约束最优化问题的最优解。

$$\begin{aligned}
&\min\ f(\boldsymbol{X})=-3x_1^2+x_2^2+2x_3^2\\
&\text{s. t. }\ x_1-x_2\leqslant 0\\
&\qquad x_1^2-x_3^2\leqslant 0\\
&\qquad x_1,x_2,x_3\geqslant 0
\end{aligned}$$

6. 分别用 k-t 条件和作图法判断点 $\boldsymbol{X}^1=[2,3]^{\mathrm{T}}$ 和点 $\boldsymbol{X}^2=[2,-3]^{\mathrm{T}}$ 是否是下面问题的最优解。

$$\begin{aligned}\min\ & f(\boldsymbol{X})=(x_1-3)^2+(x_2+5)^2\\ \text{s.t.}\ & g_1(\boldsymbol{X})=(x_1-2)^2+x_2^2\leqslant 9\\ & g_2(\boldsymbol{X})=(x_1+2)^2+x_2^2\leqslant 25\end{aligned}$$

7. 思考题

(1) 梯度和方向导数的关系是什么?

(2) 为什么说梯度是函数在一个点上变化率的综合描述?

(3) 如何确定函数在一个点上梯度的大小和方向?

(4) 多元函数泰勒展开式的意义何在?其中二阶导数矩阵由什么组成,有何特点?

(5) 如何判定矩阵的正定性?二阶导数矩阵都是对称和正定的吗?

(6) 为什么说正定二次函数在最优化理论中具有特殊的意义?

(7) 非线性无约束问题极值的必要条件是什么?充分条件是什么?

(8) 为什么在常用的无约束最优化算法中,只把梯度准则作为终止准则,而不把二阶导数矩阵正定也作为终止准则呢?

(9) 满足梯度准则的解都是最优解吗?

(10) 等式约束问题和不等式约束问题的 k-t 条件有什么不同?

(11) 不等式约束问题的 k-t 条件的几何意义是什么?作图加以解释。

(12) k-t 条件可以作为什么问题求解算法的终止条件?如何实现该条件的判断?

(13) 如何利用 k-t 条件求解简单的约束最优化问题?

第 2 章　习题解答

第3章

一维搜索(线性搜索)

由第1章知,下降迭代算法中在搜索方向 $\boldsymbol{S}^k$ 上寻求最优步长 α_k 时通常采用一维搜索,亦称线性搜索。

一维搜索是构成非线性最优化算法的基本算法,因为多元函数的迭代求解都可归结为在一系列逐步产生的下降方向上的一维搜索。

对于函数 $f(\boldsymbol{X})$ 来说,从点 $\boldsymbol{X}^k$ 出发,在方向 $\boldsymbol{S}^k$ 上的一维搜索可用数学式表达如下:

$$\left.\begin{aligned} \min f(\boldsymbol{X}^k+\alpha\boldsymbol{S}^k) &= f(\boldsymbol{X}^k+\alpha_k\boldsymbol{S}^k) \\ \boldsymbol{X}^{k+1} &= \boldsymbol{X}^k+\alpha_k\boldsymbol{S}^k \end{aligned}\right\} \tag{3-1}$$

此式表示对包含唯一变量 α 的一元函数 $f(\boldsymbol{X}^k+\alpha\boldsymbol{S}^k)$ 求极小,得到最优步长因子 α_k 和方向 $\boldsymbol{S}^k$ 上的一维极小点 $\boldsymbol{X}^{k+1}$。

可见,一维搜索是一种一元函数极小化的数值迭代算法,可以简记为

$$\min f(\alpha)$$

或者更一般的形式

$$\min f(x)$$

一维搜索的数值迭代算法可分两步进行。首先确定一个包含极小点的初始区间,然后采用逐步缩小区间或反复插值逼近的方法求得满足一定精度要求的最优步长和极小点。

3.1 确定初始区间

设 $f(x)$ 在考察区间内为一单谷函数,即区间内只存在一个极小点。这样在极小点的左侧,函数单调下降;在极小点的右侧,函数单调上升。若已知该区间内的相邻3个点 $x_1<x_2<x_3$ 及其对应的函数值 $f(x_1)$,$f(x_2)$ 和 $f(x_3)$,便可以通过比较这3个函数值的大小估计出极小点所在的方位,如图3-1所示。

① 若 $f(x_1)>f(x_2)>f(x_3)$,则极小点位于点 x_2 的右侧。

② 若 $f(x_1)<f(x_2)<f(x_3)$,则极小点位于点 x_2 的左侧。

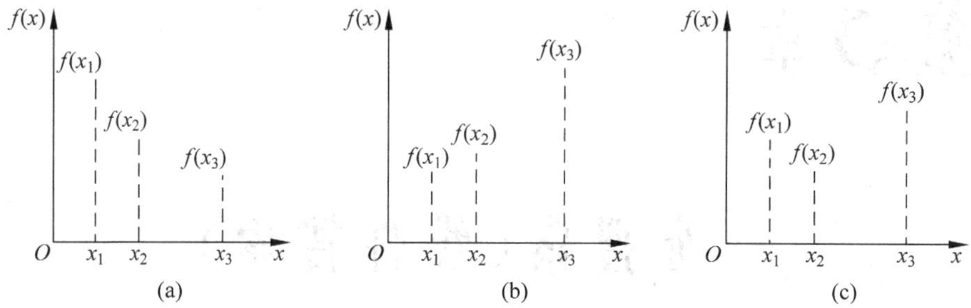

图 3-1 极小点估计

③ 若 $f(x_1)>f(x_2)<f(x_3)$，则极小点位于 x_1 和 x_3 之间，$[x_1, x_3]$就是一个包含极小点的区间。

可见，在某一方向上按一定方式逐次产生一系列探测点，并比较这些探测点上函数值的大小，就可以找出函数值呈“大—小—大”变化的 3 个相邻点。其中两边的两个点所确定的闭区间内必定包含着极小点，这样的闭区间称为初始区间，记作$[a,b]$。这种寻找初始区间的方法可归结为以下计算步骤：

① 给定初始点 x_0，初始步长 h，令 $x_1=x_0$，记 $f_1=f(x_1)$。

② 产生新的探测点 $x_2= x_0+h$，记 $f_2=f(x_2)$。

③ 比较函数值 f_1 和 f_2 的大小，确定向前或向后探测的策略。

若 $f_1>f_2$，则加大步长，令 $h=2h$，转④向前探测；若 $f_1<f_2$，则调转方向，令 $h=-h$，并将 x_1 和 x_2、f_1 和 f_2 的数值分别对调，然后转④向后探测。如图 3-2 所示。

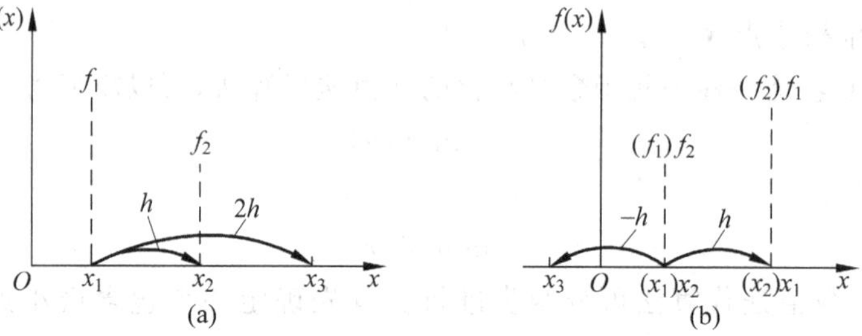

图 3-2 进退探测

④ 产生新的探测点 $x_3=x_0+h$，令 $f_3=f(x_3)$。

⑤ 比较函数值 f_2 和 f_3 的大小。

若 $f_2<f_3$，则初始区间已经得到，令 $c=x_2$，$f_c= f_2$，当 $h>0$ 时，令$[a,b]=[x_1,x_3]$，当 $h<0$ 时，令$[a,b]=[x_3,x_1]$。

若 $f_2>f_3$，则继续加大步长，令 $h=2h$，$x_1=x_2$，$x_2=x_3$，转④继续探测。

分析可知，在上述确定初始区间的过程中，初始步长 h 的大小必须选择适当，太大时，产生的点 x_1 或 x_2 可能超出单谷区间的范围。太小时会延长确定初始区间的过程。一般情况下取初始步长 $h=1.0$。

确定初始搜索区间的程序框图如图 3-3 所示。

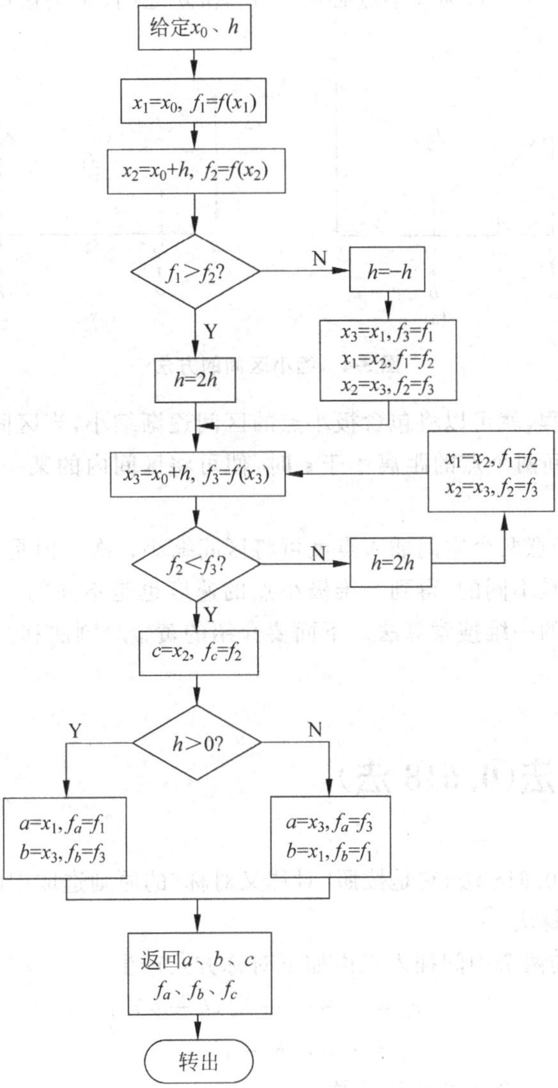

图 3-3 确定初始区间的程序框图

3.2 缩小区间

一维搜索就是在给定的方向和初始区间上不断缩小区间,以得到该方向上的一维极小点的数值算法。缩小区间的基本方法是,在已知区间内插入两个不同的中间点,通过比较这两个点上函数值的大小,舍去不包含极小点的部分,将原区间缩小一次。

在区间$[a,b]$内,任选两个中间插入点 x_1 和 $x_2(x_1<x_2)$,如图 3-4 所示,并比较这两个点上的函数值:

① 如果 $f(x_1)<f(x_2)$,则根据单谷区间的性质可知,极小点必在 a 和 x_2 之间,于是可舍去区间$[x_2,b]$,得到新的包含极小点的区间$[a,b]=[a,x_2]$。

② 如果 $f(x_1)>f(x_2)$，则极小点必位于 x_1 和 b 之间，舍去区间 $[a,x_1]$，得到缩小后的新区间 $[a,b]=[x_1,b]$。

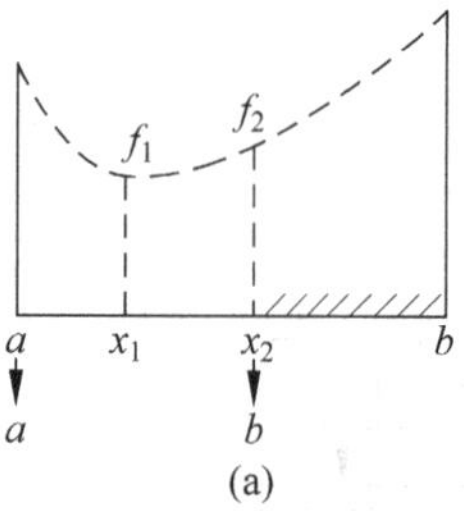

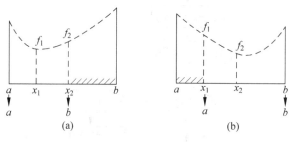

图 3-4 缩小区间的方法

不断重复上述过程，就可以将包含极小点的区间逐渐缩小，当区间长度 $b-a$ 小于给定精度 ε 时或区间内中间两个点的距离小于 ε 时，便可将区间内的某一个点作为该方向上的近似极小点。

可见，只要引入任意两个中间插入点就可将区间缩小一次。但是，不同的中间插入点所产生的区间缩小效果是不同的，得到一维极小点的速度也是不同的。不同的中间插入点的产生方法构成了不同的一维搜索算法。下面要介绍的黄金分割法和二次插值法就是其中最常用的两种算法。

3.3 黄金分割法(0.618 法)

黄金分割法亦称 0.618 法，它是按照"对称又对称"的原则选取中间插入点，并进而缩小区间的一种一维搜索算法。

设区间 $[a,b]$ 内的两个中间插入点由如下对称方式产生：

$$\left.\begin{aligned} x_1 &= a+(1-\lambda)(b-a) \\ x_2 &= a+\lambda(b-a) \end{aligned}\right\} \tag{3-2}$$

式中，λ 是 0～1 之间的一个正的比例系数。

若缩小一次后的新区间为 $[a,x_2]$，要求区间内的点 x_1 在新区间内仍然是一个具有同样对称关系的对称点，这样只需要再产生一个新点，就可以将区间又缩小一次。

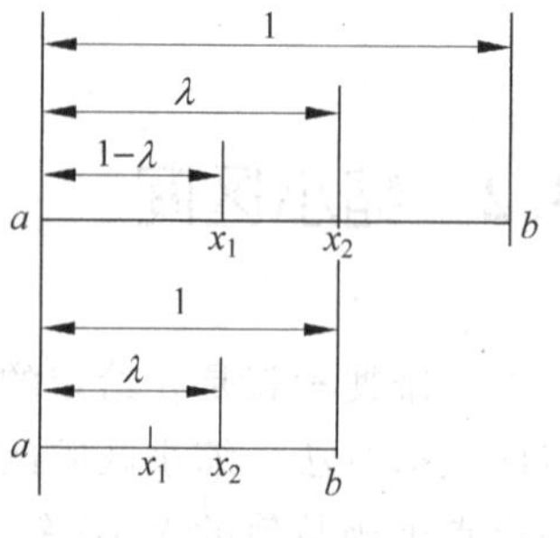

图 3-5 新旧区间比例关系

考查点 x_1 在新区间内的位置和对称性要求，知道原区间中的点 x_1 在新区间内应处于点 x_2 的位置，如图 3-5 所示。可以看出，新旧区间内的点 x_2 到区间起点 a 的距离都是各自区间长度的 λ 倍。同时新区间内 a 到 x_2 间的距离，也就是原区间里 a 到 x_1 的距离，等于原区间长度的 $1-\lambda$ 倍，于是存在如下关系：

$$\lambda^2=1-\lambda$$

由此解得

$$\lambda=\frac{\sqrt{5}-1}{2}\approx 0.618$$

代入式(3-2)即

$$\left.\begin{aligned} x_1&=a+0.382(b-a)\\ x_2&=a+0.618(b-a)\end{aligned}\right\}\tag{3-3}$$

这就是黄金分割法的迭代算式，0.618 法也因此而得名。

黄金分割法以区间长度是否充分小作为收敛准则，并以收敛时区间的中间点作为一维搜索的极小点，即当 $b-a\leqslant\varepsilon$ 时，取极小点

$$x^*=\frac{1}{2}(a+b)\tag{3-4}$$

不难看出，黄金分割法每次区间缩小的比率是完全相等的。如果将新区间的长度和原区间的长度之比称作区间缩小率，则黄金分割法的区间缩小率等于常数 0.618。如果给定收敛精度 ε 和初始区间长度 $b-a$，则完成一次一维搜索所需缩小区间的次数 n 可以由下式求出：

$$0.618^n(b-a)\leqslant\varepsilon$$

$$n\geqslant\ln\left(\frac{\varepsilon}{b-a}\right)\Big/\ln 0.618$$

可见，收敛精度 ε 越小、初始区间越长，需要缩小区间的次数越多。

综上所述，黄金分割法的计算步骤可归纳如下：

① 给定初始点 x_0，初始步长 h，区间端点 a_0、b_0 和收敛精度 ε。

② 确定初始区间$[a,b]$，令

$$a=a_0$$
$$b=b_0$$

③ 产生中间插入点并计算其函数值：

$$x_1=a+0.382(b-a),\quad f_1=f(x_1)$$
$$x_2=a+0.618(b-a),\quad f_2=f(x_2)$$

④ 比较函数值 f_1 和 f_2 的大小，确定区间的取舍：

若 $f_1<f_2$，则新区间$[a,b]=[a,x_2]$，令 $b=x_2$，$x_2=x_1$，$f_2=f_1$，记 $N_0=0$；

若 $f_1>f_2$，则新区间$[a,b]=[x_1,b]$，令 $a=x_1$，$x_1=x_2$，$f_1=f_2$，$N_0=1$，见图 3-6。

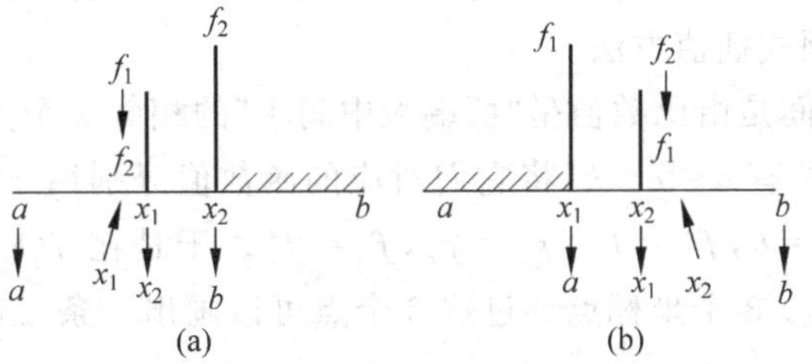

图 3-6 黄金分割法的区间取舍与新点插入

⑤ 收敛判断：若区间的长度足够小，即满足条件 $b-a\leqslant\varepsilon$ 时，令 $x^*=\dfrac{a+b}{2}$，结束一维搜索；否则，转⑥。

⑥ 产生新的插入点：

若 $N_0=0$,则取 $x_1=a+0.382(b-a)$,$f_1=f(x_1)$；

若 $N_0=1$,则取 $x_2=a+0.618(b-a)$,$f_2=f(x_2)$；转④进行新的区间缩小。

黄金分割法的程序框图见图 3-7。

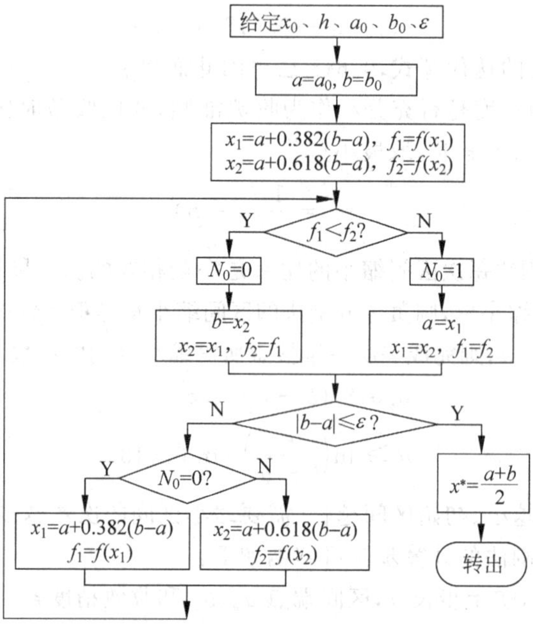

图 3-7 黄金分割法的程序框图

3.4 二次插值法

二次插值法又称抛物线法,它是以目标函数的二次插值函数的极小点作为新的中间插入点,进行区间缩小的一维搜索算法。

由数值分析知,连接几个已知点所形成的曲线称为这些点的插值曲线,插值曲线所对应的函数称为插值函数。常用的插值方法有多项式插值和样条插值等。线性插值和二次插值是最常使用的两种多项式插值方法。

如前所述,初始区间是由函数值呈“两端大中间小”的相邻 3 个点所确定的闭区间,这 3 个点分别是 a,b 和 c,并有 $a<c<b$,将它们对应的函数值分别用 f_a,f_c 和 f_b 表示。进一步记 $x_1=a$,$x_2=c$,$x_3=b$,$f_1=f_a$,$f_2=f_c$,$f_3=f_b$。于是在 fOx 坐标平面内得到(x_1,f_1)、(x_2,f_2)和(x_3,f_3) 3 个坐标点。过这 3 个点可以画出一条二次曲线(抛物线)。设对应的二次插值函数为

$$p(x)=\alpha_0+\alpha_1 x+\alpha_2 x^2 \tag{3-5}$$

将函数 $p(x)$对 x 求导,得插值函数的极小点

$$x_p=-\frac{\alpha_1}{2\alpha_2} \tag{3-6}$$

将区间内的3个点及其函数值分别代入式(3-5),得到如下包含3个未知数 α_0,α_1 和 α_2 的方程组:

$$\left.\begin{aligned} f_1 &= \alpha_0 + \alpha_1 x_1 + \alpha_2 x_1^2 \\ f_2 &= \alpha_0 + \alpha_1 x_2 + \alpha_2 x_2^2 \\ f_3 &= \alpha_0 + \alpha_1 x_3 + \alpha_2 x_3^2 \end{aligned}\right\} \tag{3-7}$$

联立求解可得系数 α_0,α_1 和 α_2,将它们代入式(3-6)整理后有

$$x_p = \frac{1}{2}\frac{(x_2^2 - x_3^2)f_1 + (x_3^2 - x_1^2)f_2 + (x_1^2 - x_2^2)f_3}{(x_2 - x_3)f_1 + (x_3 - x_1)f_2 + (x_1 - x_2)f_3} \tag{3-8}$$

由式(3-8)求出的 x_p 是插值函数式(3-5)的极小点,也是原目标函数的一个近似极小点。以此点作为下一次缩小区间的一个中间插入点,无疑将加快缩小区间的过程,如图3-8所示。

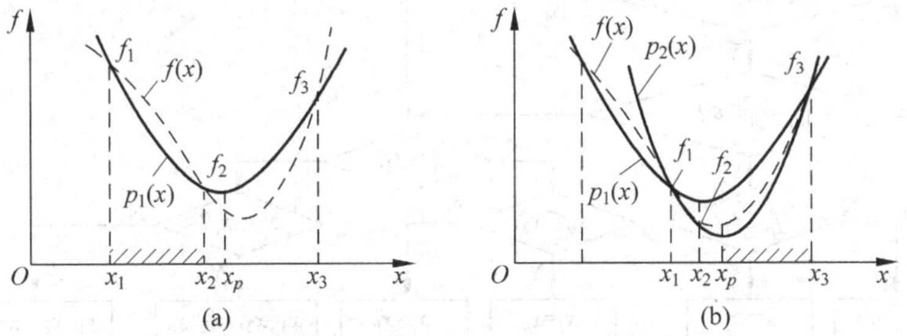

图3-8 二次插值法的区间缩小和逼近过程

二次插值法的中间插入点包含了函数在3个已知点上的函数值信息,因此由这种插入点得到的点 x_p 会更加接近函数的极小点。

二次插值法以两个中间插入点间的距离充分小作为收敛准则,即当

$$|x_2 - x_p| \leqslant \varepsilon \tag{3-9}$$

成立时,把 x_p 和 x_2 中函数值较小者作为此次一维搜索的极小点。

二次插值法的计算步骤可归纳如下:

① 给定初始点 x_0,初始步长 h 和收敛精度 $\varepsilon>0$。

② 确定初始区间 $[a,b]$ 和区间内的另外一个点 c。

③ 将3个已知点按顺序排列:$x_1=a$,$x_2=c$,$x_3=b$,并令 $f_1=f(x_1)$,$f_2=f(x_2)$,$f_3=f(x_3)$。

④ 按式(3-8)计算中间插入点 x_p 及其函数值 $f_p=f(x_p)$。

⑤ 收敛判断:若 $|x_2-x_p|\leqslant\varepsilon$,$|f_2-f_p|\leqslant\varepsilon$,则转⑦;否则,转⑥。

⑥ 缩小区间:若 $f_p\leqslant f_2$,当 $x_p\leqslant x_2$ 时,令 $x_3=x_2$,$x_2=x_p$,$f_3=f_2$,$f_2=f_p$;当 $x_p>x_2$ 时,令 $x_1=x_2$,$x_2=x_p$,$f_1=f_2$,$f_2=f_p$;若 $f_p>f_2$,当 $x_p\leqslant x_2$ 时,令 $x_1=x_p$,$f_1=f_p$;当 $x_p>x_2$ 时,令 $x_3=x_p$,$f_3=f_p$,转④求新的插入点。

⑦ 若 $f_p\leqslant f_2$,令 $x^*=x_p$,$f^*=f_p$;否则,令 $x^*=x_2$,$f^*=f_2$ 结束一维搜索。

二次插值法的程序框图如图3-9所示。

例3-1 用黄金分割法求函数 $f(x)=3x^3-4x+2$ 的极小点,给定 $x_0=0$,$h=1$,$\varepsilon=0.2$。

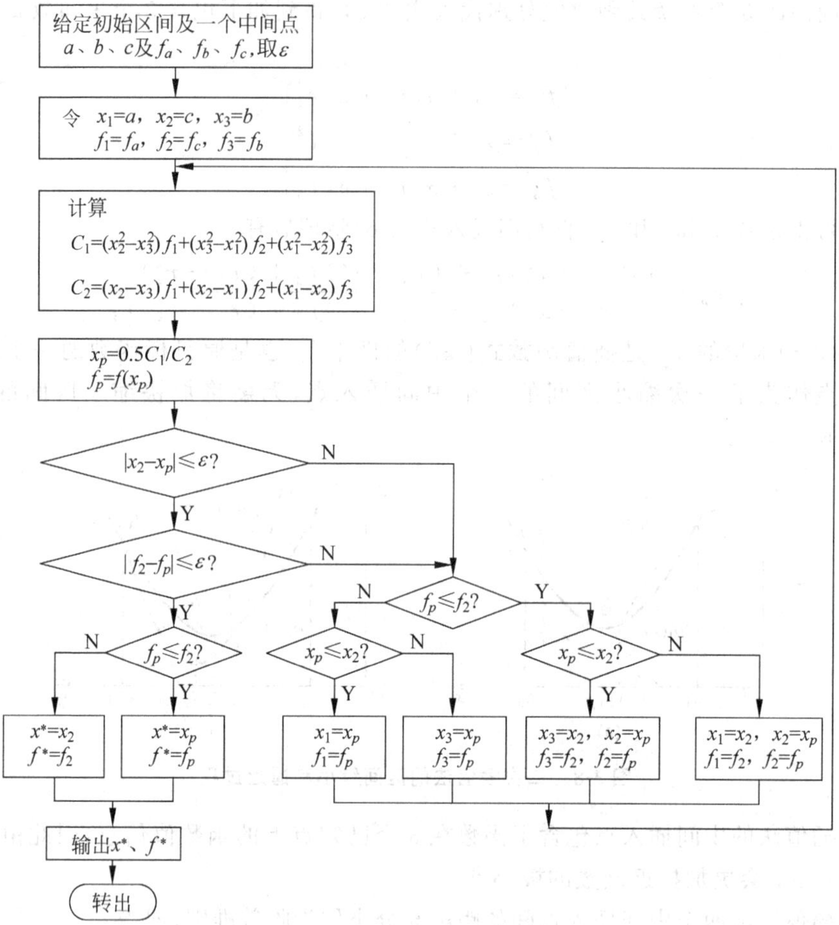

图 3-9 二次插值法的程序框图

解:(1) 确定初始区间

令

$$x_1=x_0=0,\quad f_1=f(x_1)=2,$$

$$x_2=x_0+h=0+1=1,\quad f_2=f(x_2)=1$$

由于 $f_1>f_2$,应加大步长继续向前探测,即令

$$x_3=x_0+2h=0+2=2,\quad f_3=f(x_3)=18$$

由于 $f_2<f_3$,可知初始区间已经找到,即$[a,b]=[x_1,x_3]=[0,2]$

(2) 用黄金分割法缩小区间

① 第1次缩小区间

令

$$x_1=0+0.382\times(2-0)=0.764,\quad f_1=0.282$$

$$x_2=0+0.618\times(2-0)=1.236,\quad f_2=2.72$$

由于 $f_1<f_2$,故新区间$[a,b]=[a,x_2]=[0,1.236]$。

因为 $b-a=1.236>0.2$,还应继续缩小区间。

② 第 2 次缩小区间

令

$$x_2=x_1=0.764,\quad f_2=f_1=0.282$$

$$x_1=0+0.382\times(1.236-0)=0.472,\quad f_1=0.317$$

由于 $f_1>f_2$,故新区间$[a,b]=[x_1,b]=[0.472,1.236]$。

因为 $b-a=1.236-0.472=0.764>0.2$,还应继续缩小区间。

③ 第 3 次缩小区间

令

$$x_1=x_2=0.764,\quad f_1=f_2=0.282$$

$$x_2=0.472+0.618\times(1.236-0.472)=0.944,\quad f_2=0.747$$

由于 $f_1<f_2$,故新区间$[a,b]=[a,x_2]=[0.472,0.944]$。

因为 $b-a=0.944-0.472=0.472>0.2$,还应继续缩小区间。

④ 第 4 次缩小区间

令

$$x_2=x_1=0.764,\quad f_2=f_1=0.282$$

$$x_1=0.472+0.382\times(0.944-0.472)=0.652,\quad f_1=0.223$$

由于 $f_1<f_2$,故新区间$[a,b]=[a,x_2]=[0.472,0.764]$。

因为 $b-a=0.764-0.472=0.292>0.2$,还应继续缩小区间。

⑤ 第 5 次缩小区间

令

$$x_2=x_1=0.652,\quad f_2=f_1=0.223$$

$$x_1=0.472+0.382\times(0.764-0.472)=0.584,\quad f_1=0.262$$

由于 $f_1>f_2$,故新区间$[a,b]=[x_1,b]=[0.584,0.764]$。

因为 $b-a=0.764-0.584=0.18<0.2$,一维搜索结束,得到的极小点和极小值是

$$x^*=0.5\times(0.584+0.764)=0.674,\quad f^*=0.222$$

例 3-2 用二次插值法求解例 3-1。

解:(1) 确定初始区间

初始区间的确定与例 3-1 相同,即$[a,b]=[0,2]$,另有一中间点 $c=1$,$f_c=1$。

(2) 用二次插值法逼近极小点

① 记此初始区间内的相邻三点及其函数依次为 $x_1=0$,$x_2=1$,$x_3=2$,$f_1=2$,$f_2=1$,$f_3=18$。将它们代入式(3-8)得插值函数的极小点,即新的插入点

$$x_p=\frac{1}{2}\,\frac{(1^2-2^2)\times 2+(2^2-0)\times 1+(0-1^2)\times 18}{(1-2)\times 2+(2-0)\times 1+(0-1)\times 18}=0.555$$

$$f_p=0.292$$

由于 $f_p<f_2$,$x_p<x_2$,故新区间$[a,b]=[a,x_2]=[0,1]$。

由于 $|x_2-x_p|=1-0.555=0.445>0.2$,故应继续作第二次插值计算。

② 在新的区间内,相邻三点及其函数值依次为 $x_1=0$,$x_2=0.555$,$x_3=1$,$f_1=2$,$f_2=0.292$,$f_3=1$。将它们代入式(3-8)得

$$x_p=\frac{1}{2}\frac{(0.555^2-1)\times 2+(1-0)\times 0.292+(0-0.555^2)\times 1}{(0.555-1)\times 2+(1-0)\times 0.292+(0-0.555)\times 1}=0.607$$

$$f_p=0.243$$

由于 $f_p<f_2, x_p>x_2$，故新区间 $[a,b]=[x_2,b]=[0.555,1]$。

由于 $|x_2-x_p|=|0.555-0.607|=0.052<0.2$，故一维搜索到此结束，极小点和极小值分别为

$$x^*=x_p=0.607,\quad f^*=0.243$$

由极值条件解得例 3-1 的精确极小点是

$$x^*=2/3=0.6667,\quad f^*=2/9=0.2222$$

由以上两次计算可以看出，二次插值法的收敛速度比黄金分割法快得多，但计算精度较黄金分割法要低。

函数 $f(x)$ 在其定义域上存在关系

$$f(x^*)<f(x)$$

时，称 x^* 是函数 $f(x)$ 的全局极小点。若仅在某一区域存在上述关系时，称 x^* 是函数 $f(x)$ 的一个局部极小点。

显然，确定初始搜索区间时考虑的只是函数的某个单谷区间，因此由上述一维搜索算法求得的极小点 x^* 也只是函数 $f(x)$ 的一个局部极小点。当函数存在多个局部极小点时，求得的是哪一个局部极小点，完全决定于初始点的位置。不同的初始点，有可能得到不同的局部极小点。可见，要得到函数的全局极小点，最简单的方法是选择多个初始点，进行多次一维搜索计算。

本章重点：初始区间的确定方法，黄金分割算法和二次差值法的原理和计算。

基本要求：理解最优步长因子与一维搜索的关系，单谷区间与局部最优解的关系，黄金分割法与二次插值法的取点原则与区间取舍方法以及两种算法的特点。掌握初始区间算法、黄金分割算法和二次插值算法的运算步骤，会用黄金分割算法求解简单的一维最优化问题。

内容提要：

一维搜索是一元函数极小化的数值方法，在最优化方法中一维搜索用于寻求在给定方向上的最优步长因子和对应的一维极小点。

一维搜索分两步进行，先确定一个包含极小点的初始区间，再逐步缩小区间直到满足收敛条件，得到近似的一维极小点。

缩小区间的方法是：在已知区间内选取两个插入点，并比较它们的函数值，舍去其中不包含极小点的部分。

不同的中间插入点的选取方法构成了不同的一维搜索算法。按对称原则选点的算法是黄金分割法，以二次插值函数的极小点作为新的插入点的算法是二次插值法。黄金分割法每次缩小区间的比率都是相同的，其收敛准则为区间的总长度不大于给定的精度，因此黄金分割法需要缩小区间的次数较多，计算速度较慢，但计算精度可以无限提高。二次插值法每次缩小区间的比率都比较大，其收敛准则是中间两个点的距离不大于给定的精度，故二次插值法的计算速度一般较快，但它的计算精度会受到一定的限制。

习 题

1. 用黄金分割法求解以下问题。

(1) $\min\ f(x)=x^3-6x$， $x_0=0$，$h=0.3$， $\varepsilon=0.5$

(2) $\min\ f(x)=x^2-2x+1$， $x_0=0.1$，$h=0.2$， $\varepsilon=0.3$

(3) $\min\ f(x)=2x^2+1$， $x_0=1$，$h=0.3$， $\varepsilon=0.3$

(4) $\min\ f(x)=2x^2-4x+1$， $x_0=0.5$，$h=0.3$， $\varepsilon=0.2$

(5) $\min\ f(x)=x^3+3x^2-9x$， $x_0=0$，$h=0.2$， $\varepsilon=0.3$

(6) $\min\ f(x)=\sin x+\cos x$， $x_0=3.0$，$h=0.2$， $\varepsilon=0.2$

2. 用二次插值法求解习题1中的(1)～(5)，$\varepsilon=0.15$。

3. (1) 参照图3-7,用C语言编写黄金分割法的计算程序。

(2) 参照图3-9,用C语言编写二次插值法的计算程序。

(3) 用计算机求解习题1和2,取$\varepsilon=10^{-4}\sim10^{-6}$,初始点和步长任选。

4. 用计算机求解以下各题,取$\varepsilon=10^{-4}\sim10^{-6}$,初始点和步长任选。

(1) $\min\ f(x)=-\sin x\ \cos x$

(2) $\min\ f(x)=x+20/x$

5. 思考题

(1) 一维搜索的目的是什么？为什么说一维搜索法是一元函数极小化的数值方法？

(2) 确定初始区间时为什么假定所考查的区间是一单谷区间？若不是单谷区间会产生什么情况？

(3) 缩小区间的方法是什么？一定要两个中间点吗？3个点行不行？

(4) 黄金分割法缩小区间时选点的原则是什么？为什么要这样选点？

(5) 黄金分割法在进行下一次缩小区间之前,当$[a,b]=[a,x_2]$时,为什么要先令$x_2=x_1$,而且产生的新点是x_1而不是x_2？

(6) 二次插值法中,插值函数是通过哪3个点构造的抛物线函数？插值函数的极小点与所求一元函数的极小点有什么关系？

(7) 为什么二次插值法的收敛速度要比黄金分割法快？而在相同ε下的实际计算精度没有黄金分割法高？

(8) 在一维搜索算法中,初始区间$[a,b]$的大小和收敛精度ε的高低,与计算速度的关系是什么？

(9) 黄金分割法和二次插值法的相同点和不同点是什么？

(10) 为什么说一维搜索求得的极小点只是函数的一个局部极小点？如何求得函数的全局极小点？

第3章 习题解答

第4章

无约束最优化方法

求解无约束最优化问题

$$\min\ f(\boldsymbol{X}) \tag{4-1}$$

的数值迭代解法，称为无约束最优化方法。无约束最优化方法是构成约束最优化方法的基础算法。

如前所述，求解无约束最优化问题的下降迭代解法具有统一的迭代格式，其基本的问题是选择搜索方向和在这些方向上进行一维搜索。由于构成搜索方向的方式可以不同，从而形成了各种不同的无约束最优化算法。

根据搜索方向的不同构成方式，可将无约束最优化方法分为导数法（亦称解析法）和模式法（亦称直接法）两大类。

利用目标函数的一阶导数和二阶导数信息构造搜索方向的方法称为导数法，如下面将要介绍的梯度法、牛顿法、变尺度法和共轭梯度法。由于导数是函数变化率的具体描述，因此导数法的收敛性和收敛速度都比较好。目前较为实用的最优化算法程序大都采用这类方法。

模式法是通过几个已知点上函数值的比较构造搜索方向的一类算法，如鲍威尔法。由于构成搜索方向的信息仅仅是几个有限点上的函数值，因此难以得到较为理想的搜索方向。这种方法一般迭代次数较多，收敛速度较慢，故通常使用得较少。

下面介绍几种经典的无约束最优化方法。目前常用的最优化算法大都是以它们为基础发展起来的。

4.1 梯度法（最速下降法）

梯度法是一种古老的无约束最优化方法，它的迭代方向是由迭代点的负梯度构成的。由于负梯度方向是函数值下降得最快的方向，故此法也称为最速下降法。

梯度法的迭代算式为

$$\begin{aligned} \boldsymbol{S}^k &= -\nabla f(\boldsymbol{X}^k) \\ \boldsymbol{X}^{k+1} &= \boldsymbol{X}^k + \alpha_k \boldsymbol{S}^k \end{aligned} \tag{4-2}$$

或者

$$X^{k+1}=X^k-\alpha_k \nabla f(X^k)$$

式中，α_k 称为最优步长因子，由以下一维搜索确定，即

$$\begin{aligned} f(X^{k+1}) &= f(X^k-\alpha_k \nabla f(X^k)) \\ &= \min f(X^k-\alpha \nabla f(X^k)) \\ &= \min f(\alpha) \end{aligned}$$

根据极值的必要条件和复合函数的求导公式，对上式求导，并令其等于零得

$$f'(\alpha)=-[\nabla f(X^k-\alpha_k \nabla f(X^k))]^{\mathrm{T}} \nabla f(X^k)=0$$

对于比较简单的问题，由上式可直接求得最优步长因子 α_k，进而求出一维极小点 X^{k+1}。

还可把上式写作

$$[\nabla f(X^{k+1})]^{\mathrm{T}} \nabla f(X^k)=0 \tag{4-3}$$

式(4-3)表明，相邻两迭代点的梯度是彼此正交的。也就是说，在梯度法的迭代过程中，相邻的搜索方向相互垂直。这意味着用梯度法迭代时，向极小点逼近的路径是一条曲折的阶梯形路线，而且越接近极小点，阶梯越小，前进速度越慢，如图 4-1 所示。

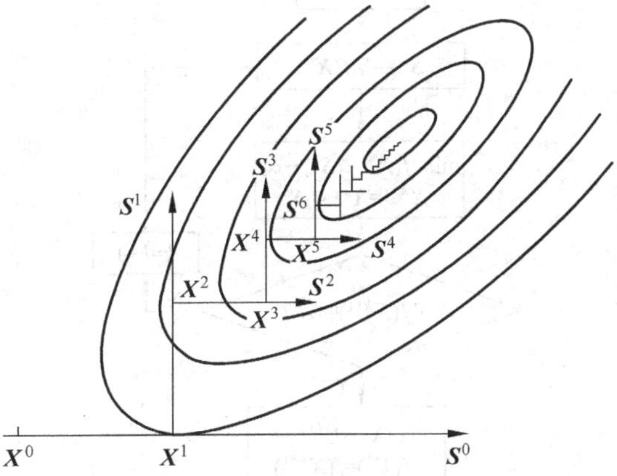

图 4-1 梯度法的迭代路线

梯度法的这一迭代特点是由梯度的性质决定的，因为梯度是函数在一点邻域内局部变化率的数学描述。沿一点的负梯度方向前进时，在该点邻域内函数下降得最快，但是离开该邻域后，函数就不一定继续下降得快，甚至不再下降。这就是说，以负梯度作为搜索方向，从局部看可使函数值获得较快的下降，但从全局看却走了很多弯路，故梯度法的计算速度较慢。可以证明，梯度法只具有线性收敛速度。

从图 4-1 可以看出，在梯度法的迭代过程中，离极小点较远时，一次迭代得到的函数下降量较大。或者说，梯度法在远离极小点时向极小点的逼近速度较快，而越接近极小点逼近速度越慢。正是基于这一特点，许多收敛性较好的算法，在开始的第一步迭代都采用负梯度方向作为搜索方向，如后面将要介绍的变尺度法和共轭梯度法等。

梯度法的收敛速度与目标函数的性质密切相关，对于一般函数来说，梯度法的收敛速度较慢。但对于等值线为同心圆(球)的目标函数，无论从任何初始点出发，一次搜索即可以达到极小点。可见，若能通过适当的坐标变换，改善目标函数的性态，也可以大大提高梯度法的收敛速度。

梯度法的迭代步骤如下：

① 给定初始点 $\boldsymbol{X}^0$ 和收敛精度 $\varepsilon>0$，置 $k=0$。

② 计算梯度，并构造搜索方向

$$\boldsymbol{S}^k=-\nabla f(\boldsymbol{X}^k)$$

③ 一维搜索并求新的迭代点

$$\min\ f(\boldsymbol{X}^k+\alpha\boldsymbol{S}^k)\rightarrow\alpha_k$$

$$\boldsymbol{X}^{k+1}=\boldsymbol{X}^k+\alpha_k\boldsymbol{S}^k$$

④ 收敛判断：若满足

$$\|\nabla f(\boldsymbol{X}^{k+1})\|\leqslant\varepsilon$$

则令最优解 $\boldsymbol{X}^*=\boldsymbol{X}^{k+1}$，$f(\boldsymbol{X}^*)=f(\boldsymbol{X}^{k+1})$，终止计算；否则，令 $k=k+1$，转②继续迭代。

梯度法的程序框图见图 4-2。

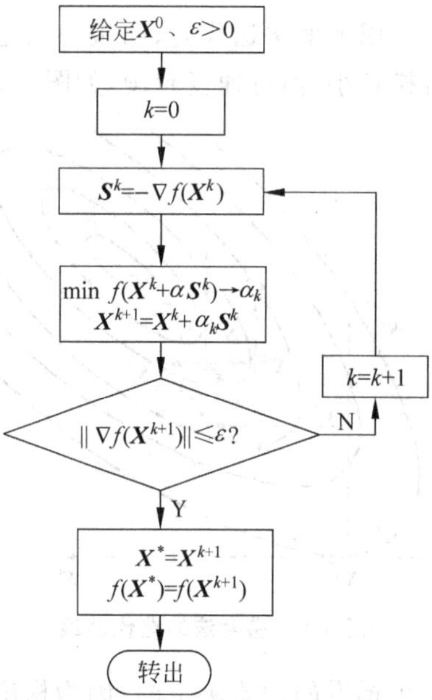

图 4-2 梯度法的程序框图

例 4-1 用梯度法求解无约束最优化问题：

$$\min\ f(\boldsymbol{X})=x_1^2+2x_2^2-2x_1x_2-4x_1$$

已知 $\boldsymbol{X}^0=[1,1]^{\mathrm{T}}$，$\varepsilon=0.1$。

解：(1) 第一次迭代

$$\nabla f(\boldsymbol{X})=\begin{bmatrix}2x_1-2x_2-4\\-2x_1+4x_2\end{bmatrix},\quad \nabla f(\boldsymbol{X}^0)=\begin{bmatrix}-4\\2\end{bmatrix}$$

令

$$\boldsymbol{S}^0=-\nabla f(\boldsymbol{X}^0)=\begin{bmatrix}4\\-2\end{bmatrix}$$

则

$$\boldsymbol{X}^1=\boldsymbol{X}^0+\alpha_0\boldsymbol{S}^0=\begin{bmatrix}1\\1\end{bmatrix}+\alpha_0\begin{bmatrix}4\\-2\end{bmatrix}=\begin{bmatrix}1+4\alpha_0\\1-2\alpha_0\end{bmatrix}$$

$$f(\boldsymbol{X}^1)=(1+4\alpha_0)^2+2(1-2\alpha_0)^2-2(1+4\alpha_0)(1-2\alpha_0)-4(1+4\alpha_0)=f(\alpha_0)$$

对这种简单的一元函数，可以直接用解析法对 α_0 求极小。

令

$$f'(\alpha_0)=8(1+4\alpha_0)-8(1-2\alpha_0)-8(1-2\alpha_0)+4(1+4\alpha_0)-16=0$$

$$\alpha_0=\frac{1}{4}=0.25$$

解得

$$\boldsymbol{X}^1=\begin{bmatrix}2\\0.5\end{bmatrix},\quad f(\boldsymbol{X}^1)=-5.5$$

$$\nabla f(\boldsymbol{X}^1)=\begin{bmatrix}-1\\-2\end{bmatrix}$$

因 $\|\nabla f(\boldsymbol{X}^1)\|=\sqrt{5}>\varepsilon$，还应继续迭代计算。

(2) 第二次迭代

$$\nabla f(\boldsymbol{X}^1)=\begin{bmatrix}-1\\-2\end{bmatrix},\quad \boldsymbol{S}^1=\begin{bmatrix}1\\2\end{bmatrix}$$

因

$$\boldsymbol{X}^2=\boldsymbol{X}^1+\alpha_1\boldsymbol{S}^1=\begin{bmatrix}2\\0.5\end{bmatrix}+\alpha_1\begin{bmatrix}1\\2\end{bmatrix}=\begin{bmatrix}2+\alpha_1\\0.5+2\alpha_1\end{bmatrix}$$

$$f(\boldsymbol{X}^1)=(2+\alpha_1)^2+2(0.5+2\alpha_1)^2-2(2+\alpha_1)(0.5+2\alpha_1)-4(2+\alpha_1)=f(\alpha_1)$$

令

$$f'(\alpha_1)=2(2+\alpha_1)+8(0.5+2\alpha_1)-2(0.5+2\alpha_1)-4(2+\alpha_1)-4=0$$

解得

$$\alpha_1=0.5$$

$$\boldsymbol{X}^2=\begin{bmatrix}2.5\\1.5\end{bmatrix},\quad f(\boldsymbol{X}^2)=-6.75,\quad \nabla f(\boldsymbol{X}^2)=\begin{bmatrix}-2\\1\end{bmatrix}$$

因 $\|\nabla f(\boldsymbol{X}^2)\|=\sqrt{5}>\varepsilon$，可知 $\boldsymbol{X}^2$ 不是极小点，还应继续进行迭代。

此问题的最优解是

$$\boldsymbol{X}^*=[4,2]^{\mathrm{T}},\quad f(\boldsymbol{X}^*)=-8$$

用梯度法求解时，需要经过相当多次迭代才能得到一个近似的最优解。其中前两次的迭代路线如图 4-3 所示。

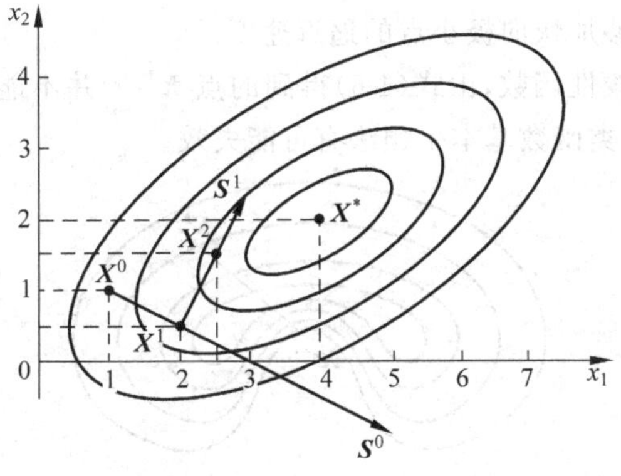

图 4-3 例 4-1 的迭代路线

4.2 牛顿法

牛顿法也是一种经典的最优化方法,它的搜索方向是根据目标函数的负梯度和二阶导数矩阵构造的,称为牛顿方向。牛顿法分为基本牛顿法和阻尼牛顿法两种。

4.2.1 基本牛顿法

将函数 $f(\boldsymbol{X})$在点 $\boldsymbol{X}^k$ 处展成泰勒二次近似式:

$$f(\boldsymbol{X}) \approx f(\boldsymbol{X}^k) + [\nabla f(\boldsymbol{X}^k)]^{\mathrm{T}}[\boldsymbol{X}-\boldsymbol{X}^k] + \frac{1}{2}[\boldsymbol{X}-\boldsymbol{X}^k]^{\mathrm{T}}\ \nabla^2 f(\boldsymbol{X}^k)[\boldsymbol{X}-\boldsymbol{X}^k] \tag{4-4}$$

令函数 $f(\boldsymbol{X})$的梯度等于零,并设 $\boldsymbol{X}^{k+1}$ 是函数的极小点,有

$$\nabla f(\boldsymbol{X}^{k+1}) = \nabla f(\boldsymbol{X}^k) + \nabla^2 f(\boldsymbol{X}^{k+1})[\boldsymbol{X}^{k+1} - \boldsymbol{X}^k] = \boldsymbol{0}$$

由此解得

$$\boldsymbol{X}^{k+1} = \boldsymbol{X}^k - [\nabla^2 f(\boldsymbol{X}^k)]^{-1}\ \nabla f(\boldsymbol{X}^k)$$

令

$$\boldsymbol{S}^k = -[\nabla^2 f(\boldsymbol{X}^k)]^{-1}\ \nabla f(\boldsymbol{X}^k) \tag{4-5}$$

则有

$$\boldsymbol{X}^{k+1} = \boldsymbol{X}^k + \boldsymbol{S}^k \tag{4-6}$$

式(4-5)和式(4-6)构成了一种最优化迭代算法,称为基本牛顿法,其中的 $\boldsymbol{S}^k$ 称为牛顿方向。与下降迭代解法的迭代公式(1-5)相比少了步长因子 α_k,或者说 $\alpha_k=1$。这意味着基本牛顿法的迭代运算不需要进行一维搜索。

对于二次函数,式(4-4)就是函数本身。如果 $f(\boldsymbol{X})$是正定二次函数,由极值条件可知,式(4-6)所得的 $\boldsymbol{X}^{k+1}$ 就是该函数的精确极小点,因此方向 $\boldsymbol{S}^k$ 必定直指函数的极小点。可见,用基本牛顿法求解正定二次函数时,无论从哪个初始点 $\boldsymbol{X}^k$ 出发,沿该点的牛顿方向可直达极小点。

对于二阶导数矩阵正定的一般非线性函数,式(4-4)只是原函数的一种近似式。因此由式(4-6)得到的 $\boldsymbol{X}^{k+1}$ 也只是原函数极小点的一个近似点。这时,若以此点作为下一次迭代的起始点 $\boldsymbol{X}^k$,则必定能够加快向极小点的逼近速度。

但是对于一般的非线性函数,由式(4-6)得到的点 $\boldsymbol{X}^{k+1}$ 并不能始终保持函数的下降性(如图 4-4),因此对于此类函数基本牛顿法有可能失效。

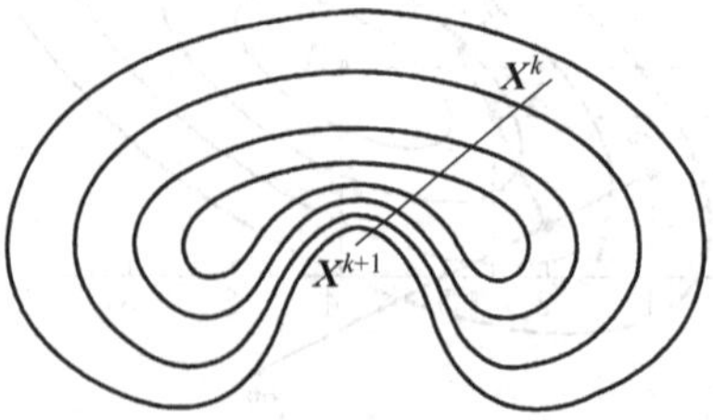

图 4-4 基本牛顿法的缺陷示意

4.2.2 阻尼牛顿法

基本牛顿法的上述缺陷可以通过在迭代中引入步长因子和一维搜索加以解决，即令

$$\left.\begin{aligned}&\boldsymbol{S}^k=-[\nabla^2 f(\boldsymbol{X}^k)]^{-1}\nabla f(\boldsymbol{X}^k)\\&\min\ f(\boldsymbol{X}^k+\alpha\boldsymbol{S}^k)\rightarrow\alpha_k\\&\boldsymbol{X}^{k+1}=\boldsymbol{X}^k+\alpha_k\boldsymbol{S}^k\end{aligned}\right\}\tag{4-7}$$

这种改进的算法称为阻尼牛顿法，其中的步长因子 α_k 亦称阻尼因子。

阻尼牛顿法在迭代公式中引入了阻尼因子 α_k 的同时，在算法中加进了一维搜索。虽然增加了计算量，但可以保证迭代点的严格下降性，可以适用于任何非线性函数，所以具有更加理想的收敛效果。可以证明，阻尼牛顿法具有二阶收敛性，在所有无约束最优化方法中是收敛性最好的算法。由于基本牛顿法的局限性，后面要讲的牛顿法均指阻尼牛顿法。

牛顿法在构造搜索方向时充分利用了函数在一点的一阶导数和二阶导数信息，因此所产生的搜索方向能够直接指向函数的极小点。对于正定二次函数，从任意初始点出发，一次迭代即可达到极小点。

牛顿法从理论上讲是一种非常理想的无约束最优化算法，迭代次数最少。但在具体实施中会遇到每次迭代都需要计算函数的二阶导数矩阵及其逆矩阵，以及导数的计算存在误差的问题。虽然迭代次数少，但每次迭代花在二阶导数矩阵及其逆矩阵计算上的工作量较大，计算时间较长，致使总的计算速度变慢。即使对于比较简单的正定二次函数，由于只能采用差分求导，导数计算存在不可避免的误差，故一次迭代不一定能够达到所要求的精度。因此，牛顿法很少直接使用，然而直接指向函数极小点的牛顿方向却一直是很多方法所追求的，如后面要介绍的变尺度法和共轭梯度法。

牛顿法的迭代步骤如下：

① 给定初始点 $\boldsymbol{X}^0$ 和收敛精度 $\varepsilon>0$，置 $k=0$。

② 计算函数在点 $\boldsymbol{X}^k$ 上的梯度、二阶导数矩阵及其逆矩阵。

③ 构造搜索方向

$$\boldsymbol{S}^k=-[\nabla^2 f(\boldsymbol{X}^k)]^{-1}\nabla f(\boldsymbol{X}^k)$$

④ 沿方向 $\boldsymbol{S}^k$ 一维搜索，得到阻尼因子 α_k 和新的迭代点

$$\boldsymbol{X}^{k+1}=\boldsymbol{X}^k+\alpha_k\boldsymbol{S}^k$$

⑤ 收敛判断：若 $\|\nabla f(\boldsymbol{X}^{k+1})\|\leqslant\varepsilon$，则令最优解为 $\boldsymbol{X}^*=\boldsymbol{X}^{k+1}$ 和 $f(\boldsymbol{X}^*)=f(\boldsymbol{X}^{k+1})$，终止计算；否则，令 $k=k+1$，转②继续迭代。

牛顿法的程序框图见图 4-5。

例 4-2 用牛顿法求解例 4-1。

解：(1) 用基本牛顿法求解，因

$$\nabla f(\boldsymbol{X})=\begin{bmatrix}2x_1-2x_2-4\\-2x_1+4x_2\end{bmatrix},\quad \nabla^2 f(\boldsymbol{X})=\begin{bmatrix}2&-2\\-2&4\end{bmatrix}$$

$$\nabla f(\boldsymbol{X}^0)=\begin{bmatrix}-4\\2\end{bmatrix},\quad [\nabla^2 f(\boldsymbol{X})]^{-1}=\begin{bmatrix}1&1/2\\1/2&1/2\end{bmatrix}$$

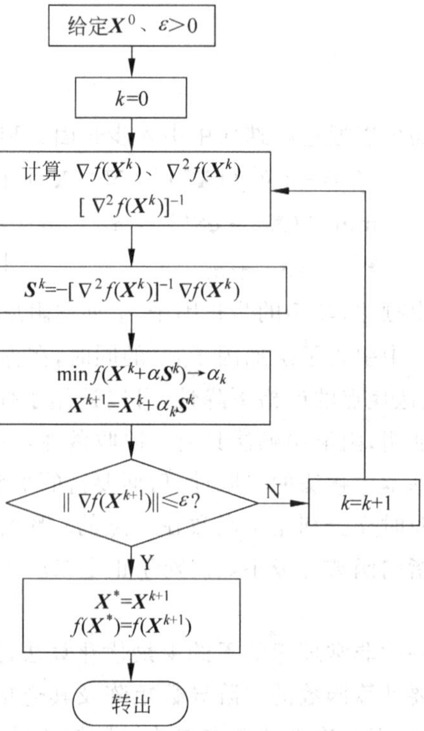

图 4-5 牛顿法的程序框图

$$S^0=-[\nabla^2 f(X^0)]^{-1}\nabla f(X^0)=-\begin{bmatrix}1 & 1/2\\1/2 & 1/2\end{bmatrix}\begin{bmatrix}-4\\2\end{bmatrix}=\begin{bmatrix}3\\1\end{bmatrix}$$

所以

$$X^1=X^0+S^0=\begin{bmatrix}1\\1\end{bmatrix}+\begin{bmatrix}3\\1\end{bmatrix}=\begin{bmatrix}4\\2\end{bmatrix}$$

$$f(X^1)=-8$$

因为

$$\nabla f(X^1)=\begin{bmatrix}0\\0\end{bmatrix},\quad \|\nabla f(X^1)\|=0$$

故最优解为

$$X^*=X^1=\begin{bmatrix}4\\2\end{bmatrix},\quad f^*=-8$$

(2) 用阻尼牛顿法求解

引入阻尼因子 α_0,令

$$X^1=X^0+\alpha_0 S^0$$

代入上面的计算结果得

$$X^1=X^0+\alpha_0 S^0=\begin{bmatrix}1\\1\end{bmatrix}+\alpha_0\begin{bmatrix}3\\1\end{bmatrix}=\begin{bmatrix}1+3\alpha_0\\1+\alpha_0\end{bmatrix}$$

代入目标函数并求极小,解得

$$\alpha_0 = 1$$

$$\boldsymbol{X}^1 = \boldsymbol{X}^0 + \alpha_0 \boldsymbol{S}^0 = \begin{bmatrix}1\\1\end{bmatrix} + \begin{bmatrix}3\\1\end{bmatrix} = \begin{bmatrix}4\\2\end{bmatrix}$$

因为

$$f(\boldsymbol{X}^1) = \begin{bmatrix}0\\0\end{bmatrix}, \quad \|\nabla f(\boldsymbol{X}^1)\| = 0$$

所以最优解

$$\boldsymbol{X}^* = \boldsymbol{X}^1 = \begin{bmatrix}4\\2\end{bmatrix}, \quad f^* = f(\boldsymbol{X}^1) = -8$$

此解与基本牛顿法的计算结果完全相同，而且两种方法都只进行了一次迭代，这是因为目标函数是正定二次函数，基本牛顿法的局限性还没有显露出来。但是基本牛顿法不需进行一维搜索，因此计算速度更快。上述迭代路线见图 4-6。

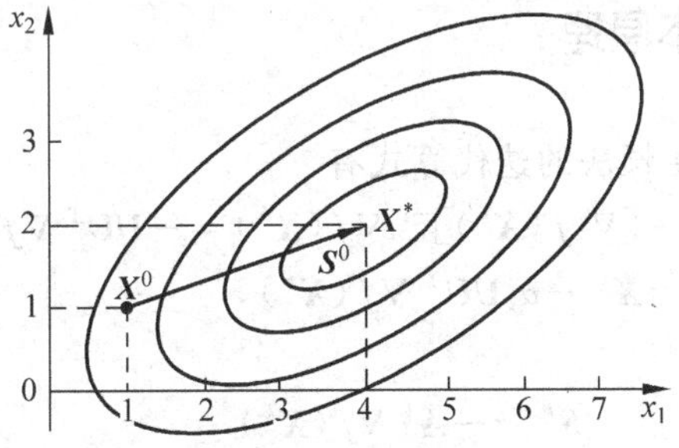

图 4-6 例 4-2 的迭代路线

4.3 变尺度法(拟牛顿法)

如 4.1 节所述，对目标函数作适当的变换，就可以改善函数的性态，从而改进算法的收敛性。变尺度法正是通过坐标变换构造的一类最优化算法。这类算法的搜索方向在计算中以递推形式逐步产生并最终逼近牛顿方向，而不需计算函数的二阶导数及其逆矩阵。变尺度法具有超线性收敛速度。

4.3.1 坐标变换

如前所述，当函数在一点的二阶导数矩阵为正定时，其函数在该点的泰勒二次展开式(4-4)是正定二次函数，其等值线(面)为同心椭圆(球)族。

引入变换矩阵 $\boldsymbol{U}$ 和如下变换：

$$\boldsymbol{X} - \boldsymbol{X}^k = \boldsymbol{U}\boldsymbol{Y} \tag{4-8}$$

代入式(4-4)得

$$\phi(\boldsymbol{Y}) = \frac{1}{2}\boldsymbol{Y}^{\mathrm{T}}\boldsymbol{U}^{\mathrm{T}}\ \nabla^2 f(\boldsymbol{X}^k)\boldsymbol{U}\boldsymbol{Y} + [\nabla f(\boldsymbol{X}^k)]^{\mathrm{T}}\boldsymbol{U}\boldsymbol{Y} + f(\boldsymbol{X}^k) \tag{4-9}$$

因$\nabla^2 f(\boldsymbol{X}^k)$是正定矩阵,由线性代数知,必存在矩阵$\boldsymbol{U}$使

$$\boldsymbol{U}^{\mathrm{T}} \nabla^2 f(\boldsymbol{X}^k)\boldsymbol{U} = \boldsymbol{I} \tag{4-10}$$

式中,$\boldsymbol{I}$代表单位矩阵,将式(4-10)代入式(4-9)得

$$\phi(\boldsymbol{Y}) = \frac{1}{2}\boldsymbol{Y}^{\mathrm{T}}\boldsymbol{Y} + \nabla f(\boldsymbol{X}^k)^{\mathrm{T}}\boldsymbol{U}\boldsymbol{Y} + f(\boldsymbol{X}^k) \tag{4-11}$$

此式只包含变量$\boldsymbol{Y}$的二次平方项和一次项,若采用坐标平移可消去其中的一次项,使$\phi(\boldsymbol{Y})$变成纯二次平方项函数,其等值线为一族同心椭圆(球)。

用$\boldsymbol{U}$和$\boldsymbol{U}^{-1}$分别左乘和右乘式(4-10)得

$$\boldsymbol{U}\boldsymbol{U}^{\mathrm{T}} \nabla^2 f(\boldsymbol{X}^k) = \boldsymbol{I}$$

和

$$[\nabla^2 f(\boldsymbol{X}^k)]^{-1} = \boldsymbol{U}\boldsymbol{U}^{\mathrm{T}} \tag{4-12}$$

由此可见,函数的二阶导数矩阵的逆矩阵可以通过坐标变换,由某个$\boldsymbol{U}$矩阵得到。

4.3.2 变尺度法的基本原理

将式(4-12)代入阻尼牛顿法的迭代算式有

$$\boldsymbol{S}^k = -[\nabla^2 f(\boldsymbol{X}^k)]^{-1} \nabla f(\boldsymbol{X}^k) = -\boldsymbol{U}\boldsymbol{U}^{\mathrm{T}} \nabla f(\boldsymbol{X}^k)$$

$$\boldsymbol{X}^{k+1} = \boldsymbol{X}^k - \alpha_k \boldsymbol{U}\boldsymbol{U}^{\mathrm{T}} \nabla f(\boldsymbol{X}^k)$$

令矩阵$\boldsymbol{A} = \boldsymbol{U}\boldsymbol{U}^{\mathrm{T}}$,则有

$$\boldsymbol{S}^k = -\boldsymbol{A}^k \nabla f(\boldsymbol{X}^k) \tag{4-13}$$

$$\boldsymbol{X}^{k+1} = \boldsymbol{X}^k - \alpha_k \boldsymbol{A}^k \nabla f(\boldsymbol{X}^k) \tag{4-14}$$

由此构成的迭代算法称为变尺度算法,亦称拟牛顿法,其中$\boldsymbol{A}^k$称变尺度矩阵。

经推导,变尺度矩阵可由以下递推公式逐步产生:

$$\boldsymbol{A}^{k+1} = \boldsymbol{A}^k + \boldsymbol{E}^k \tag{4-15}$$

其中,$\boldsymbol{A}^0 = \boldsymbol{I}$;$\boldsymbol{E}^k$称为校正矩阵,由下式计算得到

$$\boldsymbol{E}^k = \frac{\Delta\boldsymbol{X}^k[\Delta\boldsymbol{X}^k]^{\mathrm{T}}}{[\Delta\boldsymbol{g}^k]^{\mathrm{T}}\Delta\boldsymbol{X}^k} - \frac{\boldsymbol{A}^k\Delta\boldsymbol{g}^k[\Delta\boldsymbol{g}^k]^{\mathrm{T}}\boldsymbol{A}^k}{[\Delta\boldsymbol{g}^k]^{\mathrm{T}}\boldsymbol{A}^k\Delta\boldsymbol{g}^k} \tag{4-16}$$

式中,

$$\Delta\boldsymbol{X}^k = \boldsymbol{X}^{k+1} - \boldsymbol{X}^k$$

$$\Delta\boldsymbol{g}^k = \nabla f(\boldsymbol{X}^{k+1}) - \nabla f(\boldsymbol{X}^k)$$

由式(4-15)和式(4-16)计算得到变尺度矩阵,并以式(4-13)和式(4-14)进行迭代运算的算法称为DFP变尺度算法。由于初始的变尺度矩阵$\boldsymbol{A}^0$取作单位矩阵,可见DFP变尺度算法的第一个搜索方向是负梯度方向,第一步迭代采用的是梯度法。

还可以导出另外的一些变尺度矩阵的递推公式,构成其他的变尺度算法,如BFGS变尺度算法等。

BFGS变尺度算法中校正矩阵的递推算式如下:

$$\boldsymbol{E}^k = \frac{1}{[\Delta\boldsymbol{X}^k]^{\mathrm{T}}\Delta\boldsymbol{g}^k}\left\{\Delta\boldsymbol{X}^k[\Delta\boldsymbol{X}^k]^{\mathrm{T}} + \frac{\Delta\boldsymbol{X}^k[\Delta\boldsymbol{X}^k]^{\mathrm{T}}[\Delta\boldsymbol{g}^k]^{\mathrm{T}}\boldsymbol{A}^k\Delta\boldsymbol{g}^k}{[\Delta\boldsymbol{X}^k]^{\mathrm{T}}\Delta\boldsymbol{g}^k} - \boldsymbol{A}^k\Delta\boldsymbol{g}^k[\Delta\boldsymbol{g}^k]^{\mathrm{T}} - \Delta\boldsymbol{X}^k[\Delta\boldsymbol{g}^k]^{\mathrm{T}}\boldsymbol{A}^k\right\} \tag{4-17}$$

变尺度算法的迭代步骤如下：

① 给定初点 $\boldsymbol{X}^0$ 和收敛精度 $\varepsilon>0$。

② 计算梯度 $\nabla f(\boldsymbol{X}^0)$，取 $\boldsymbol{A}^0=\boldsymbol{I}$，置 $k=0$。

③ 构造搜索方向

$$\boldsymbol{S}^k=-\boldsymbol{A}^k\nabla f(\boldsymbol{X}^k)$$

④ 进行一维搜索，得到 α_k 和迭代点

$$\boldsymbol{X}^{k+1}=\boldsymbol{X}^k+\alpha_k\boldsymbol{S}^k$$

⑤ 收敛判断：若 $\|\nabla f(\boldsymbol{X}^{k+1})\|\leqslant\varepsilon$，则令 $\boldsymbol{X}^*=\boldsymbol{X}^{k+1}$，$f(\boldsymbol{X}^*)=f(\boldsymbol{X}^{k+1})$，终止计算；否则，转⑥继续迭代。

⑥ 若 $k<n-1$ 转⑦；若 $k=n-1$，令 $\boldsymbol{X}^0=\boldsymbol{X}^{k+1}$，转②（$n$ 为 $\boldsymbol{X}$ 的维数）。

⑦ 计算 $\nabla f(\boldsymbol{X}^k)$、$\Delta\boldsymbol{X}^k$、$\Delta\boldsymbol{g}^k$、$\boldsymbol{E}^k$，构造新的变尺度矩阵

$$\boldsymbol{A}^{k+1}=\boldsymbol{A}^k+\boldsymbol{E}^k$$

并令 $k=k+1$，转③。

变尺度算法的程序框图如图 4-7 所示。

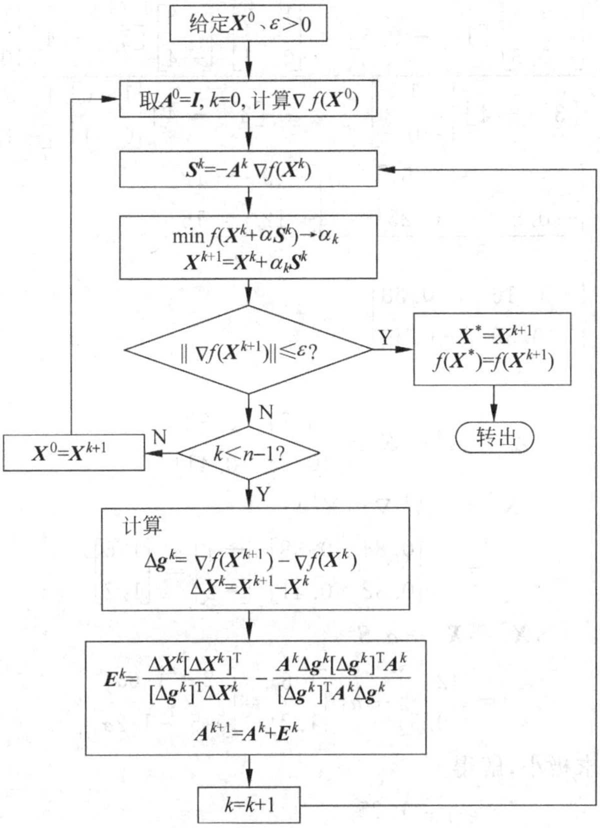

图 4-7 变尺度法的程序框图

例 4-3 用 DFP 变尺度算法求解例 4-1。

解：(1) 第一次迭代实际上是沿负梯度方向进行一维搜索。由例 4-1 的计算得

$$\boldsymbol{X}^0=\begin{bmatrix}1\\1\end{bmatrix},\quad \nabla f(\boldsymbol{X}^0)=\begin{bmatrix}-4\\2\end{bmatrix}$$

$$\boldsymbol{X}^1=\begin{bmatrix}2\\0.5\end{bmatrix},\quad \nabla f(\boldsymbol{X}^1)=\begin{bmatrix}-1\\-2\end{bmatrix}$$

(2) 第二次迭代采用 DFP 变尺度法，令

$$\boldsymbol{A}^0=\begin{bmatrix}1&0\\0&1\end{bmatrix}$$

$$\Delta\boldsymbol{X}^0=\boldsymbol{X}^1-\boldsymbol{X}^0=\begin{bmatrix}1\\-0.5\end{bmatrix}$$

$$\Delta\boldsymbol{g}^0=\nabla f(\boldsymbol{X}^1)-\nabla f(\boldsymbol{X}^0)=\begin{bmatrix}3\\-4\end{bmatrix}$$

代入式(4-16)得

$$\begin{aligned}\boldsymbol{E}^0&=\frac{\Delta\boldsymbol{X}^0[\Delta\boldsymbol{X}^0]^{\mathrm T}}{[\Delta\boldsymbol{g}^0]^{\mathrm T}\Delta\boldsymbol{X}^0}-\frac{\boldsymbol{A}^0\Delta\boldsymbol{g}^0[\Delta\boldsymbol{g}^0]^{\mathrm T}\boldsymbol{A}^0}{[\Delta\boldsymbol{g}^0]^{\mathrm T}\boldsymbol{A}^0\Delta\boldsymbol{g}^0}\\
&=\frac{\begin{bmatrix}1\\-0.5\end{bmatrix}\begin{bmatrix}1&-0.5\end{bmatrix}}{\begin{bmatrix}3&-4\end{bmatrix}\begin{bmatrix}1\\-0.5\end{bmatrix}}-\frac{\begin{bmatrix}1&0\\0&1\end{bmatrix}\begin{bmatrix}3\\-4\end{bmatrix}\begin{bmatrix}3&-4\end{bmatrix}\begin{bmatrix}1&0\\0&1\end{bmatrix}}{\begin{bmatrix}3&-4\end{bmatrix}\begin{bmatrix}1&0\\0&1\end{bmatrix}\begin{bmatrix}3\\-4\end{bmatrix}}\\
&=\frac{\begin{bmatrix}1&-0.5\\-0.5&0.25\end{bmatrix}}{5}-\frac{\begin{bmatrix}9&-12\\-12&16\end{bmatrix}}{25}\\
&=\begin{bmatrix}-0.16&0.38\\0.38&-0.59\end{bmatrix}\end{aligned}$$

于是有

$$\boldsymbol{A}^1=\boldsymbol{A}^0+\boldsymbol{E}^0=\begin{bmatrix}0.84&0.38\\0.38&0.41\end{bmatrix}$$

$$\begin{aligned}\boldsymbol{S}^1&=-\boldsymbol{A}^1\ \nabla f(\boldsymbol{X}^1)\\
&=-\begin{bmatrix}0.84&0.38\\0.38&0.41\end{bmatrix}\begin{bmatrix}-1\\-2\end{bmatrix}=\begin{bmatrix}1.6\\1.2\end{bmatrix}\end{aligned}$$

$$\begin{aligned}\boldsymbol{X}^2&=\boldsymbol{X}^1+\alpha_1\boldsymbol{S}^1\\
&=\begin{bmatrix}2\\0.5\end{bmatrix}+\alpha_1\begin{bmatrix}1.6\\1.2\end{bmatrix}=\begin{bmatrix}2+1.6\alpha_1\\0.5+1.2\alpha_1\end{bmatrix}\end{aligned}$$

代入原函数并对 α_1 求极小，解得

$$\alpha_1=1.25$$

$$\boldsymbol{X}^2=\begin{bmatrix}4\\2\end{bmatrix},\quad \nabla f(\boldsymbol{X}^2)=\begin{bmatrix}0\\0\end{bmatrix}$$

因 $\|\nabla f(\boldsymbol{X}^2)\|\leqslant\varepsilon$，故最优解为

$$\boldsymbol{X}^{*}=\boldsymbol{X}^{2}=\begin{bmatrix}4\\2\end{bmatrix},\quad f^{*}=-8$$

由此可见，DFP 变尺度算法的迭代次数稍多于牛顿法，但结果却与牛顿法完全相同，且不需要计算函数的二阶导数矩阵及其逆矩阵。因此，变尺度算法是一种收敛速度较快的无约束最优化算法。

4.4 共轭梯度法

在最优化算法中，共轭方向有重要的意义。一些有效的无约束最优化算法大多是以共轭方向作为搜索方向的，共轭梯度法就是其中的一种。

4.4.1 共轭方向

设 $\boldsymbol{H}$ 为一正定对称矩阵，若有一组非零向量 $\boldsymbol{S}_1,\boldsymbol{S}_2,\cdots,\boldsymbol{S}_n$ 满足

$$\boldsymbol{S}_i^{\mathrm{T}}\boldsymbol{H}\boldsymbol{S}_j=\boldsymbol{0}\quad(i\neq j)\tag{4-18}$$

则称这组向量关于矩阵 $\boldsymbol{H}$ 共轭，或称它们是矩阵 $\boldsymbol{H}$ 的一组共轭向量(方向)。

当 $\boldsymbol{H}$ 为单位矩阵时，有

$$\boldsymbol{S}_i^{\mathrm{T}}\boldsymbol{S}_j=\boldsymbol{0}\quad(i\neq j)\tag{4-19}$$

此时称向量 $\boldsymbol{S}_n(i=1,2,\cdots,n)$ 相互正交。显然，一组坐标向量或基向量之间都是相互正交的。可见，共轭是正交的推广，正交是共轭的特例。

共轭方向对于构造一种有效的最优化算法是很重要的。以如下正定二元二次函数为例：

$$\left.\begin{aligned}&f(\boldsymbol{X})=\frac{1}{2}\boldsymbol{X}^{\mathrm{T}}\boldsymbol{H}\boldsymbol{X}+\boldsymbol{B}^{\mathrm{T}}\boldsymbol{X}+c\\&\boldsymbol{X}=[x_1,x_2]^{\mathrm{T}}\end{aligned}\right\}\tag{4-20}$$

任选初始点 $\boldsymbol{X}^0$ 并沿某个下降方向 $\boldsymbol{S}^0$ 作一维搜索，得

$$\boldsymbol{X}^1=\boldsymbol{X}^0+\alpha_0\boldsymbol{S}^0$$

由梯度法的分析知，此时点 $\boldsymbol{X}^1$ 的梯度必与方向 $\boldsymbol{S}^0$ 垂直，即有

$$[\nabla f(\boldsymbol{X}^1)]^{\mathrm{T}}\boldsymbol{S}^0=\boldsymbol{0}\tag{4-21}$$

和

$$\nabla f(\boldsymbol{X}^1)=\boldsymbol{H}\boldsymbol{X}^1+\boldsymbol{B}\tag{4-22}$$

从点 $\boldsymbol{X}^1$ 开始沿另一下降方向 $\boldsymbol{S}^1$ 作一维搜索，得

$$\boldsymbol{X}^2=\boldsymbol{X}^1+\alpha_1\boldsymbol{S}^1\tag{4-23}$$

若欲使 $\boldsymbol{X}^2$ 成为极小点，根据极值的必要条件，应有

$$\nabla f(\boldsymbol{X}^2)=\boldsymbol{H}\boldsymbol{X}^2+\boldsymbol{B}=\boldsymbol{0}\tag{4-24}$$

将式(4-23)代入式(4-24)得

$$\boldsymbol{H}(\boldsymbol{X}^1+\alpha_1\boldsymbol{S}^1)+\boldsymbol{B}=\boldsymbol{0}$$

展开并将式(4-22)代入得

$$\nabla f(\boldsymbol{X}^1)+\alpha_1\boldsymbol{H}\boldsymbol{S}^1=\boldsymbol{0}$$

以 $\boldsymbol{S}^0$ 左乘上式,并注意式(4-21)和 $\alpha_1\neq 0$ 得

$$[\boldsymbol{S}^0]^{\mathrm{T}}\boldsymbol{H}\boldsymbol{S}^1=\boldsymbol{0} \tag{4-25}$$

这就是说,若要使第二个迭代点 $\boldsymbol{X}^2$ 成为该正定二元二次函数的极小点,只要使两次一维搜索的搜索方向 $\boldsymbol{S}^0$ 和 $\boldsymbol{S}^1$ 关于函数的二阶导数矩阵 $\boldsymbol{H}$ 相共轭就可以了。也就是说,如果能够找到以 $\boldsymbol{H}$ 为共轭的两个方向,则无论从哪个初始点出发,依次沿这两个共轭方向进行一维搜索,经两次迭代即可达到此正定二元二次函数的极小点。

可以证明,共轭方向具有以下性质:

(1) 若 $\boldsymbol{S}^i(i=1,2,\cdots,n)$ 是以 $\boldsymbol{H}$ 共轭的 n 个向量,则对于正定二次函数,从任意初始点 $\boldsymbol{X}^0$ 出发,依次沿这 n 个方向进行一维搜索,最多 n 次即可以达到该二次函数的极小点。

(2) 从任意两个点 $\boldsymbol{X}_1^0$ 和 $\boldsymbol{X}_2^0$ 出发,分别沿同一方向 $\boldsymbol{S}^0$ 进行两次一维搜索,得到两个一维极小点 $\boldsymbol{X}_1^1$ 和 $\boldsymbol{X}_2^1$,连接此两点构成的向量

$$\boldsymbol{S}^1=\boldsymbol{X}_1^1-\boldsymbol{X}_2^1$$

与原方向 $\boldsymbol{S}^0$ 关于该函数的二阶导数矩阵相共轭。

以共轭方向作为搜索方向的算法称为共轭方向法。

共轭方向的产生有平行搜索和向量组合两种方式。

4.4.2 共轭方向的产生

1. 平行搜索法

由上述共轭方向的性质(2)知,从不同的两点出发,沿同一方向进行两次一维搜索,或者说进行两次平行搜索,所得两个极小点的连线方向便是与原方向共轭的另一方向。沿该方向作两次平行搜索,又可得到第三个共轭方向。如此继续下去,便可求得一个包含 n 个共轭方向的方向组。对于二次函数这种共轭方向 $\boldsymbol{S}^0$ 和 $\boldsymbol{S}^1$ 的产生方法如图 4-8 所示。

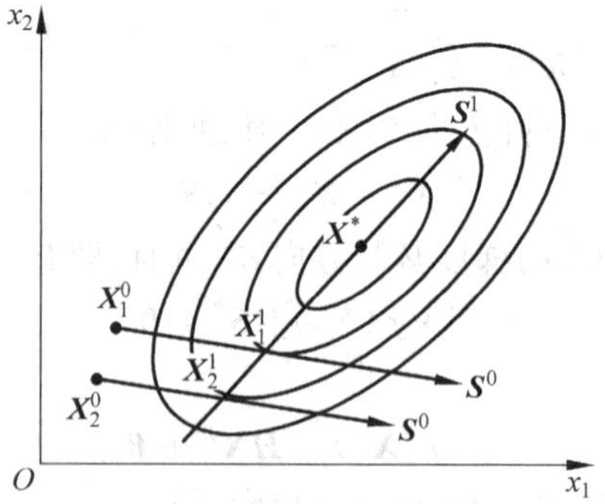

图 4-8 平行搜索产生共轭方向

2. 向量组合法

(1) 基向量组合

取 n 个基向量(单位坐标向量)$\boldsymbol{e}^i(i=0,1,\cdots,n-1)$和另一个任意向量 $\boldsymbol{S}^0$,令向量 $\boldsymbol{S}^1$ 由 $\boldsymbol{e}^0$ 和 $\boldsymbol{S}^0$ 的线性组合形成,即

$$\boldsymbol{S}^1=\boldsymbol{e}^0+\beta_0\boldsymbol{S}^0 \tag{4-26}$$

式中，β_0 为待定常数。

欲使 $\boldsymbol{S}^1$ 和 $\boldsymbol{S}^0$ 关于$\nabla^2 f(\boldsymbol{X})$相共轭，必须使

$$[\boldsymbol{S}^0]^{\mathrm{T}}\ \nabla^2 f(\boldsymbol{X})\boldsymbol{S}^1=0 \tag{4-27}$$

将式(4-26)代入上式得

$$[\boldsymbol{S}^0]^{\mathrm{T}}\ \nabla^2 f(\boldsymbol{X})[\boldsymbol{e}^0+\beta_0\boldsymbol{S}^0]=0$$

解得

$$\beta_0=-\frac{[\boldsymbol{S}^0]^{\mathrm{T}}\ \nabla^2 f(\boldsymbol{X})\boldsymbol{e}^0}{[\boldsymbol{S}^0]^{\mathrm{T}}\ \nabla^2 f(\boldsymbol{X})\boldsymbol{S}^0} \tag{4-28}$$

代入式(4-26)得到与 $\boldsymbol{S}^0$ 共轭的向量是

$$\boldsymbol{S}^1=\boldsymbol{e}^0-\frac{[\boldsymbol{S}^0]^{\mathrm{T}}\ \nabla^2 f(\boldsymbol{X})\boldsymbol{e}^0}{[\boldsymbol{S}^0]^{\mathrm{T}}\ \nabla^2 f(\boldsymbol{X})\boldsymbol{S}^0}\boldsymbol{S}^0 \tag{4-29}$$

同理，令 $\boldsymbol{S}^2$ 为 $\boldsymbol{e}^1$ 和 $\boldsymbol{S}^0$，$\boldsymbol{S}^1$ 的线性组合，可求得与 $\boldsymbol{S}^0$ 和 $\boldsymbol{S}^1$ 共轭的另一个向量 $\boldsymbol{S}^2$，以此类推。设已求得 $k+1$ 个共轭向量 $\boldsymbol{S}^0,\boldsymbol{S}^1,\cdots,\boldsymbol{S}^k$，令新的向量 $\boldsymbol{S}^{k+1}$ 是基向量 $\boldsymbol{e}^k$ 和原 $k+1$ 个共轭向量的线性组合，即

$$\boldsymbol{S}^{k+1}=\boldsymbol{e}^k+\sum_{i=0}^{k}\beta_i\boldsymbol{S}^i \tag{4-30}$$

欲使 $\boldsymbol{S}^{k+1}$ 和 $\boldsymbol{S}^i(i=0,1,\cdots,k)$关于$\nabla^2 f(\boldsymbol{X}^k)$相共轭，必须使

$$[\boldsymbol{S}^i]^{\mathrm{T}}\ \nabla^2 f(\boldsymbol{X})\left[\boldsymbol{e}^k+\sum_{i=0}^{k}\beta_i\boldsymbol{S}^i\right]=0 \tag{4-31}$$

由此解得

$$\beta_i=-\frac{[\boldsymbol{S}^i]^{\mathrm{T}}\ \nabla^2 f(\boldsymbol{X})\boldsymbol{e}^i}{[\boldsymbol{S}^i]^{\mathrm{T}}\ \nabla^2 f(\boldsymbol{X})\boldsymbol{S}^i} \tag{4-32}$$

代入式(4-30)得

$$\boldsymbol{S}^{k+1}=\boldsymbol{e}^k-\sum_{i=0}^{k}\frac{[\boldsymbol{S}^i]^{\mathrm{T}}\ \nabla^2 f(\boldsymbol{X})\boldsymbol{e}^i}{[\boldsymbol{S}^i]^{\mathrm{T}}\ \nabla^2 f(\boldsymbol{X})\boldsymbol{S}^i}\boldsymbol{S}^i \tag{4-33}$$

此向量就是与原 $k+1$ 个共轭向量相共轭的新向量。式(4-33)是由基向量递推得到共轭向量组的基本公式。

用式(4-33)构成共轭方向的困难在于二阶导数矩阵的计算，为此可以利用另外一种向量组合法，即梯度组合。

(2) 梯度组合

从任意点 $\boldsymbol{X}^k$ 出发，沿负梯度方向作一维搜索，即令

$$\boldsymbol{S}^k=-\nabla f(\boldsymbol{X}^k) \tag{4-34}$$

得

$$\boldsymbol{X}^{k+1}=\boldsymbol{X}^k+\alpha_k\boldsymbol{S}^k \tag{4-35}$$

设与 $\boldsymbol{S}^k$ 共轭的下一个方向 $\boldsymbol{S}^{k+1}$ 由点 $\boldsymbol{X}^{k+1}$ 的负梯度和方向 $\boldsymbol{S}^k$ 的线性组合构成，即

$$\boldsymbol{S}^{k+1}=-\nabla f(\boldsymbol{X}^{k+1})+\beta_k\boldsymbol{S}^k \tag{4-36}$$

根据共轭条件

$$[\boldsymbol{S}^k]^{\mathrm{T}}\ \nabla^2 f(\boldsymbol{X}^k)\boldsymbol{S}^{k+1}=\boldsymbol{0} \tag{4-37}$$

把式(4-34)和式(4-36)代入式(4-37)得

$$-[\nabla f(\boldsymbol{X}^k)]^{\mathrm{T}}\nabla^2 f(\boldsymbol{X}^k)[-\nabla f(\boldsymbol{X}^{k+1})+\beta_k\boldsymbol{S}^k]=\boldsymbol{0}$$

解得

$$\beta_k=-\frac{[\nabla f(\boldsymbol{X}^k)]^{\mathrm{T}}\nabla^2 f(\boldsymbol{X})\nabla f(\boldsymbol{X}^{k+1})}{[\nabla f(\boldsymbol{X}^k)]^{\mathrm{T}}\nabla^2 f(\boldsymbol{X})\nabla f(\boldsymbol{X}^k)} \tag{4-38}$$

令 $f(\boldsymbol{X})$为函数的泰勒二次展开式,则点 $\boldsymbol{X}^k$ 和 $\boldsymbol{X}^{k+1}$ 的梯度可写作

$$\nabla f(\boldsymbol{X}^k)=\boldsymbol{H}\boldsymbol{X}^k+\boldsymbol{B}$$

$$\nabla f(\boldsymbol{X}^{k+1})=\boldsymbol{H}\boldsymbol{X}^{k+1}+\boldsymbol{B}$$

两式相减并将式(4-35)代入得

$$\alpha_k\boldsymbol{H}\boldsymbol{S}^k=\nabla f(\boldsymbol{X}^{k+1})-\nabla f(\boldsymbol{X}^k) \tag{4-39}$$

将式(4-36)和式(4-39)的两边分别相乘,并注意式(4-37)得

$$[\nabla f(\boldsymbol{X}^{k+1})-\beta_k\nabla f(\boldsymbol{X}^k)]^{\mathrm{T}}[\nabla f(\boldsymbol{X}^{k+1})-\nabla f(\boldsymbol{X}^k)]=0 \tag{4-40}$$

将式(4-40)展开,并注意到相邻两点梯度间的正交关系,整理后得

$$\beta_k=\frac{[\nabla f(\boldsymbol{X}^{k+1})]^{\mathrm{T}}\nabla f(\boldsymbol{X}^{k+1})}{[\nabla f(\boldsymbol{X}^k)]^{\mathrm{T}}\nabla f(\boldsymbol{X}^k)}=\frac{\|\nabla f(\boldsymbol{X}^{k+1})\|^2}{\|\nabla f(\boldsymbol{X}^k)\|^2} \tag{4-41}$$

4.4.3 共轭梯度算法

把式(4-41)代入式(4-36),得

$$\boldsymbol{S}^{k+1}=-\nabla f(\boldsymbol{X}^{k+1})+\frac{\|\nabla f(\boldsymbol{X}^{k+1})\|^2}{\|\nabla f(\boldsymbol{X}^k)\|^2}\boldsymbol{S}^{\mathrm{k}}$$

$$\boldsymbol{X}^{k+2}=\boldsymbol{X}^{k+1}+\alpha_{k+1}\boldsymbol{S}^{k+1} \tag{4-42}$$

可见,只需利用相邻两点的梯度就可以构造一个新的共轭方向。以这种方式产生共轭方向并进行迭代运算的算法称为共轭梯度法。式(4-42)就是共轭梯度法的基本迭代算式。

综上所述,共轭梯度法的迭代步骤如下:

① 给定初始点 $\boldsymbol{X}^0$ 和收敛精度 $\varepsilon>0$。

② 取 $\boldsymbol{X}^0$ 的负梯度作为搜索方向

$$\boldsymbol{S}^0=-\nabla f(\boldsymbol{X}^0)$$

置 $k=0$。

③ 沿方向 $\boldsymbol{S}^k$ 作一维搜索得

$$\boldsymbol{X}^{k+1}=\boldsymbol{X}^k+\alpha_k\boldsymbol{S}^k$$

④ 收敛判断:若满足 $\|\nabla f(\boldsymbol{X}^{k+1})\|\leqslant\varepsilon$,则令 $\boldsymbol{X}^*=\boldsymbol{X}^{k+1}$,$f(\boldsymbol{X}^*)=f(\boldsymbol{X}^{k+1})$,结束迭代;否则,转⑤。

⑤ 若 $k=n$,则令 $\boldsymbol{X}^0=\boldsymbol{X}^{k+1}$,转②开始新的一轮迭代;否则,转⑥。

⑥ 构造新的共轭方向

$$\beta_k=\frac{\|\nabla f(\boldsymbol{X}^{k+1})\|^2}{\|\nabla f(\boldsymbol{X}^k)\|^2}$$

$$\boldsymbol{S}^{k+1}=-\nabla f(\boldsymbol{X}^{k+1})+\beta_k\boldsymbol{S}^k$$

令 $k=k+1$,转③。

共轭梯度法的程序框图如图 4-9 所示。

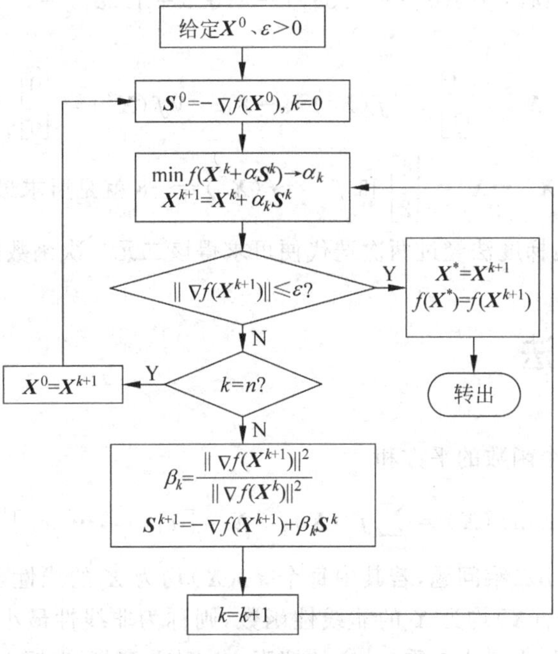

图 4-9 共轭梯度法的程序框图

共轭梯度法是以函数的梯度构造共轭方向的一种算法，具有共轭方向的性质。对于正定二元二次函数，沿一个梯度方向和一个共轭梯度方向进行一维搜索，经过两次迭代即可达到极小点。对于一般正定二次函数，沿一组共轭梯度方向依次进行一维搜索，最多 n 次迭代就可达到极小点（n 为维度）。对于一般函数，当 n 次迭代还未达到极小点时，应将第 n 个迭代点作为新的起始点，重新产生新的一组共轭方向，继续迭代，直到满足收敛精度为止。共轭梯度法具有超线性收敛速度。

例 4-4 用共轭梯度法求解例 4-1。

解：(1) 第一次迭代。沿负梯度方向搜索，由例 4-1 得

$$\boldsymbol{X}^0=\begin{bmatrix}1\\1\end{bmatrix},\quad \nabla f(\boldsymbol{X}^0)=\begin{bmatrix}-4\\2\end{bmatrix},\quad \boldsymbol{S}^0=\begin{bmatrix}4\\-2\end{bmatrix}$$

$$\boldsymbol{X}^1=\begin{bmatrix}2\\0.5\end{bmatrix},\quad \nabla f(\boldsymbol{X}^1)=\begin{bmatrix}-1\\-2\end{bmatrix}$$

(2) 第二次迭代。求

$$\beta_0=\frac{\|\nabla f(\boldsymbol{X}^1)\|^2}{\|\nabla f(\boldsymbol{X}^0)\|^2}=\frac{5}{20}=0.25$$

$$\boldsymbol{S}^1=-\nabla f(\boldsymbol{X}^1)+\beta_0\boldsymbol{S}^0=-\begin{bmatrix}-1\\-2\end{bmatrix}+0.25\begin{bmatrix}4\\-2\end{bmatrix}=\begin{bmatrix}2\\1.5\end{bmatrix}$$

$$\boldsymbol{X}^2=\boldsymbol{X}^1+\alpha_1\boldsymbol{S}^1=\begin{bmatrix}2\\0.5\end{bmatrix}+\alpha_1\begin{bmatrix}2\\1.5\end{bmatrix}=\begin{bmatrix}2+2\alpha_1\\0.5+1.5\alpha_1\end{bmatrix}$$

代入原函数

$$f(\boldsymbol{X}^2)=(2+2\alpha_1)^2+2(0.5+1.5\alpha_1)^2-2(2+2\alpha_1)(0.5+1.5\alpha_1)-4(2+2\alpha_1)=f(\alpha_1)$$

对 α_1 求导,并令其等于零,有

$$f'(\alpha_1)=4(2+2\alpha_1)+6(0.5+1.5\alpha_1)-4(0.5+1.5\alpha_1)-3(2+2\alpha_1)-8=0$$

解得 $\alpha_1=1$ 和

$$\boldsymbol{X}^2=\begin{bmatrix}4\\2\end{bmatrix},\quad f(\boldsymbol{X}^2)=-8,\quad \nabla f(\boldsymbol{X}^2)=\begin{bmatrix}0\\0\end{bmatrix}$$

因 $\|\nabla f(\boldsymbol{X}^2)\|=0<\varepsilon$,$\boldsymbol{X}^*=\boldsymbol{X}^2=\begin{bmatrix}4\\2\end{bmatrix}$ 和 $f^*=f(\boldsymbol{X}^2)=-8$ 就是所求最优解。

由此可知,用共轭梯度法经过两次迭代便可求得该二元二次函数的极小点。

4.5 最小二乘法

若目标函数是多个函数的平方和

$$\min f(\boldsymbol{X})=\sum_{i=1}^{m}f_i^2(\boldsymbol{X}),\quad \boldsymbol{X}=[x_1,x_2,\cdots,x_n]^{\mathrm{T}} \tag{4-43}$$

则称这样的问题为最小二乘问题,若其中每个 $f_i(\boldsymbol{X})$ 均为 $\boldsymbol{X}$ 的线性函数,则称为非线性最小二乘问题,若每个 $f_i(\boldsymbol{X})$ 均为 $\boldsymbol{X}$ 的非线性函数,则称为非线性最小二乘问题。求解此类问题的数字迭代算法称为最小二乘法,它的搜索方向称为高斯-牛顿方向。

最小二乘法不仅可以用于求解目标函数为多个函数平方和的问题,而且可以用于求解线性方程组问题和非线性方程组问题。

4.5.1 线性最小二乘法

令式(4-43)中的函数为

$$f_i(\boldsymbol{X})=a_i(\boldsymbol{X})+b_i,\quad i=1,2,\cdots,m$$

则目标函数可写作

$$\begin{aligned}\boldsymbol{F}(\boldsymbol{X})&=\sum_{i=1}^{m}f_i^2(\boldsymbol{X})=[f_1(\boldsymbol{X}),f_2(\boldsymbol{X}),\cdots,f_m(\boldsymbol{X})]\begin{bmatrix}f_1(\boldsymbol{X})\\f_2(\boldsymbol{X})\\\vdots\\f_m(\boldsymbol{X})\end{bmatrix}\\&=[\boldsymbol{A}(\boldsymbol{X})-\boldsymbol{B}]^{\mathrm{T}}[\boldsymbol{A}(\boldsymbol{X})-\boldsymbol{B}]\\&=\boldsymbol{X}^{\mathrm{T}}\boldsymbol{A}^{\mathrm{T}}\boldsymbol{A}\boldsymbol{X}-2\boldsymbol{B}^{\mathrm{T}}\boldsymbol{A}\boldsymbol{X}+\boldsymbol{B}^{\mathrm{T}}\boldsymbol{B}\end{aligned}$$

令目标函数的梯度等于零,即

$$\nabla\boldsymbol{F}(\boldsymbol{X})=2\boldsymbol{A}^{\mathrm{T}}\boldsymbol{A}\boldsymbol{X}-2\boldsymbol{B}^{\mathrm{T}}\boldsymbol{A}=\boldsymbol{0}$$

$$\boldsymbol{A}^{\mathrm{T}}\boldsymbol{A}\boldsymbol{X}=\boldsymbol{A}^{\mathrm{T}}\boldsymbol{B} \tag{4-44}$$

设 $\boldsymbol{A}$ 列满秩,$\boldsymbol{A}^{\mathrm{T}}\boldsymbol{A}$ 为 n 阶正定矩阵,由此可得目标函数的最优解

$$\boldsymbol{X}^*=[\boldsymbol{A}^{\mathrm{T}}\boldsymbol{A}]^{\mathrm{T}}\boldsymbol{A}^{\mathrm{T}}\boldsymbol{B} \tag{4-45}$$

对于线性最小二乘问题,只要 $\boldsymbol{A}^{\mathrm{T}}\boldsymbol{A}$ 非奇异,就可用上式求解。

例 4-5 已知

$$f_1 = x_1 + x_2 - 3$$
$$f_2 = 2x_1 - 3x_2 - 2$$
$$f_3 = -x_1 + 4x_2 - 4$$

求函数 $f = f_1^2 + f_2^2 + f_3^2$ 的极小解。

解：令

$$\boldsymbol{A} = \begin{bmatrix} 1 & 2 \\ 2 & -3 \\ -1 & 4 \end{bmatrix}, \quad \boldsymbol{B} = \begin{bmatrix} 3 \\ 2 \\ 4 \end{bmatrix}$$

此问题可写作

$$\min f(\boldsymbol{X}) = [\boldsymbol{AX} - \boldsymbol{B}]^{\mathrm{T}} [\boldsymbol{AX} - \boldsymbol{B}]$$

于是有

$$\boldsymbol{A}^{\mathrm{T}} \boldsymbol{A} = \begin{bmatrix} -6 & -9 \\ -9 & 26 \end{bmatrix}, \quad [\boldsymbol{A}^{\mathrm{T}} \boldsymbol{A}]^{-1} = \frac{1}{75} \begin{bmatrix} 26 & 9 \\ 9 & 0 \end{bmatrix}$$

$$\boldsymbol{X}^* = \frac{1}{75} \begin{bmatrix} 26 & 9 \\ 9 & 0 \end{bmatrix} \begin{bmatrix} 1 & -2 & -1 \\ 1 & -3 & 4 \end{bmatrix} \begin{bmatrix} 3 \\ 2 \\ 4 \end{bmatrix} \begin{bmatrix} 13/5 \\ 7/5 \end{bmatrix}$$

$$f^* = 3$$

4.5.2 非线性最小二乘法

若式(4-43)中的 $f_i(\boldsymbol{X})$ 为非线性函数，且存在连续偏导数，这就是非线性最小二乘问题。此时若将 $f_i(\boldsymbol{X})$ 在给某点线性化，就可构成近似的线性最小二乘问题，用式(4-45)即可求得原非线性最小二乘问题的一个近似解。按这一思路构成的数值迭代解法称之为非线性最小二乘法。

将函数 $f_i(\boldsymbol{X})$ 在 $\boldsymbol{X}^{(k)}$ 点泰勒展开，取两项即为如下泰勒二次展开式

$$\begin{aligned} f_i(\boldsymbol{X}) &= f_i(\boldsymbol{X}^k) + [\nabla f_i(\boldsymbol{X}^k)]^{\mathrm{T}} [\boldsymbol{X} - \boldsymbol{X}^k] \\ &= [\nabla f_i(\boldsymbol{X}^k)]^{\mathrm{T}} \boldsymbol{X} - \{[\nabla f_i(\boldsymbol{X}^k)]^{\mathrm{T}} \boldsymbol{X}^k - f_i(\boldsymbol{X}^k)\} \\ &= \boldsymbol{A}_k \boldsymbol{X} - \boldsymbol{B}_k \end{aligned}$$

其中

$$\boldsymbol{A}_k = \begin{bmatrix} \nabla f_1(\boldsymbol{X}^k) \\ \nabla f_2(\boldsymbol{X}^k) \\ \vdots \\ \nabla f_m(\boldsymbol{X}^k) \end{bmatrix} = \begin{bmatrix} \dfrac{\partial f_1(\boldsymbol{X}^k)}{\partial x_1} & \dfrac{\partial f_1(\boldsymbol{X}^k)}{\partial x_2} & \cdots & \dfrac{\partial f_1(\boldsymbol{X}^k)}{\partial x_n} \\ \dfrac{\partial f_2(\boldsymbol{X}^k)}{\partial x_1} & \dfrac{\partial f_2(\boldsymbol{X}^k)}{\partial x_2} & \cdots & \dfrac{\partial f_2(\boldsymbol{X}^k)}{\partial x_n} \\ \vdots & \vdots & \ddots & \vdots \\ \dfrac{\partial f_m(\boldsymbol{X}^k)}{\partial x_1} & \dfrac{\partial f_m(\boldsymbol{X}^k)}{\partial x_2} & \cdots & \dfrac{\partial f_m(\boldsymbol{X}^k)}{\partial x_n} \end{bmatrix}$$

$$\boldsymbol{B}_k = \begin{bmatrix} [\nabla f_1(\boldsymbol{X}^k)]^{\mathrm{T}} \cdot \boldsymbol{X}^k - f_1(\boldsymbol{X}^k) \\ [\nabla f_2(\boldsymbol{X}^k)]^{\mathrm{T}} \cdot \boldsymbol{X}^k - f_2(\boldsymbol{X}^k) \\ \vdots \\ [\nabla f_m(\boldsymbol{X}^k)]^{\mathrm{T}} \cdot \boldsymbol{X}^k - f_m(\boldsymbol{X}^k) \end{bmatrix} = \boldsymbol{A}_k \boldsymbol{X}^k - f(\boldsymbol{X}^k)$$

$$\boldsymbol{F}(\boldsymbol{X}^{(k)}) = \begin{bmatrix} f_1(\boldsymbol{X}^k) \\ f_2(\boldsymbol{X}^k) \\ \vdots \\ f_m(\boldsymbol{X}^k) \end{bmatrix}$$

于是,原非线性最小二乘问题可写作

$$f(\boldsymbol{X}) = \sum_{i=1}^{m} f_i^2(\boldsymbol{X}) = [\boldsymbol{A}_k\boldsymbol{X} - \boldsymbol{B}_k]^{\mathrm{T}}[\boldsymbol{A}_k\boldsymbol{X} - \boldsymbol{B}_k]$$

令$\nabla f(\boldsymbol{X}) = \boldsymbol{0}$,由式(4-44)有

$$\boldsymbol{A}_k^{\mathrm{T}}\boldsymbol{A}_k\boldsymbol{X} = \boldsymbol{A}_k^{\mathrm{T}}\boldsymbol{B}_k = \boldsymbol{A}_k^{\mathrm{T}}(\boldsymbol{A}_k\boldsymbol{X}^k - \boldsymbol{F}(\boldsymbol{X}^k))$$

$$\boldsymbol{A}_k^{\mathrm{T}}\boldsymbol{A}_k(\boldsymbol{X} - \boldsymbol{X}^k) = -\boldsymbol{A}_k^{\mathrm{T}}\boldsymbol{F}(\boldsymbol{X}^k)$$

若矩阵$\boldsymbol{A}_k^{\mathrm{T}}\boldsymbol{A}_k$非奇异,将$\boldsymbol{X}^{k+1}$作为下一个迭代点,由此得非线性最小二乘算法的迭代公式为

$$\left.\begin{aligned} \boldsymbol{X}^{k+1} &= \boldsymbol{X}^k + \lambda_k \boldsymbol{S}^k \\ \boldsymbol{S}^k &= -[\boldsymbol{A}_k^{\mathrm{T}}\boldsymbol{A}_k]^{-1}\boldsymbol{A}_k^{\mathrm{T}}\boldsymbol{F}(\boldsymbol{X}^k) \end{aligned}\right\} \tag{4-46}$$

式中,$\boldsymbol{S}^k$称高斯-牛顿方向。

若矩阵$\boldsymbol{A}_k^{\mathrm{T}}\boldsymbol{A}_k$奇异或接近奇异,上述方法就会遇到很大困难,甚至完全不能进行,为此将矩阵$\boldsymbol{A}_k^{\mathrm{T}}\boldsymbol{A}_k$进行修正,得到如下修正非线性最小二乘算法(LM算法)。

$$\left.\begin{aligned} \boldsymbol{X}^{k+1} &= \boldsymbol{X}^k + \boldsymbol{S}^k \\ \boldsymbol{S}^k &= -[\boldsymbol{A}_k^{\mathrm{T}}\boldsymbol{A}_k + \alpha_k\boldsymbol{I}]^{-1}\boldsymbol{A}_k^{\mathrm{T}}\boldsymbol{F}(\boldsymbol{X}^k) \end{aligned}\right\} \tag{4-47}$$

式中,$\boldsymbol{I}$为n阶单位矩阵,α_k为一正实数。当$\alpha_k \in (0, +\infty)$时,方向$\boldsymbol{S}^k$介于高斯-牛顿方向和最速下降方向之间。$\alpha_k$的大小影响算法的收敛速度,因此在算法中引入了$\alpha_k$的递增算法。

非线性最小二乘算法的迭代格式如下:

① 给定初始点$\boldsymbol{X}^k$,初始参数$\alpha_0 > 0$,$\beta > 0$,收敛精度ξ,计算$\boldsymbol{A}_k^{\mathrm{T}}\boldsymbol{F}(\boldsymbol{X}^0)$,置$\alpha = \alpha_0$,$k = 0$。

② 置$\alpha = \alpha/\beta$,计算

$$\boldsymbol{F}(\boldsymbol{X}^k) = \begin{bmatrix} f_1(\boldsymbol{X}^k) \\ f_2(\boldsymbol{X}^k) \\ \vdots \\ f_m(\boldsymbol{X}^k) \end{bmatrix}$$

$$\boldsymbol{A}_k = \begin{bmatrix} \dfrac{\partial f_1(\boldsymbol{X}^k)}{\partial x_1} & \dfrac{\partial f_1(\boldsymbol{X}^k)}{\partial x_2} & \cdots & \dfrac{\partial f_1(\boldsymbol{X}^k)}{\partial x_n} \\ \dfrac{\partial f_2(\boldsymbol{X}^k)}{\partial x_1} & \dfrac{\partial f_2(\boldsymbol{X}^k)}{\partial x_2} & \cdots & \dfrac{\partial f_2(\boldsymbol{X}^k)}{\partial x_n} \\ \vdots & \vdots & \ddots & \vdots \\ \dfrac{\partial f_m(\boldsymbol{X}^k)}{\partial x_1} & \dfrac{\partial f_m(\boldsymbol{X}^k)}{\partial x_2} & \cdots & \dfrac{\partial f_m(\boldsymbol{X}^k)}{\partial x_n} \end{bmatrix}$$

③ 解方程

$$[\boldsymbol{A}_k^{\mathrm{T}}\boldsymbol{A}_k+\alpha_k\boldsymbol{I}]\boldsymbol{S}^k=\boldsymbol{A}_k^{\mathrm{T}}\boldsymbol{F}(\boldsymbol{X}^k)$$

得方向 $\boldsymbol{S}^{(k)}$ 和迭代点

$$\boldsymbol{X}^{k+1}=\boldsymbol{X}^k+\boldsymbol{S}^k$$

④ 计算 $f(\boldsymbol{X}^{k+1})$，若 $f(\boldsymbol{X}^{k+1})<f(\boldsymbol{X}^k)$ 则转⑥，否则转⑤；

⑤ 若 $\|\boldsymbol{A}_k^{\mathrm{T}}\boldsymbol{F}(\boldsymbol{X}^k)\|<\xi$，令 $\boldsymbol{X}^*=\boldsymbol{X}^k$，终止计算；否则 $\alpha=\beta\cdot\alpha$，转③；

⑥ 若 $\|\boldsymbol{A}_k^{\mathrm{T}}\boldsymbol{F}(\boldsymbol{X}^k)\|<\xi$，令 $\boldsymbol{X}^*=\boldsymbol{X}^{k+1}$，终止计算；否则 $k=k+1$，转②。

初始因子 α 和 β 可根据经验选取，选取 $\alpha=0.01,\beta=10$。

例 4-6 用最小二乘法求解如下非线性方程组

$$x_1^2+2x_2^2-1=0$$

$$2x_1^2+x_2-2=0$$

解：将问题变为非线性最小二乘问题

$$\min f(\boldsymbol{X})=(x_1^2+2x_2^2-1)^2+(2x_1^2+x_2-2)^2$$

选定初始点 $\boldsymbol{X}^0=[1,1]^{\mathrm{T}},\alpha_0=0,\beta_0=10$。

(1) 第一次迭代

$$\boldsymbol{F}(\boldsymbol{X}^0)=\begin{bmatrix}2\\1\end{bmatrix},\quad f(\boldsymbol{X}^0)=5$$

$$\boldsymbol{A}_0=\begin{bmatrix}2x_1 & 4x_2\\4x_1 & 1\end{bmatrix}=\begin{bmatrix}2 & 4\\4 & 1\end{bmatrix}$$

$$\begin{aligned}\boldsymbol{S}^0&=-[\boldsymbol{A}_0^{\mathrm{T}}\boldsymbol{A}_0]^{-1}\boldsymbol{A}_0^{\mathrm{T}}\boldsymbol{F}(\boldsymbol{X}^0)\\&=-\left[\begin{bmatrix}2 & 4\\4 & 1\end{bmatrix}\begin{bmatrix}2 & 4\\4 & 1\end{bmatrix}\right]^{-1}\begin{bmatrix}2 & 4\\4 & 1\end{bmatrix}\begin{bmatrix}2\\1\end{bmatrix}\\&=-\begin{bmatrix}20 & 12\\12 & 17\end{bmatrix}^{-1}\begin{bmatrix}2 & 4\\4 & 1\end{bmatrix}\begin{bmatrix}2\\1\end{bmatrix}\\&=-\frac{1}{49}\begin{bmatrix}4.25 & -3\\-3 & 5\end{bmatrix}\begin{bmatrix}2 & 4\\4 & 1\end{bmatrix}\begin{bmatrix}2\\1\end{bmatrix}\\&=-\frac{1}{49}\begin{bmatrix}-3.5 & 14\\14 & -7\end{bmatrix}\begin{bmatrix}2\\1\end{bmatrix}\\&=-\frac{1}{49}\begin{bmatrix}7\\21\end{bmatrix}=\begin{bmatrix}-0.1429\\-0.4286\end{bmatrix}\end{aligned}$$

$$\boldsymbol{X}^1=\boldsymbol{X}^0+\boldsymbol{S}^0=\begin{bmatrix}1\\1\end{bmatrix}+\begin{bmatrix}-0.1429\\-0.4286\end{bmatrix}=\begin{bmatrix}0.8571\\0.5714\end{bmatrix}$$

$$\boldsymbol{F}(\boldsymbol{X}^1)=\begin{bmatrix}0.3876\\0.0406\end{bmatrix}$$

$$f(\boldsymbol{X}^1)=0.1518<f(\boldsymbol{X}^0)$$

(2) 第二次迭代

$$\boldsymbol{A}_1=\begin{bmatrix}2x_1 & 4x_2\\4x_1 & 1\end{bmatrix}=\begin{bmatrix}1.7142 & 2.2856\\3.4284 & 1\end{bmatrix}$$

$$\boldsymbol{A}_1^{\mathrm{T}}\boldsymbol{A}_1=\begin{bmatrix}1.7142 & 3.4284\\2.2856 & 1\end{bmatrix}\begin{bmatrix}1.7142 & 2.2856\\3.4284 & 1\end{bmatrix}=\begin{bmatrix}14.6924 & 7.3464\\7.3464 & 6.2240\end{bmatrix}$$

取 $\alpha_1=0$

$$\boldsymbol{S}^1=-[\boldsymbol{A}_1^{\mathrm{T}}\boldsymbol{A}_1+\alpha_1\boldsymbol{I}]^{-1}\boldsymbol{A}_1^{\mathrm{T}}\boldsymbol{F}(\boldsymbol{X}^1)$$

$$=-\begin{bmatrix}14.6924 & 7.3464\\ 7.3464 & 6.2240\end{bmatrix}^{-1}\begin{bmatrix}1.7142 & 3.4284\\ 2.2856 & 1\end{bmatrix}\begin{bmatrix}0.3876\\ -0.0406\end{bmatrix}$$

$$=-\begin{bmatrix}0.1662 & -0.1960\\ -0.1960 & 0.3921\end{bmatrix}\begin{bmatrix}1.7142 & 3.4284\\ 2.2856 & 1\end{bmatrix}\begin{bmatrix}0.3876\\ -0.0406\end{bmatrix}$$

$$=-\begin{bmatrix}-0.1631 & 0.3738\\ 0.5602 & -0.2799\end{bmatrix}\begin{bmatrix}0.3876\\ -0.0406\end{bmatrix}$$

$$=\begin{bmatrix}0.0784\\ -0.2285\end{bmatrix}$$

$$\boldsymbol{X}^2=\boldsymbol{X}^1+\boldsymbol{S}^1$$

$$=\begin{bmatrix}0.8571\\ 0.5714\end{bmatrix}+\begin{bmatrix}0.0784\\ -0.2285\end{bmatrix}$$

$$=\begin{bmatrix}0.9533\\ 0.3429\end{bmatrix}$$

$$\boldsymbol{F}(\boldsymbol{X}^2)=\begin{bmatrix}0.1439\\ 0.1605\end{bmatrix}$$

$$f(\boldsymbol{X}^2)=0.0465<f(\boldsymbol{X}^1)$$

(3) 第三次迭代

$$\boldsymbol{A}_2=\begin{bmatrix}2x_1 & 4x_2\\ 4x_1 & 1\end{bmatrix}=\begin{bmatrix}1.9066 & 1.3716\\ 3.8132 & 1\end{bmatrix}$$

$$\boldsymbol{A}_2^{\mathrm{T}}\boldsymbol{A}_2=\begin{bmatrix}1.9066 & 3.8132\\ 1.3716 & 1\end{bmatrix}\begin{bmatrix}1.9066 & 1.3716\\ 3.8132 & 1\end{bmatrix}$$

$$=\begin{bmatrix}18.1756 & 6.4283\\ 6.4283 & 2.8813\end{bmatrix}$$

$$\boldsymbol{S}^2=-[\boldsymbol{A}_2^{\mathrm{T}}\boldsymbol{A}_2+\alpha_2\boldsymbol{I}]^{-1}\boldsymbol{A}_2^{\mathrm{T}}\boldsymbol{F}(\boldsymbol{X}^2)$$

$$=-\begin{bmatrix}18.1756 & 6.4283\\ 6.4283 & 2.8813\end{bmatrix}^{-1}\begin{bmatrix}1.9066 & 3.8132\\ 1.3716 & 1\end{bmatrix}\begin{bmatrix}0.1439\\ 0.1605\end{bmatrix}$$

$$=-\begin{bmatrix}0.2608 & -0.5819\\ -0.5819 & 1.6454\end{bmatrix}\begin{bmatrix}1.9066 & 3.8132\\ 1.3716 & 1\end{bmatrix}\begin{bmatrix}0.1439\\ 0.1605\end{bmatrix}$$

$$=-\begin{bmatrix}-0.3009 & 0.4127\\ 1.1473 & -0.5737\end{bmatrix}\begin{bmatrix}0.1439\\ 0.1605\end{bmatrix}$$

$$=\begin{bmatrix}-0.0229\\ -0.0730\end{bmatrix}$$

$$\boldsymbol{X}^3=\boldsymbol{X}^2+\boldsymbol{S}^2$$

$$=\begin{bmatrix}0.9533\\ 0.3429\end{bmatrix}+\begin{bmatrix}-0.0229\\ -0.0730\end{bmatrix}$$

$$=\begin{bmatrix}0.9304\\ 0.2699\end{bmatrix}$$

$$\boldsymbol{F}(\boldsymbol{X}^3)=\begin{bmatrix}0.0113\\0.0012\end{bmatrix}$$

$$f(\boldsymbol{X}^3)=1.291\times10^{-4}<f(\boldsymbol{X}^2)$$

4.6 鲍威尔法

由 4.4 节知，两次平行搜索可以产生一个共轭方向。鲍威尔(Powell)法就是利用平行搜索逐渐构造共轭方向，并沿共轭方向进行一维搜索以逐渐逼近极小点的算法。由于共轭方向的产生不需要计算函数的导数，因此该法属于求解无约束问题的模式法。鲍威尔法是模式法中最好的一种算法，具有超线性收敛速度。

4.6.1 基本迭代格式

以 n 个基向量 $\boldsymbol{e}^0,\boldsymbol{e}^1,\cdots,\boldsymbol{e}^{n-1}$ 构成初始方向组 $\boldsymbol{P}_0$，由点 $\boldsymbol{X}_0^0$ 出发，沿 $\boldsymbol{P}_0$ 中的 n 个方向作 n 次一维搜索得到点 $\boldsymbol{X}_0^n$，再以 $\boldsymbol{X}_0^0$ 和 $\boldsymbol{X}_0^n$ 的连线作为第一个新产生的方向 $\boldsymbol{S}^0$，即

$$\boldsymbol{S}^0=\boldsymbol{X}_0^n-\boldsymbol{X}_0^0 \tag{4-48}$$

沿方向 $\boldsymbol{S}^0$ 作一维搜索得点 $\boldsymbol{X}_0^{n+1}$，并以此点作为下一轮迭代的起始点，即令 $\boldsymbol{X}_1^0=\boldsymbol{X}_0^{n+1}$，并以 $\boldsymbol{S}^0$ 代换原方向组 $\boldsymbol{P}_0$ 中的某个基向量 $\boldsymbol{e}^i$，形成新的方向组 $\boldsymbol{P}_1$，如图 4-10 所示。其中，图 4-10(a)表示以 $\boldsymbol{S}^0$ 代替 $\boldsymbol{e}^0$，图 4-10(b)表示以 $\boldsymbol{S}^0$ 代替 $\boldsymbol{e}^1$。然后进行下一轮迭代，从点 $\boldsymbol{X}_1^0$ 出发，分别沿新的 $\boldsymbol{P}_1$ 中的 n 个方向作 n 次一维搜索，得点 $\boldsymbol{X}_1^n$ 和新的方向 $\boldsymbol{S}^1=\boldsymbol{X}_1^n-\boldsymbol{X}_1^0$，再沿 $\boldsymbol{S}^1$ 作一维搜索得点 $\boldsymbol{X}_1^{n+1}$。此时点 $\boldsymbol{X}_1^n$ 和 $\boldsymbol{X}_1^0$ 可看作从 $\boldsymbol{X}_0^0$ 和 $\boldsymbol{X}_1^1$ 出发，沿同一方向 $\boldsymbol{S}^0$ 作两次一维搜索得到的两个一维极小点，所以 $\boldsymbol{S}^0$ 与 $\boldsymbol{S}^1$ 共轭。若目标函数是正定二元二次函数，$\boldsymbol{X}_1^{n+1}$ 就是所求无约束问题的最优点。

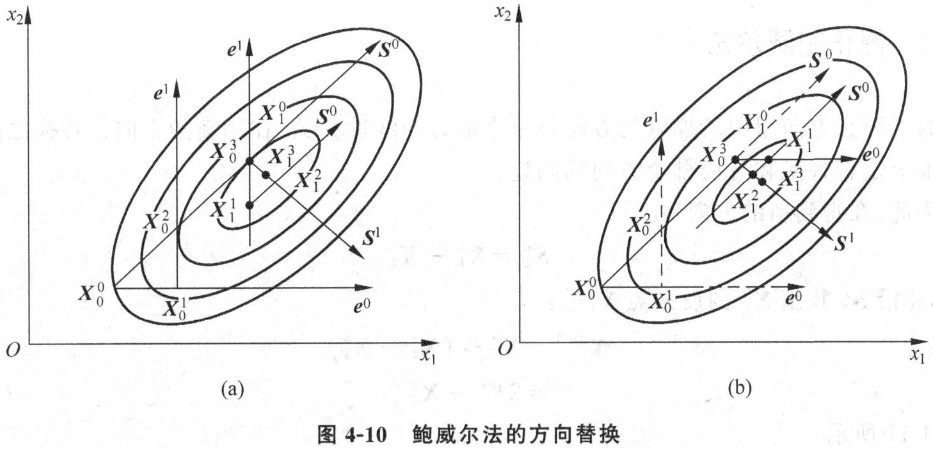

图 4-10 鲍威尔法的方向替换

若目标函数是 n 元二次函数，以 $\boldsymbol{S}^1$ 替换方向组 $\boldsymbol{P}_1$ 中的另一个基向量，构成新的方向组 $\boldsymbol{P}_2$。进行第三轮迭代和方向替换。如此继续下去，则第 n 轮形成的方向组 $\boldsymbol{P}_{n-1}$ 就是一个包含 n 个共轭方向的共轭方向组。在第 n 轮中形成的方向 $\boldsymbol{S}^{n-1}$ 上进行一维搜索得到的

点,必定是所求最优点。有时不到第 n 轮,收敛条件也可能得到满足。

显然,这种算法属于共轭方向法。对于正定二次函数,最多经过 n 轮迭代,就可得到最优点。每轮进行 $n+1$ 次一维搜索,所以最多进行 $n(n+1)$次一维搜索。

对于一般函数,若 n 轮搜索得到的点不满足收敛条件,则应以该点作为新的初始点,重新以 n 个基向量构成的方向组开始,进行新的迭代和方向替换,直到满足终止条件为止。

4.6.2 基本鲍威尔法

如上所述,鲍威尔法的基本迭代格式包括共轭方向产生和方向替换两个主要步骤,其中方向替换可以采用不同的方式,如图 4-10 所示。如果每次产生新的共轭方向 $\boldsymbol{S}^k$ 后,去掉原方向组 $\boldsymbol{P}_k$ 中的第一个,而将新的方向 $\boldsymbol{S}^k$ 加到该方向组的末尾构成新的方向组 $\boldsymbol{P}_{k+1}$,如下所示:

$$\left.\begin{array}{l}\boldsymbol{P}_0:\boldsymbol{e}^0,\boldsymbol{e}^1,\boldsymbol{e}^2,\cdots,\boldsymbol{e}^{n-1}\rightarrow\boldsymbol{S}^0\\\boldsymbol{P}_1:\boldsymbol{e}^1,\boldsymbol{e}^2,\cdots,\boldsymbol{e}^{n-1},\boldsymbol{S}^0\rightarrow\boldsymbol{S}^1\\\boldsymbol{P}_2:\boldsymbol{e}^2,\cdots,\boldsymbol{e}^{n-1},\boldsymbol{S}^0,\boldsymbol{S}^1\rightarrow\boldsymbol{S}^2\\\vdots\\\boldsymbol{P}_{n-1}:\boldsymbol{e}^{n-1},\boldsymbol{S}^0,\boldsymbol{S}^1,\cdots,\boldsymbol{S}^{n-2}\rightarrow\boldsymbol{S}^{n-1}\end{array}\right\}\tag{4-49}$$

由此构成的算法是 Powell 于 1964 年提出的,称为基本鲍威尔法。

在上述基本鲍威尔法中,方向组的替换采用式(4-49)所示的固定格式,运算十分简便。但是由此形成的方向组中,有可能出现几个方向线性相关或近似线性相关的现象,即新的方向组中有可能存在两个方向平行或三个方向共面的情况。显然,这将使方向组中独立的共轭方向的数目减少,从而导致迭代运算退化到一个较低维的空间中进行,因此无法得到真正的极小点。

鉴于上述问题,Powell 将基本算法加以修正,形成了以下修正算法。

4.6.3 修正鲍威尔法

为了防止方向组中新加入的方向与原来的方向线性相关,在用新的方向作替换之前,要首先解决是否替换和替换哪个方向的问题。

为此,在得到新的方向

$$\boldsymbol{S}_k^n=\boldsymbol{X}_k^n-\boldsymbol{X}_k^0$$

之后,先沿 $\boldsymbol{S}_k^n$ 找出 $\boldsymbol{X}_k^0$ 的反射点 $\boldsymbol{X}_k^{n+2}$:

$$\begin{aligned}\boldsymbol{X}_k^{n+2}&=\boldsymbol{X}_k^n+(\boldsymbol{X}_k^n-\boldsymbol{X}_k^0)\\&=2\boldsymbol{X}_k^n-\boldsymbol{X}_k^0\end{aligned}\tag{4-50}$$

如图 4-11 所示。

分别计算三点的函数值,并记

$$f_1=f(\boldsymbol{X}_k^0),\quad f_2=f(\boldsymbol{X}_k^n),\quad f_3=f(\boldsymbol{X}_k^{n+2})\tag{4-51}$$

然后找出这一轮迭代中函数值下降最多的方向 m 及其下降量 Δ_m,即

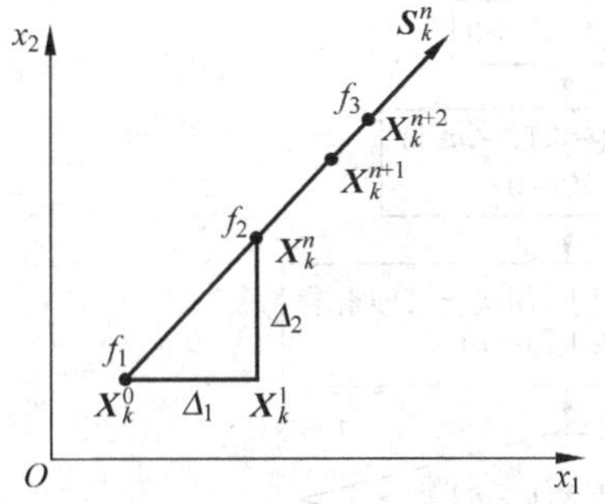

图 4-11 修正鲍威尔法的判别参数

$$\begin{aligned}\Delta_m &= \max\{f(\boldsymbol{X}_k^i) - f(\boldsymbol{X}_k^{i+1})\ (i=0,1,\cdots,n-1)\} \\ &= f(\boldsymbol{X}_k^{m-1}) - f(\boldsymbol{X}_k^m)\end{aligned} \tag{4-52}$$

可以证明，此时若以下关系

$$\left.\begin{aligned} f_3 &< f_1 \\ (f_1-2f_2+f_3)(f_1-f_2-\Delta_m)^2 &< \frac{1}{2}\Delta_m(f_1-f_3)^2 \end{aligned}\right\} \tag{4-53}$$

同时成立，则表明方向 $\boldsymbol{S}_k^n$ 与原方向组线性无关，可以用它进行方向替换。替换的对象就是所对应的方向 $\boldsymbol{S}_k^m$。替换的方法是取消原方向 $\boldsymbol{S}_k^m$，而把新的方向 $\boldsymbol{S}_k^n$ 加到方向组的末尾，如下所示：

$$\left.\begin{aligned} \boldsymbol{P}_k: &\ \boldsymbol{S}_k^0, \boldsymbol{S}_k^1, \cdots, \boldsymbol{S}_k^{m-1}, \cancel{\boldsymbol{S}_k^m}, \boldsymbol{S}_k^{m+1}, \cdots, \boldsymbol{S}_k^{n-1} \\ \boldsymbol{P}_{k+1}: &\ \boldsymbol{S}_{k+1}^0, \boldsymbol{S}_{k+1}^1, \cdots, \boldsymbol{S}_{k+1}^{m-1}, \boldsymbol{S}_{k+1}^{m+1}, \cdots, \boldsymbol{S}_{k+1}^{n-1}, \underline{\boldsymbol{S}_{k+1}^n} \end{aligned}\right\} \tag{4-54}$$

替换算式为

$$\left.\begin{aligned} &\boldsymbol{S}_{k+1}^i = \boldsymbol{S}_k^i && (i<m) \\ &\boldsymbol{S}_{k+1}^{i-1} = \boldsymbol{S}_k^i && (m+1<i<n-1) \\ &\boldsymbol{S}_{k+1}^{n-1} = \boldsymbol{S}_k^n && \end{aligned}\right\} \tag{4-55}$$

若式(4-53)不成立，则表明 $\boldsymbol{S}_k^n$ 与原方向组中的某些方向线性相关，不能用来进行方向替换，而应以原方向组中的 n 个方向进行新的迭代，即令

$$\boldsymbol{S}_{k+1}^i = \boldsymbol{S}_k^i \qquad (i=0,1,\cdots,n-1)$$

可以看出，鲍威尔法属于共轭方向法，共轭方向的产生不需要计算函数的导数。对于正定二元二次函数，只经过两轮迭代，六次一维搜索就可得到最优解。对于正定 n 元二次函数，最多经过 n 轮迭代，$n(n+1)$次一维搜索就可得到最优解。

鲍威尔法是模式法中最好的一种算法，但因一维搜索的次数较多，故收敛速度相对较慢。

修正鲍威尔法的程序框图见图 4-12。

例 4-7 用修正鲍威尔法求解例 4-1。

解：(1) 第一轮迭代

取 $\boldsymbol{e}^0 = \begin{bmatrix}1\\0\end{bmatrix}, \boldsymbol{e}^1 = \begin{bmatrix}0\\1\end{bmatrix}, \boldsymbol{X}_0^0 = \begin{bmatrix}1\\1\end{bmatrix}, f(\boldsymbol{X}_0^0) = -3$。

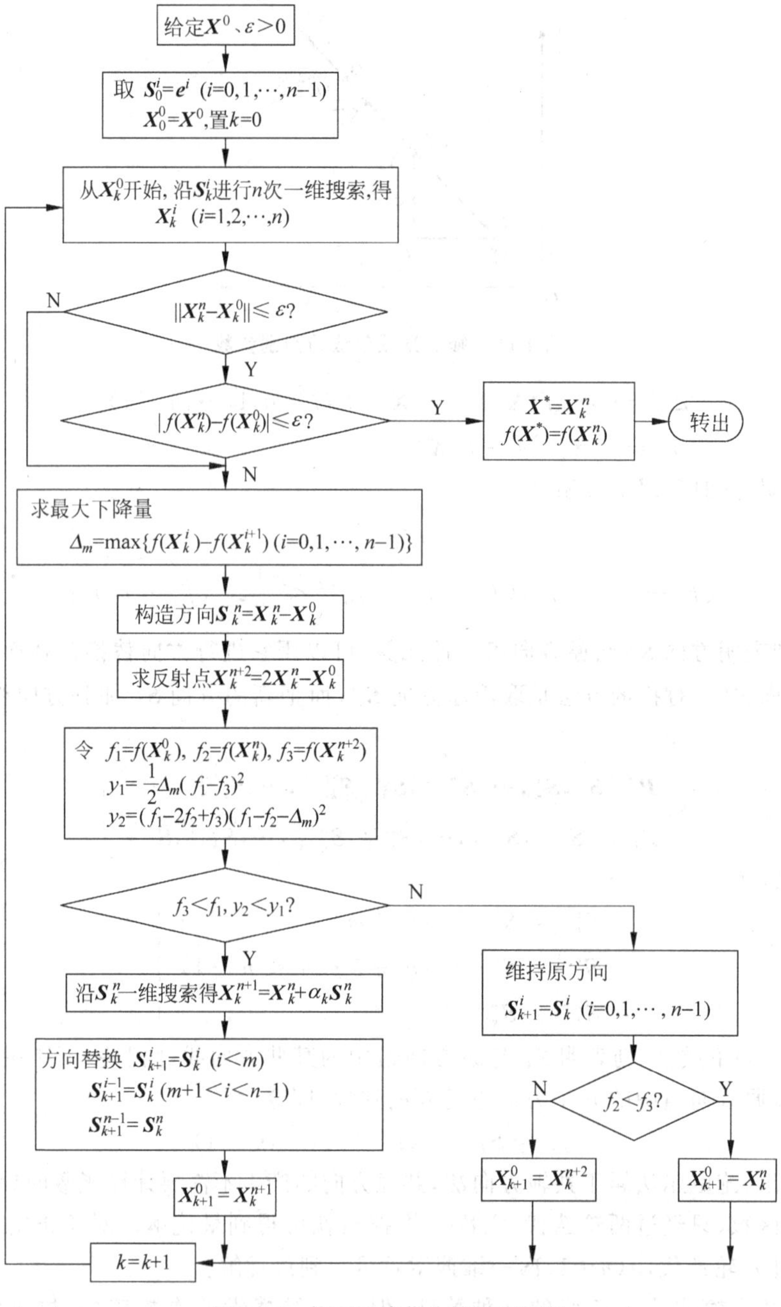

图 4-12 修正鲍威尔法的程序框图

① 沿 e^0 进行一维搜索。令

$$X_0^1=X_0^0+\alpha_0e^0=\begin{bmatrix}1\\1\end{bmatrix}+\alpha_0\begin{bmatrix}1\\0\end{bmatrix}=\begin{bmatrix}1+\alpha_0\\1\end{bmatrix}$$

代入原函数并求极小,解得

$$\alpha_0=2$$

故有

$$X_0^1 = \begin{bmatrix} 3 \\ 1 \end{bmatrix}, \quad f(X_0^1) = -7, \quad \Delta_1 = 4$$

② 沿 e^1 进行一维搜索。令

$$X_0^2 = X_0^1 + \alpha_1 e^1 = \begin{bmatrix} 3 \\ 1 \end{bmatrix} + \alpha_1 \begin{bmatrix} 0 \\ 1 \end{bmatrix} = \begin{bmatrix} 3 \\ 1+\alpha_1 \end{bmatrix}$$

代入原函数并求极小,解得

$$\alpha_1 = 0.5$$

故有

$$X_0^2 = \begin{bmatrix} 3 \\ 1.5 \end{bmatrix}, \quad f(X_0^2) = -7.5, \quad \Delta_2 = 0.5$$

③ 收敛判断:因 $\| X_0^2 - X_0^0 \| = \sqrt{2^2 + 0.5^2} = 2.06 > \varepsilon$,故应继续计算。

④ 求最大下降量:$\Delta_m = \Delta_1 = 4$。

⑤ 构造新的方向

$$S^0 = X_0^2 - X_0^0 = \begin{bmatrix} 3 \\ 1.5 \end{bmatrix} - \begin{bmatrix} 1 \\ 1 \end{bmatrix} = \begin{bmatrix} 2 \\ 0.5 \end{bmatrix}$$

⑥ 求反射点

$$X_0^4 = 2X_0^2 - X_0^0 = 2\begin{bmatrix} 3 \\ 1.5 \end{bmatrix} - \begin{bmatrix} 1 \\ 1 \end{bmatrix} = \begin{bmatrix} 5 \\ 2 \end{bmatrix}, \quad f(X_0^4) = -7$$

⑦ 方向的有效性判断,记

$$f_1 = f(X_0^0) = -3, \quad f_2 = f(X_0^2) = -7.5, \quad f_3 = f(X_0^4) = -7$$

$$y_1 = 0.5\Delta_m (f_1 - f_3)^2 = 0.5 \times 4(-3+7)^2 = 32$$

$$y_2 = (f_1 - 2f_2 + f_3)(f_1 - f_2 - \Delta_m)^2 = 1.25$$

可以看出,判别式(4-48)成立,说明可以用 S^0 进行方向替换。

⑧ 沿 S^0 进行一维搜索。令

$$X_0^3 = X_0^0 + \alpha_2 S^0 = \begin{bmatrix} 1 \\ 1 \end{bmatrix} + \alpha_2 \begin{bmatrix} 2 \\ 0.5 \end{bmatrix} = \begin{bmatrix} 1+2\alpha_2 \\ 1+0.5\alpha_2 \end{bmatrix}$$

代入原函数并求极小,解得

$$\alpha_2 = 1.4$$

故有

$$X_0^3 = \begin{bmatrix} 3.8 \\ 1.7 \end{bmatrix}, \quad f(X_0^3) = -7.9$$

⑨ 进行方向替换,用 S^0 替换 e^0,得新的方向组:

$$e^1 = \begin{bmatrix} 0 \\ 1 \end{bmatrix}, \quad S^0 = \begin{bmatrix} 2 \\ 0.5 \end{bmatrix}$$

令 $X_1^0 = X_0^3 = \begin{bmatrix} 3.8 \\ 1.7 \end{bmatrix}$,继续下一次迭代。

(2) 第二轮迭代

① 沿 $\boldsymbol{e}^1$ 一维搜索。令

$$\boldsymbol{X}_1^1=\boldsymbol{X}_1^0+\alpha_0\boldsymbol{e}^1=\begin{bmatrix}3.8\\1.7\end{bmatrix}+\alpha_0\begin{bmatrix}0\\1\end{bmatrix}=\begin{bmatrix}3.8\\1.7+\alpha_0\end{bmatrix}$$

代入原函数并求极小,解得

$$\alpha_0=0.2,\quad \boldsymbol{X}_1^1=\begin{bmatrix}3.8\\1.9\end{bmatrix},\quad f(\boldsymbol{X}_1^1)=-7.98,\quad \Delta_1=0.08$$

② 沿 $\boldsymbol{S}^0$ 一维搜索。令

$$\boldsymbol{X}_1^2=\boldsymbol{X}_1^1+\alpha_1\boldsymbol{S}^0=\begin{bmatrix}3.8\\1.9\end{bmatrix}+\alpha_1\begin{bmatrix}2\\0.5\end{bmatrix}=\begin{bmatrix}3.8+2\alpha_1\\1.9+0.5\alpha_1\end{bmatrix}$$

代入原函数并求极小,解得

$$\alpha_1=0.08,\quad \boldsymbol{X}_1^2=\begin{bmatrix}3.96\\1.94\end{bmatrix},\quad f(\boldsymbol{X}_1^2)=-7.996,\quad \Delta_2=0.016$$

③ 收敛判断。因

$$\boldsymbol{X}_1^2-\boldsymbol{X}_1^0=\begin{bmatrix}3.96\\1.94\end{bmatrix}-\begin{bmatrix}3.8\\1.7\end{bmatrix}=\begin{bmatrix}0.16\\0.24\end{bmatrix}$$

$$\|\boldsymbol{X}_1^2-\boldsymbol{X}_1^0\|=\sqrt{0.16^2+0.24^2}=0.288>\varepsilon$$

不满足终止条件。

④ 求该轮的最大下降量:$\Delta_m=\Delta_1=0.08$。

⑤ 构造新的共轭方向

$$\boldsymbol{S}^1=\boldsymbol{X}_1^2-\boldsymbol{X}_1^0=\begin{bmatrix}3.96\\1.94\end{bmatrix}-\begin{bmatrix}3.8\\1.7\end{bmatrix}=\begin{bmatrix}0.16\\0.24\end{bmatrix}$$

⑥ 求反射点

$$\boldsymbol{X}_1^4=2\boldsymbol{X}_1^2-\boldsymbol{X}_1^0=\begin{bmatrix}3.96\\1.94\end{bmatrix}-\begin{bmatrix}3.8\\1.7\end{bmatrix}=\begin{bmatrix}4.12\\2.18\end{bmatrix}$$

$$f(\boldsymbol{X}_1^4)=-7.964$$

⑦ $\boldsymbol{S}^1$ 的有效性判断。记

$$f_1=-7.9,\quad f_2=-7.996,\quad f_3=-7.964$$

计算得 $y_1=0.00016$,$y_2=0.0000327$,有 $f_3<f_1$,$y_2<y_1$,判别式(4-46)成立。

⑧ 沿 $\boldsymbol{S}^1$ 一维搜索。令

$$\boldsymbol{X}_1^3=\boldsymbol{X}_1^0+\alpha_2\boldsymbol{S}^1=\begin{bmatrix}3.8\\1.7\end{bmatrix}+\alpha_2\begin{bmatrix}0.16\\0.24\end{bmatrix}=\begin{bmatrix}3.8+0.16\alpha_2\\1.7+0.24\alpha_2\end{bmatrix}$$

代入原函数并求极小,解得

$$\alpha_2=1.25,\quad \boldsymbol{X}_1^3=\begin{bmatrix}4\\2\end{bmatrix},\quad f(\boldsymbol{X}_1^3)=-8$$

因 $\nabla f(\boldsymbol{X}_1^3)=\begin{bmatrix}0\\0\end{bmatrix}$,知 $\boldsymbol{X}^*=\boldsymbol{X}_1^3=\begin{bmatrix}4\\2\end{bmatrix}$ 和 $f^*=f(\boldsymbol{X}_1^3)=-8$ 就是所求最优解。

不难看出,以上两次一维搜索的方向 $\boldsymbol{S}^0$ 和 $\boldsymbol{S}^1$ 是一组共轭方向。$\boldsymbol{X}_1^3$ 是沿这两个方向进

行两次一维搜索得到的极小点，所以必定是原问题的最优点，计算到此结束。上述迭代路线见图 4-13。

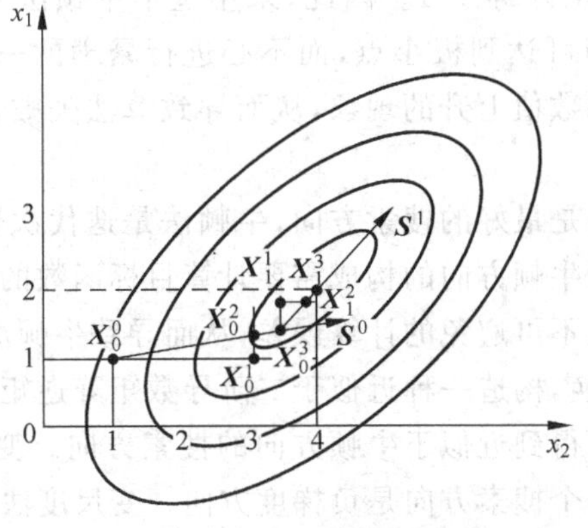

图 4-13　例 4-7 的迭代路径

可以看出，对于例 4-1 中的正定二元二次函数，鲍威尔法只经过两轮迭代就得到了最优解，而且不计算函数的导数。但每一轮迭代都需要进行三次一维搜索，因此收敛速度相对较慢。

与一元函数类似，多元函数也有局部极值和全局极值之分。当函数 $f(\boldsymbol{X})$ 在整个定义域内关系

$$f(\boldsymbol{X}^*) < f(\boldsymbol{X})$$

成立时，称 $\boldsymbol{X}^*$ 是函数 $f(\boldsymbol{X})$ 的全局极小点。当函数 $f(\boldsymbol{X})$ 仅在某一区域内上式成立时，称 $\boldsymbol{X}^*$ 是函数 $f(\boldsymbol{X})$ 的一个局部极小点。由第 3 章知，在某一方向上进行一维搜索得到的只是该方向上的一个局部极小点。显然，无论用什么最优化算法经多次一维搜索得到的极小点 $\boldsymbol{X}^*$ 也只能是无约束问题 $\min f(\boldsymbol{X})$ 的一个局部最优解。对于有多个局部最优解的无约束问题，用某种算法进行一次求解计算得到的是哪一个局部最优解，完全取决于初始点的位置。由此可见，欲求得一个无约束问题的全局最优解，最简单的方法是选择多个初始点，进行多次无约束问题求解。

本章重点：不同的搜索方向的构成原理；牛顿法、变尺度法和共轭梯度法的特点。

基本要求：理解各种算法的迭代算式、迭代步骤的相同点和不同点；理解共轭方向的意义及其产生方法。会用牛顿法和共轭梯度法求解简单的无约束最优化问题。

内容提要：

在解决了判断最优解的终止准则和确定最优步长因子的一维搜索方法之后，构成无约束最优化算法的另一个问题是如何选定合适的一维搜索方向。不同的搜索方向构成了不同的无约束最优化算法。

梯度法以每一个迭代点上目标函数的负梯度作为搜索方向。由于相邻迭代点上目标函数的负梯度相互垂直，故梯度法的迭代路线是一种逐渐缩小的阶梯形路径，计算速度十分缓慢。但在远离极小点时，一次迭代中目标函数的下降量一般较大，因此许多常用算法在第一步迭代中都采用梯度法，如变尺度算法和共轭梯度法。

牛顿法以目标函数在当前迭代点上的梯度和二阶导数矩阵构造的牛顿方向作为搜索方向。对于正定二次函数,无论从哪个初始点开始,牛顿方向均直指函数的极小点,而且从初始点到极小点的步长因子正好等于1。因此,采用基本牛顿法时,在计算确定牛顿方向之后,一次简单的加法运算即可达到极小点,而不必进行繁琐的一维搜索。但对于非正定函数,基本牛顿法可能出现函数值上升的现象,从而导致算法失败,为此在加进一维搜索后形成了阻尼牛顿法。

从理论上讲,牛顿方向是最好的搜索方向,牛顿法是迭代次数最少的无约束算法,具有二次收敛速度。但是,由于牛顿方向的构成需要计算目标函数的二阶导数矩阵及其逆矩阵,不仅计算量巨大,而且存在不可避免的计算误差,从而导致牛顿法无法实际应用。

变尺度法通过坐标变换,构造一种近似于二阶导数矩阵逆矩阵的变尺度矩阵,对初始的负梯度方向逐步加以修正,得到近似于牛顿方向的搜索方向。变尺度矩阵的构成不需计算函数的二阶导数矩阵,第一个搜索方向是负梯度方向。变尺度法具有超线性收敛速度。

共轭梯度法以负梯度的线性组合,逐步构造一组与目标函数的二阶导数矩阵相共轭的共轭方向,并以它们作为搜索方向,依次进行一维搜索。对于正定二次函数,从任意初始点出发,最多 n 次迭代即可达到目标函数的极小点。共轭梯度法的第一步迭代采用梯度法。

最小二乘法是用来求解线性或非线性最小二乘问题的方法。由于任何非线性函数都可以通过泰勒展开成为二次函数,所以最小二乘法也可以用来求解一般非线性最优化问题,还可以用来求解线性或非线性方程组问题。

鲍威尔法是一种以平行搜索的方式构成共轭方向,并以共轭方向作为搜索方向的算法。

鲍威尔法在构造搜索方向时不需要计算任何导数,但却具有共轭方向法的性质,对于正定二次函数,从任意初始点出发,最多 n 轮迭代即可达到目标函数的极小点,但每轮迭代需要进行 $n+1$ 次一维搜索。计算速度相对较慢。

习　题

1. 用梯度法求解(作两次迭代)。

(1) $\min\ f(\boldsymbol{X})=x_1^2+4x_2^2$, $\boldsymbol{X}^0=[4,4]^T$

(2) $\min\ f(\boldsymbol{X})=2(x_1+x_2-5)^2+(x_1-x_2)^2$, $\boldsymbol{X}^0=[1,2]^T$

(3) $\min\ f(\boldsymbol{X})=x_1^2+x_2^2-x_1x_2-10x_1-4x_2$, $\boldsymbol{X}^0=[1,1]^T$

2. 用牛顿法求解以下各题。

(1) $\min\ f(\boldsymbol{X})=x_1^2+4x_2^2+9x_3^2-2x_1-18x_3$, $\boldsymbol{X}^0=[1,2,1]^T$

(2) $\min\ f(\boldsymbol{X})=x_1^2-2x_1x_2+1.5x_2^2+x_1-2x_2$, $\boldsymbol{X}^0=[1,1]^T$

(3) 将函数 $f(\boldsymbol{X})=x_1^4-3x_1^2x_2+2x_2^3$ 在点 $\boldsymbol{X}^0=[1,1]^T$ 简化为二次函数,并用牛顿法求此二次函数的最优解。

3. 用变尺度法求解以下各题。

(1) $\min\ f(\boldsymbol{X})=x_1^2+x_2^2-x_1x_2-10x_1-4x_2$, $\boldsymbol{X}^0=[1,1]^T$

(2) $\min\ f(\boldsymbol{X})=x_1^2+2x_2^2-2x_1x_2-4x_1$, $\boldsymbol{X}^0=[0,0]^T$

4. 用共轭梯度法求解以下各题。

(1) $\min\ f(\boldsymbol{X})=(x_1-1)^2+2(x_2-2)^2$， $\boldsymbol{X}^0=[3,1]^{\mathrm{T}}$

(2) $\min\ f(\boldsymbol{X})=2x_1^2-2x_1x_2+x_2^2-2x_2$， $\boldsymbol{X}^0=[1,1]^{\mathrm{T}}$

5. 参照图 4-8,用 C 语言编写共轭梯度法的计算程序,并上机求解习题 1～4。

6. 思考题

(1) 梯度法计算速度慢的原因是什么？为什么一些好的算法第一步迭代都以负梯度作为搜索方向？

(2) 从理论上讲,为什么说牛顿法是最好的无约束最优化算法？

(3) 牛顿方向如何得到？有何优点？其致命缺点何在？

(4) 变尺度法构造搜索方向的思想是什么？

(5) 变尺度法的第一个搜索方向是什么方向？为什么？

(6) 共轭方向有何好处？如何产生？

(7) 共轭梯度法是如何修正梯度方向的？有何特点？

(8) 鲍威尔法属于共轭方向法吗？为什么？

(9) 哪些算法的第一步迭代采用的是梯度法？为什么？

(10) 搜索方向中的线性相关是什么含义？

(11) 为什么说用各种无约束算法求得的都是局部最优解？如何得到全局最优解？

第 4 章　习题解答

第 5 章

线性规划方法

目标函数和约束函数都是线性函数的最优化问题称为线性规划问题，对应的算法称为线性规划算法。由例 1-2 的图解过程可知，线性规划问题的可行域是一种封闭的凸多边形或凸多面体，它的最优解一般位于可行域的某一顶点上，而可行域的顶点是有限的。因此，线性规划问题相对于非线性最优化问题比较简单，其算法也最为成熟。生产计划、经济管理、系统工程等领域的问题一般属于线性规划问题，因此线性规划算法在这些领域得到广泛应用。同时，线性规划算法也是构成更复杂的非线性约束最优化算法，如可行方向算法和序列二次规划算法的一种基础算法。

本章介绍线性规划算法的基本概念和常用的单纯形算法。

5.1 线性规划问题的一般形式

线性规划问题的数学模型同样由设计变量、目标函数和约束条件组成，除目标函数和约束函数都是设计变量的线性函数外，约束条件一般包括一组等式约束和一组设计变量的非负性约束两部分。其一般形式如下：

$$
\begin{aligned}
&\min f(\boldsymbol{X}) = c_1x_1 + c_2x_2 + \cdots + c_nx_n \\
&\text{s.t. } g_1(\boldsymbol{X}) = a_{11}x_1 + a_{12}x_2 + \cdots + a_{1n}x_n = b_1 \\
&\qquad g_2(\boldsymbol{X}) = a_{21}x_1 + a_{22}x_2 + \cdots + a_{2n}x_n = b_2 \\
&\qquad \vdots \\
&\qquad g_m(\boldsymbol{X}) = a_{m1}x_1 + a_{m2}x_2 + \cdots + a_{mn}x_n = b_m \\
&\qquad x_1, x_2, \cdots, x_n \geqslant 0
\end{aligned}
\tag{5-1}
$$

也可写成如下求和的形式：

$$
\begin{aligned}
&\min f(\boldsymbol{X}) = \sum_{j=1}^{n} c_jx_j \\
&\text{s.t. } \sum_{j=1}^{n} a_{ij}x_j = b_i \quad (i = 1,2,\cdots,m) \\
&\qquad x_j \geqslant 0 \quad (j = 1,2,\cdots,n)
\end{aligned}
\tag{5-2}
$$

还可以写成如下向量形式：

$$
\begin{aligned}
&\min f(\boldsymbol{X})=\boldsymbol{C}^{\mathrm{T}}\boldsymbol{X}\\
&\text{s.t. } \boldsymbol{AX}=\boldsymbol{B}\\
&\qquad x_i \geqslant 0 \quad (i=1,2,\cdots,n)
\end{aligned}
\tag{5-3}
$$

其中

$$
\boldsymbol{X}=[x_1,x_2,\cdots,x_n]^{\mathrm{T}},\quad \boldsymbol{C}=[c_1,c_2,\cdots,c_n]^{\mathrm{T}}
$$

$$
\boldsymbol{B}=[b_1,b_2,\cdots,b_m]^{\mathrm{T}},\quad \boldsymbol{A}=\begin{bmatrix} a_{11} & a_{12} & \cdots & a_{1n}\\ a_{21} & a_{22} & \cdots & a_{2n}\\ \vdots & \vdots & & \vdots\\ a_{m1} & a_{m2} & \cdots & a_{mn}\end{bmatrix}
$$

$\boldsymbol{A}$ 称系数矩阵；$\boldsymbol{AX}=\boldsymbol{B}$ 称约束方程；$x_i \geqslant 0$ 称变量非负约束。

一般情况下，应有 $m<n$。因为只有当 $m<n$ 时约束方程才有许多组解，线性规划问题的目的就是要从这许多组解中找到使目标函数取得最小值的最优解。

在线性规划问题的数学模型中，除变量非负约束是不等式约束外，其他约束条件均应是等式约束。如果实际问题中还有其他不等式约束条件存在，则要在这些不等式约束条件中分别引入一个非负变量，使不等式变为等式，使问题的数学模型变成线性规划问题的一般形式。这种新加入的非负变量称为松弛变量。

如例 1-2，在其数学模型中引入 3 个新的松弛变量 x_3，x_4 和 x_5，就可将原数学模型转化成为如下线性规划问题的一般形式：

$$
\begin{aligned}
&\min f(\boldsymbol{X})=-60x_1-120x_2\\
&\text{s.t. } 9x_1+4x_2+x_3=360\\
&\qquad 3x_1+10x_2+x_4=300\\
&\qquad 4x_1+5x_2+x_5=200\\
&\qquad x_1,x_2,\cdots,x_5 \geqslant 0
\end{aligned}
$$

5.2 线性规划问题的解

线性规划问题的约束条件包括约束方程和变量非负约束两部分，对应的解也分基本解、基本可行解和最优解 3 种。只满足约束方程的解称为基本解；同时满足约束方程和变量非负约束的解称为基本可行解；使目标函数取得最小值的基本可行解就是线性规划问题的最优解。

5.2.1 基本解的产生与转换

线性规划问题的约束方程实际上是一个包括 n 个变量和 m 个方程（$n>m$）的线性方程组，由于变量个数多于方程数，故有多个满足方程组的解。若令变量中的 $n-m$ 个等于零，约束方程就变成一个变量数和方程数均为 m 的方程组,求解此方程组就可得到这 m 个变量的值。这 m 个变量的值和 $n-m$ 个变量的零值,共同组成约束方程的一个解,这个解就是线性规划问题的基本解。

可见,每取 $n-m$ 个变量并令其等于零,解出另外的 m 个不为零的变量,就可得到一个基本解。于是,一个线性规划问题的基本解的个数可以由以下排列组合运算得到

$$\mathrm{C}_n^m=\frac{n!}{m!\ (n-m)!} \tag{5-4}$$

在这样的基本解中,称 $n-m$ 个为零的变量为非基本变量,称另外的 m 个变量为基本变量。即一个基本解由 $n-m$ 个非基本变量和 m 个基本变量组成。

把约束方程中的系数矩阵 $\boldsymbol{A}$ 和常数向量 $\boldsymbol{B}$ 合并组成下面的矩阵

$$\begin{bmatrix} a_{11} & a_{12} & \cdots & a_{1n} & b_1 \\ a_{21} & a_{22} & \cdots & a_{2n} & b_2 \\ \vdots & \vdots & & \vdots & \vdots \\ a_{m1} & a_{m2} & \cdots & a_{mn} & b_m \end{bmatrix}$$

此矩阵称增广矩阵,对此增广矩阵进行一系列初等行变换(将某一行同乘或同除一个数,再与另外一行相加或相减),若将前 m 行 m 列变成一个单位矩阵,即

$$\begin{bmatrix} 1 & 0 & \cdots & 0 & a_{1,m+1} & \cdots & a_{1n} & b_1' \\ 0 & 1 & \cdots & 0 & a_{2,m+1} & \cdots & a_{2n} & b_2' \\ \vdots & \vdots & & \vdots & \vdots & & \vdots & \vdots \\ 0 & 0 & \cdots & 1 & a_{m,m+1} & \cdots & a_{mn} & b_m' \end{bmatrix} \tag{5-5}$$

并令其中从 x_{m+1} 到 x_n 的 $n-m$ 个变量为非基本变量,其值为零,则由如下展开的约束方程:

$$\begin{bmatrix} 1 & 0 & \cdots & 0 & a_{1,m+1} & \cdots & a_{1n} \\ 0 & 1 & \cdots & 0 & a_{2,m+1} & \cdots & a_{2n} \\ \vdots & \vdots & & \vdots & \vdots & & \vdots \\ 0 & 0 & \cdots & 1 & a_{m,m+1} & \cdots & a_{mn} \end{bmatrix} \begin{bmatrix} x_1 \\ x_2 \\ \vdots \\ x_m \\ x_{m+1} \\ \vdots \\ x_n \end{bmatrix} = \begin{bmatrix} b_1' \\ b_2' \\ \vdots \\ b_m' \end{bmatrix} \tag{5-6}$$

可以得到对应线性规划问题的一个基本解:

$$\boldsymbol{X}=[b_1' \quad b_2' \quad \cdots \quad b_m' \quad 0 \quad \cdots \quad 0]^{\mathrm{T}}$$

实现上述增广矩阵变换的方法其实就是高斯消元变换,进行一次消元变换的步骤可归纳如下:

① 选定一个想要变为1的矩阵元素 a_{lk},称为变换主元。下标 l 代表主元所在的行,称为主元行;下标 k 代表主元所在的列,称为主元列。

② 把主元行的各个元素分别除以主元 a_{lk},将主元变为1,即使 $a_{lk}=1$。

③ 用初等行变换把主元列中除主元以外的其他元素变为零。

消元变换的基本计算公式如下:

$$
\left.\begin{aligned}
a'_{l,j}&=\frac{a_{l,j}}{a_{l,k}} && (i=l)\\
a'_{i,j}&=a_{i,j}-a_{i,k}\frac{a_{l,j}}{a_{l,k}} && (i\neq l)\\
b'_{l}&=\frac{b_l}{a_{l,k}} && (i=l)\\
b'_{i}&=b_i-a_{i,k}\frac{b_l}{a_{l,k}} && (i\neq l)\\
&(i=1,2,\cdots,m;\ j=1,2,\cdots,n)
\end{aligned}\right\}\tag{5-7}
$$

综上所述，对增广矩阵进行 m 次消元变换，就可以得到一个基本解。变换中主元可在前 m 列选取，也可在任意的 m 列内选取。在得到一个基本解之后，要想得到另一个基本解，只需将增广矩阵中非基本变量所对应的诸多元素里的一个作为新的主元再进行一次消元变换即可。

如在式(5-5)中，选取 $a_{2,m+1}$ 作为新的主元，进行一次消元变换后得到

$$
\begin{bmatrix}
1 & a''_{12} & 0 & \cdots & 0 & 0 & a''_{1,m+2} & \cdots & a''_{1n} & b''_1\\
0 & a''_{22} & 0 & \cdots & 0 & (1) & a''_{2,m+2} & \cdots & a''_{2n} & b''_2\\
0 & a''_{32} & 1 & \cdots & 0 & 0 & a''_{3,m+2} & \cdots & a''_{3n} & b''_3\\
\vdots & \vdots & \vdots & & \vdots & \vdots & \vdots & & \vdots & \vdots\\
0 & a''_{m2} & 0 & \cdots & 1 & 0 & a''_{m,m+2} & \cdots & a''_{mn} & b''_m
\end{bmatrix}
$$

对应的基本解是

$$
\boldsymbol{X}^1=[b''_1,0,b''_3,\cdots,b''_m,b''_2,0,\cdots,0]
$$

与基本解 $\boldsymbol{X}^0$ 不同的是，原来的基本变量 x_2 变成了非基本变量，而原来的非基本变量 x_{m+1} 变成了基本变量。其实这两次变换的实质就是将原来的基本变量 x_2 和非基本变量 x_{m+1} 进行一次交换。

例 5-1 求解线性规划问题：

$$
\begin{aligned}
&\min f(\boldsymbol{X})=x_1+x_2\\
&\text{s. t. } 5x_1+4x_2+13x_3-2x_4+x_5=30\\
&\qquad x_1+x_2+5x_3-x_4+x_5=8\\
&\qquad x_1,x_2,\cdots,x_5\geqslant 0
\end{aligned}
$$

解：构造增广矩阵

$$
\begin{bmatrix}
5 & 4 & 13 & -2 & 1 & 30\\
1 & 1 & 5 & -1 & 1 & 8
\end{bmatrix}
$$

选 $a_{11}=5$ 和 $a_{22}=1$ 做主元，分别进行两次消元变换得

$$
\begin{bmatrix}
1 & 0 & -7 & 2 & -3 & -2\\
0 & 1 & 12 & -3 & 4 & 10
\end{bmatrix}
$$

由此得到一个基本解

$$
\boldsymbol{X}^0=[-2\quad 10\quad 0\quad 0\quad 0]^{\mathrm{T}},\quad f(\boldsymbol{X}^0)=8
$$

其中基本变量 $x_1=-2,x_2=10$，非基本变量 x_2,x_3 和 x_4 均等于零。

在新的增广矩阵中，选定 $a_{25}=4$ 作主元，再进行一次消元变换，得

$$\begin{bmatrix} 1 & 3/4 & 2 & -1/4 & 0 & 5.5 \\ 0 & 1/4 & 3 & -3/4 & (1) & 2.5 \end{bmatrix}$$

由此得到另一个基本解

$$\boldsymbol{X}^1 = [5.5 \quad 0 \quad 0 \quad 0 \quad 2.5]^{\mathrm{T}}, \quad f(\boldsymbol{X}^1) = 5.5$$

可以看出,$\boldsymbol{X}^0$ 是一个基本解,但不是基本可行解;$\boldsymbol{X}^1$ 则既是基本解,又是基本可行解,而且从 $\boldsymbol{X}^0$ 到 $\boldsymbol{X}^1$ 函数值是增加的。继续同样的变换还可以得到其他的基本解,包括最优解。

5.2.2 基本可行解的产生与转换

基本可行解是同时满足约束方程和变量非负约束的解,最优解存在于基本可行解之中。如果能够找到一种寻求第一个基本可行解的方法和一种基本可行解之间的变换方法,那么得到最优解的过程将会更直接,更迅速。

根据线性规划问题的不同特征,一个初始基本可行解的获得可分以下两种情况:

(1) 如果除变量非负约束之外的约束条件全部是"≤"的不等式约束,而且对应的常数向量中的元素均为正数,此时只要引入松弛变量,并以松弛变量为基本变量,得到的解就是一个基本可行解。

例如,对于如下约束条件:

$$\begin{aligned} & x_1 - x_2 + x_3 \leqslant 4 \\ & x_1 + 2x_2 - x_3 \leqslant 8 \\ & x_1, x_2, x_3 \geqslant 0 \end{aligned}$$

引入松弛变量 x_4 和 x_5 后变为

$$\begin{aligned} & x_1 - x_2 + x_3 + x_4 = 4 \\ & x_1 + 2x_2 - x_3 + x_5 = 8 \\ & x_1, x_2, \cdots, x_5 \geqslant 0 \end{aligned}$$

对应的增广矩阵是

$$\begin{bmatrix} 1 & -1 & 1 & 1 & 0 & 4 \\ 1 & 2 & -1 & 0 & 1 & 8 \end{bmatrix}$$

由此得到解:

$$\boldsymbol{X}^0 = [0 \quad 0 \quad 0 \quad 4 \quad 8]^{\mathrm{T}}$$

显然此解就是一个基本可行解,其中的基本变量正是松弛变量 x_4 和 x_5。

(2) 如果除变量非负约束之外的约束条件中还包含等式约束,此时可以在各个等式约束中分别引进一个与松弛变量类似的变量,称为人工变量,然后建立一个辅助规划问题,求解此辅助规划问题,就可以得到一个基本可行解。

辅助规划问题的目标函数取各个人工变量之和,约束方程为引入人工变量后的等式约束,以及包括人工变量在内的变量非负约束。

如对于例 5-1,引入人工变量 x_6 和 x_7 后,建立的辅助规划问题为

$$\min \ \phi(\bar{\boldsymbol{X}}) = x_6 + x_7$$

$$\text{s.t. } 5x_1+4x_2+13x_3-2x_4+x_5+x_6=30$$
$$x_1+x_2+5x_3-x_4+x_5+x_7=8 \tag{5-8}$$
$$x_1,x_2,\cdots,x_7\geqslant 0$$

辅助规划问题的求解方法就是下面要介绍的基本可行解的消元变换。终止条件是辅助问题的目标函数的值等于零,即当

$$\phi(\overline{\boldsymbol{X}^k})=0 \tag{5-9}$$

时,对应的解$\overline{\boldsymbol{X}^k}$中,除去人工变量的其余部分就是原线性规划问题的一个初始基本可行解。

5.2.3 基本可行解的变换条件

由于基本可行解是基本解的一部分,故基本可行解之间的相互转换仍然采用消元变换。为了从一个初始基本可行解开始经过消元变换尽快得到线性规划问题的最优解,必须解决以下3个问题:

(1) 变换后所得解的目标函数值必须下降,而且下降得最多,称为最优性条件。

(2) 变换后的解仍然是一个基本可行解,即常数项的值大于或等于零,称为非负性条件。

(3) 最优解的判断。

1. 最优性条件

将线性规划问题的目标函数写成下面的形式:

$$f(\boldsymbol{X})=\sum_{i=1}^{m}c_ix_i+\sum_{j=m+1}^{n}c_jx_j \tag{5-10}$$

式中,x_i代表基本变量;x_j代表非基本变量。

参照式(5-6)把每一个基本变量都用非基本变量表示,即

$$x_i=b_i-\sum_{j=m+1}^{n}a_{ij}x_j \quad (i=1,2,\cdots,m) \tag{5-11}$$

然后将式(5-11)代入式(5-10)得

$$\begin{aligned} f(\boldsymbol{X}) &= \sum_{i=1}^{m}c_i\left(b_i-\sum_{j=m+1}^{n}a_{ij}x_j\right)+\sum_{j=m+1}^{n}c_jx_j \\ &= \sum_{i=1}^{m}c_ib_i+\sum_{j=m+1}^{n}\left(c_j-\sum_{i=1}^{m}c_ia_{ij}\right)x_j \\ &= \sum_{i=1}^{m}c_ib_i+\sum_{j=m+1}^{n}\sigma_jx_j \end{aligned} \tag{5-12}$$

式中,$\sum_{i=1}^{m}c_ib_i$代表变换前的目标函数值;$\sigma_j=c_j-\sum_{i=1}^{m}c_ia_{ij}$,称为第$j$列的判别数。由上面的推导可知,判别数实际上就是把目标函数中的基本变量全部用非基本变量代换之后非基本变量前面的系数。

式(5-12)表明,变换后的目标函数等于变换前的目标函数值加上各个非基本变量与对应的判别数的乘积之和。

由前面的推导可知,在得到一个基本解之后进行的一次消元变换,实质上是将一个基本变量和一个非基本变量进行对调,即将一个基本变量转变成非基本变量,同时将一个非基本

变量变成基本变量。在基本可行解的变换中,则要求把一个等于零的非基本变量变成一个非负的基本变量。

在式(5-12)里的 $n-m$ 个非基本变量 x_j 中,只有一个要从 0 变为非负数,其他仍为零。因此,为使变换后得到的目标函数值有所下降,必须使与该变量所对应的判别数 σ_j 是一个负数,即有

$$\sigma_j < 0 \tag{5-13}$$

而且这个判别数的值负得越多,目标函数下降得越多。故对应判别数负得最多的那个变量,应由非基本变量变为基本变量。也就是说,这个变量所对应的增广矩阵中的那一列应选作为下一次变换的主元列。考虑基本变量所对应的判别数始终等于零的情况,可以把选定主元列的方法写作

$$\sigma_k = \min\{\sigma_j \mid \sigma_j < 0, j = 1,2,\cdots,n\} \tag{5-14}$$

同理,如果这样的判别数全部成为非负数,即有

$$\sigma_j \geqslant 0, \quad j = 1,2,\cdots,n \tag{5-15}$$

时,表明目标函数不可能继续下降,对应的基本可行解就是所要寻求的最优解。

可见,根据判别数是否有负数存在和负数的绝对值大小,可以判断当前的基本可行解是否是最优解。若不是最优解,还可确定下一次变换的主元列 k。

例如,上面对例 5-1 建立的辅助规划问题所对应的增广矩阵是

$$\begin{bmatrix} 5 & 4 & 13 & -2 & 1 & 1 & 0 & 30 \\ 1 & 1 & 5 & -1 & 1 & 0 & 1 & 8 \end{bmatrix} \tag{5-16}$$

对应的解是

$$\overline{\boldsymbol{X}^0} = [0 \quad 0 \quad 0 \quad 0 \quad 0 \quad 30 \quad 8]$$

$$\phi(\overline{\boldsymbol{X}^0}) = 38$$

其中,x_6 和 x_7 是基本变量,将对应的方程组展开,并用非基本变量表示基本变量时有

$$x_6 = 30 - 5x_1 - 4x_2 - 13x_3 + 2x_4 - x_5$$

$$x_7 = 8 - x_1 - x_2 - 5x_3 + x_4 - x_5$$

把它们代入目标函数得

$$\begin{aligned} \phi(\overline{\boldsymbol{X}^0}) &= x_6 + x_7 \\ &= 38 - 6x_1 - 5x_2 - 18x_3 + 3x_4 - 2x_5 \end{aligned}$$

由式(5-12)可知,对应的判别数 $\sigma_1 = -6, \sigma_2 = -5, \sigma_3 = -18, \sigma_4 = 3, \sigma_5 = -2$。其中,$\sigma_3 = -18$ 最小,当选 x_3 作为下一次的基本变量,将其由零变成正数时,目标函数 $\phi(\bar{\boldsymbol{X}})$ 的值下降得最多。即下一次变换的主元列应选第三列,主元应在 $a_{13} = 13$ 和 $a_{23} = 5$ 中选取。

2. 非负性条件

从一个基本可行解开始,若要利用式(5-7)进行一次消元变换得到另一个基本可行解,变换后的常数项 b' 必须全部为非负数,即满足

$$b'_l = \frac{b_l}{a_{lk}} \geqslant 0$$

和

$$b'_i = b_i - a_{ik}\frac{b_l}{a_{lk}} \geqslant 0 \quad (i=1,2,\cdots,m;\ i \neq l)$$

为此，必须使 $a_{lk}>0$，并且在 $a_{ik}>0$ 时使$\frac{b_i}{a_{ik}} \geqslant \frac{b_l}{a_{lk}}$。即增广矩阵中主元必须为正数，同时，用主元列 k 中的每一个大于零的元素 a_{ik} 分别去除同行内的常数项 b_i，所得商值最小者应在主元行 l 内。

由此可知，在主元列 k 已经利用式(5-12)确定的情况下，若按下式选取主元行 l：

$$\frac{b_l}{a_{lk}} = \min\left\{\frac{b_i}{a_{ik}}\middle| a_{ik}>0\ (i=1,2,\cdots,m)\right\} \tag{5-17}$$

就可以保证变换后的常数项 b' 全部为非负数，即得到的解仍然是一个基本可行解。

例 5-1 的辅助规划的增广矩阵(5-16)中，已知主元列是第三列，按式(5-17)用第三列中的两个正系数 13 和 5 分别去除后面的常数项 30 和 8，得 30/13=2.307，8/5=1.6。可见主元行应选商数较小的第二行，即变换主元应选 $a_{2,3}=5$。变换后得

$$\begin{bmatrix} 12/5 & 7/5 & 0 & 3/5 & -8/5 & 1 & -13/5 & 46/5 \\ 1/5 & 1/5 & (1) & -1/5 & 1/5 & 0 & 1/5 & 8/5 \end{bmatrix}$$

对应的解是

$$\overline{\boldsymbol{X}^1} = [0 \quad 0 \quad 8/5 \quad 0 \quad 0 \quad 46/5 \quad 0]$$

$$\phi(\overline{\boldsymbol{X}^1}) = 46/5 = 9.2$$

此解仍然是一个基本可行解，且目标函数由 38 下降到 9.2。

再用非基本变量表示基本变量

$$x_3 = 8/5 - 1/5x_1 - 1/5x_2 + 1/5x_4 - 1/5x_5 - 1/5x_7$$

$$x_6 = 46/5 - 12/5x_1 - 7/5x_2 - 3/5x_4 + 8/5x_5 + 13/5x_7$$

代入目标函数得

$$\phi(\overline{\boldsymbol{X}^1}) = x_6 + x_7 = 46/5 - 12/5x_1 - 7/5x_2 - 3/5x_4 + 8/5x_5 + 13/5x_6$$

对应的判别数 $\sigma_1=-12/5$，$\sigma_2=-7/5$，$\sigma_4=-3/5$，都小于零，其中，$\sigma_1=-12/5$ 最小。可知此解还不是最优解，下一次变换的主元列应选第一列，主元应在 $a_{11}=12/5$ 和 $a_{21}=1/5$ 中选取。

在第一列中分别用系数 12/5 和 1/5 分别去除常数项 46/5 和 8/5，得商 4 和 8。可知应取第一行为主元行，即主元 $a_{l,k}=a_{1,1}=12/5$。以此为主元，进行一次消元变换得

$$\begin{bmatrix} (1) & 7/12 & 0 & 1/4 & -2/3 & 5/12 & -13/12 & 23/6 \\ 0 & 1/12 & 1 & -1/4 & 1/3 & -1/12 & 5/12 & 5/6 \end{bmatrix}$$

对应的解是

$$\overline{\boldsymbol{X}^2} = [23/6 \quad 0 \quad 5/6 \quad 0 \quad 0 \quad 0 \quad 0]^{\mathrm{T}}$$

$$\phi(\overline{\boldsymbol{X}^2}) = x_6 + x_7 = 0$$

由于辅助规划问题的目标函数值已经等于零，根据式(5-9)可知，辅助规划问题的求解已经结束。

取消人工变量，得到原线性规划问题对应的增广矩阵

$$\begin{bmatrix} 1 & 7/12 & 0 & 1/4 & -2/3 & 23/6 \\ 0 & 1/12 & 1 & -1/4 & 1/3 & 5/6 \end{bmatrix}$$

和原线性规划问题的一个基本可行解

$$\boldsymbol{X}^0=[23/6\quad 0\quad 5/6\quad 0\quad 0]^{\mathrm{T}}$$

$$f(\boldsymbol{X}^0)=x_1+x_2=23/6$$

用非基本变量表示基本变量有

$$x_1=23/6-7/12x_2-1/4x_4+2/3x_5$$

$$x_3=5/6-1/12x_2+1/4x_4-1/3x_5$$

代入原目标函数得

$$f(\boldsymbol{X}^0)=x_1+x_2=23/6+5/12x_2-1/4x_4+2/3x_5$$

因判别数 $\sigma_4=-1/4<0$,此解还不是原线性规划问题的最优解。下一次变换应选主元 $a_{lk}=a_{14}=1/4$。变换后的增广矩阵是

$$\begin{bmatrix}4 & 7/3 & 0 & (1) & -8/3 & 46/3\\ 1 & 2/3 & 1 & 0 & -1/3 & 14/3\end{bmatrix}$$

对应的解是

$$\boldsymbol{X}^1=[0\quad 0\quad 14/3\quad 46/3\quad 0]^{\mathrm{T}}$$

$$f(\boldsymbol{X}^1)=x_1+x_2=0$$

同理可知,此时的判别数已全部大于零,所以 $\boldsymbol{X}^1$ 就是原线性优化问题的最优解,即

$$\boldsymbol{X}^*=[0\quad 0\quad 14/3\quad 46/3\quad 0]^{\mathrm{T}}$$

$$f(\boldsymbol{X}^*)=0$$

由以上计算可知,基本可行解变换的全部问题都可通过变换主元的选取和判别数的计算得到解决。按式(5-14)和式(5-17)选取主元并进行消元变换,不仅能够保证得到的解仍然是基本可行解,而且可以使目标函数的下降量最大,得到最优解的过程最短、速度最快。

5.3 单纯形算法

单纯形算法是基于前述基本可行解的变换原理构成的一种线性规划算法,一般采用列表变换的形式进行,所列表格称为单纯形表,对应的算法亦称单纯形表法。

5.3.1 单纯形表

单纯形表是以约束方程的增广矩阵为中心构造的一种变换表格,见表 5-1。

表 5-1 单纯形表

基本变量	变量	x_1	x_2	…	x_n	x_{n+1}	x_{n+1}	…	x_{n+m}	b_i
	系数	c_1	c_2	…	c_n	0	0	…	0	c_0
x_{n+1}	0	a_{11}	a_{12}	…	a_{1n}	1	0	…	0	b_1
x_{n+2}	0	a_{21}	a_{22}	…	a_{2n}	0	1	…	0	b_2
⋮	⋮	⋮	⋮		⋮	0	0		0	⋮
x_{n+m}	0	a_{m1}	a_{m2}	…	a_{mn}	0	0	…	1	b_m
判别数 σ_j		σ_1	σ_2	…	σ_n	0	0	…	0	$f(\boldsymbol{X})$

表 5-1 中，第一列标记基本变量名，第二列标记目标函数中基本变量前的系数值，最后一列标记常数向量的值，c_0 表示目标函数中常数项的值。$f(\boldsymbol{X})$标记计算所得目标函数的值。第一行和第二行标记全部变量及其在目标函数中的系数，其中 $x_{n+1}, x_{n+2}, \cdots, x_{n+m}$ 为松弛变量。最下面一行标记各列的判别数，中间部分是包括松弛变量在内的约束方程的系数矩阵。其中粗实线范围内的各项都是需要计算或者改写的。

可以看出，单纯形表包含线性规划问题求解过程中的全部信息，基本可行解的产生和转换都可以归结为单纯形表的变换。

5.3.2 单纯形表的变换规则

单纯形表的变换规则如下：

(1) 一张单纯形表对应一个基本可行解，这个解由 m 个基本变量的非负值和 $n-m$ 个非基本变量的零值共同组成。系数矩阵中各个基向量列(一个元素为 1，其他元素为 0)所对应的变量为基本变量，其中的“1”所对应的顶端变量 x_i 和左端的基本变量 x_i 应是同一个变量，它们的值分别等于同行右端的常数项 b_i。

(2) 当单纯形表中最下一行的判别数全为非负数时，此单纯形表对应的基本可行解就是所求线性规划问题的最优解；当这些判别数中有负数存在时，还需作下一次的消元变换。

(3) 下一次变换的主元列 k 就是判别数的值负得最多的一列；主元行 l 则是用主元列中正的系数 a_{ik} 去除同行内的常数项 b_i 之商值中最小的那一行。

(4) 单纯形表中对增广矩阵部分的消元变换分两步进行，首先用主元 a_{lk} 去除主元行内的各个元素 $a_{l,j}$，把主元变为“1”；然后作 $m-1$ 次初等行变换，把主元列 k 中除主元之外的其他元素全部变为“0”，将第 l 行的基本变量改为第 k 列的变量，第二列的系数为改变后的基本变量在目标函数中的系数。

(5) 基本变量所对应的各列的判别数始终等于零；非基本变量所对应的各列的判别数，等于该列顶端的系数值 c_j 减去同列中的各个系数 a_{ij} 与左侧系数 c_i 乘积之和，即 $\sigma_j = c_j - \sum_{i=1}^{m} c_i a_{ij}$。右下角的 $f(\boldsymbol{X})$等于最后一列顶端的 c_0 加上各行的 b_i 与左端系数 c_i 乘积之和，即 $f(\boldsymbol{X}) = c_0 + \sum_{i=1}^{m} c_i b_i$。

(6) 当约束条件中有等式约束存在时，在这些约束中分别引入人工变量，并以人工变量之和作为目标函数，构造辅助规划问题和相应的单纯形表。对此单纯形表进行变换，当右下角的 $f(\boldsymbol{X})$等于零时，表中原设计变量所对应的解就是原线性规划问题的一个初始基本可行解。得到初始基本可行解后，重新建立原线性规划问题的单纯形表，继续变换便可得到原问题的最优解。

用计算机求解时，对应上述单纯形表法的计算步骤如下：

① 给定一个初始基本可行解 $\boldsymbol{X}^0$，并置 $k=0$。

② 按下式计算判别数：

$$\sigma_j = c_j - \sum_{i=1}^{m} c_i a_{ij} \quad (j=1,2,\cdots,n)$$

若 $\sigma_j \geqslant 0(j=1,2,\cdots,n)$,则令 $\boldsymbol{X}^*=\boldsymbol{X}^k$,$f(\boldsymbol{X}^*)=f(\boldsymbol{X}^k)$,结束计算;否则转③。

③ 按式(5-14)和式(5-17)选定主元 a_{lk}。

④ 以 a_{lk} 为主元按式(5-7)进行一次消元变换,得到新的基本可行解 $\boldsymbol{X}^{k+1}$,令 $k=k+1$,转②。

单纯形算法的程序框图如图 5-1 所示。

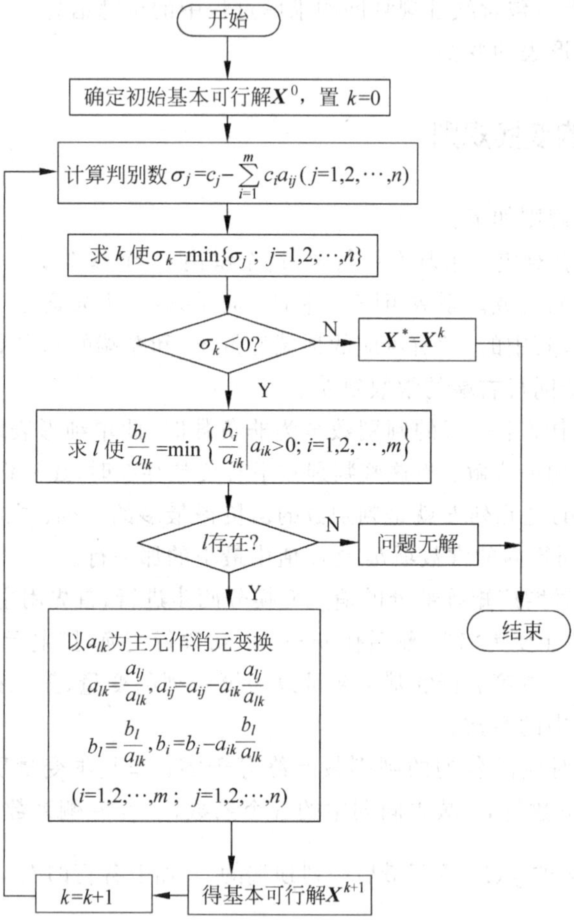

图 5-1 单纯形法的程序框图

例 5-2 求解例 1-2 的线性规划问题:

$$\min f(\boldsymbol{X})=-60x_1-120x_2$$
$$\text{s.t.}\ 9x_1+4x_2\leqslant 360$$
$$3x_1+10x_2\leqslant 300$$
$$4x_1+5x_2\leqslant 200$$
$$x_1,x_2\geqslant 0$$

解:① 引入松弛变量 x_3,x_4 和 x_5,将问题变为线性规划的一般形式:

$$\min f(\boldsymbol{X})=-60x_1-120x_2$$
$$\text{s.t.}\ 9x_1+4x_2+x_3=360$$

$$3x_1+10x_2+x_4=300$$
$$4x_1+5x_2+x_5=200$$
$$x_1,x_2,\cdots,x_5\geqslant 0$$

② 建立初始单纯形表。

建立的初始单纯形表，见表 5-2。

表 5-2 单纯形表 1

基本变量		x_1	x_2	x_3	x_4	x_5	b
	系数	−60	−120	0	0	0	0
x_3	0	9	4	1	0	0	360
x_4	0	3	(10)	0	1	0	300
x_5	0	4	5	0	0	1	200
σ_j		−60	−120	0	0	0	0

③ 得到初始基本可行解

$$\boldsymbol{X}^0=[0\quad 0\quad 360\quad 300\quad 200]^{\mathrm{T}},\quad f(\boldsymbol{X}^0)=0$$

由于判别数 σ_1 和 σ_2 均小于零，故 $\boldsymbol{X}^0$ 不是最优解，又因

$$\min\{\sigma_1,\sigma_2,\sigma_3,\sigma_4,\sigma_5\}=\sigma_2=-120$$

$$\min\left\{\frac{b_i}{a_{i,2}}\,\middle|\,a_{i,2}>0(i=1,2,3)\right\}=\frac{b_2}{a_{2,2}}=\frac{300}{10}$$

$$k=2,l=2$$

所以选 $a_{2,2}=10$ 为下一次变换的主元。

④ 以 $a_{2,2}=10$ 作主元进行消元变换得新的单纯形表，见表 5-3。

表 5-3 单纯形表 2

基本变量		x_1	x_2	x_3	x_4	x_5	b
	系数	−60	−120	0	0	0	0
x_3	0	7.8	0	1	−0.4	0	240
x_2	−120	0.3	1	0	0.1	0	30
x_5	0	(2.5)	0	0	−0.5	1	50
σ_j		−24	0	0	12	0	−3600

对应的解是

$$\boldsymbol{X}^1=[0\quad 30\quad 240\quad 0\quad 50]^{\mathrm{T}},\quad f(\boldsymbol{X}^1)=-3600$$

由于 $\sigma_1=-24<0$，此解不是最优解，还需要继续变换。又因

$$\min\left\{\frac{b_i}{a_{i,1}}\,\middle|\,a_{i,1}>0\ (i=1,2,3)\right\}=\frac{b_3}{a_{3,1}}=\frac{50}{2.5}$$

故下一次变换的主元应选 $a_{1,3}=2.5$。

⑤ 以 $a_{1,3}=2.5$ 作主元进行消元变换得新的单纯形表,见表5-4。

表5-4　单纯形表3

基本变量		x_1	x_2	x_3	x_4	x_5	b
	系数	−60	−120	0	0	0	0
x_3	0	0	0	(1)	1.16	−3.12	84
x_2	−120	0	1	0	0.16	−0.12	24
x_1	−60	1	0	0	−0.2	0.4	20
σ_j		0	0	0	7.2	9.6	−4080

对应的解是

$$\boldsymbol{X}^2=[20\quad 40\quad 84\quad 0\quad 0]^{\mathrm{T}},\quad f(\boldsymbol{X}^2)=-4080$$

由于此解对应的判别数均为非负数,故此解是引入松弛变量后所成问题的最优解。去除松弛变量知原生产计划问题的最优解是 $\boldsymbol{X}^*=[20,\ 24]^{\mathrm{T}}$,$f(\boldsymbol{X}^*)=-4080$。即每天生产甲产品20件,乙产品24件,可以获得最大利润4080元。

例5-3　求解线性规划问题:

$$\begin{aligned}
&\min f(\boldsymbol{X})=x_1+x_2\\
&\text{s.t. } 2x_1+x_2+2x_3=4\\
&\qquad 3x_1+3x_2+x_3=3\\
&\qquad x_1,x_2,x_3\geqslant 0
\end{aligned}$$

解:① 在约束条件中引入人工变量 x_4 和 x_5 后,建立如下辅助规划问题:

$$\begin{aligned}
&\min\ \phi(\bar{\boldsymbol{X}})=x_4+x_5\\
&\text{s.t. } 2x_1+x_2+2x_3+x_4=4\\
&\qquad 3x_1+3x_2+x_3+x_5=3\\
&\qquad x_1,x_2,\cdots,x_5\geqslant 0
\end{aligned}$$

② 求解此辅助规划问题。

建立初始单纯形表,见表5-5。

表5-5　单纯形表4

基本变量		x_1	x_2	x_3	x_4	x_5	b
	系数	0	0	0	1	1	0
x_4	1	2	1	2	1	0	4
x_5	1	3	3	1	0	1	3
σ_j		−5	−4	−3	0	0	7

对应的基本可行解是

$$\overline{\boldsymbol{X}^0}=[0\quad 0\quad 0\quad 4\quad 3]^{\mathrm{T}}$$

由于3个判别数 $\sigma_1=-5$,$\sigma_2=-4$,$\sigma_3=-3$ 均小于零,可以判定 $\overline{\boldsymbol{X}^0}$ 不是辅助规划问题的最优解,还需要进行下一次消元变换;进而根据式(5-14)和式(5-17)知下一次变换的主元是 $a_{21}=3$。

以 $a_{21}=3$ 作主元，进行一次消元变换得新的单纯形表，见表 5-6。

表 5-6 单纯形表 5

基本变量		x_1	x_2	x_3	x_4	x_5	b
	系数	0	0	0	1	1	0
x_4	1	0	-1	4/3	1	$-2/3$	2
x_1	0	(1)	1	1/3	0	1/3	1
σ_j		0	1	$-4/3$	0	5/3	2

对应的基本可行解是

$$\overline{\boldsymbol{X}^1}=[1\quad 0\quad 0\quad 2\quad 0]^{\mathrm{T}}$$

由于判别数 $\sigma_3=-4/3<0$，可知$\overline{\boldsymbol{X}^1}$ 不是辅助规划问题的最优解，还需要进行下一次消元变换。又由式(5-14)和式(5-17)得

$$\sigma_k=\sigma_3=-4/3 \quad \text{和} \quad \frac{b_l}{a_{lk}}=\frac{b_1}{a_{13}}=3/2$$

可知下一次的变换主元应选作 $a_{13}=4/3$，以此为主元作一次消元变换得新的单纯形表，见表 5-7。

表 5-7 单纯形表 6

基本变量		x_1	x_2	x_3	x_4	x_5	b
	系数	0	0	0	1	1	0
x_3	0	0	$-3/4$	(1)	3/4	$-1/2$	3/2
x_1	0	1	5/4	0	$-3/4$	1/2	1/2
σ_j		0	0	0	1	1	0

新的基本可行解是

$$\overline{\boldsymbol{X}^2}=[1/2\quad 0\quad 3/2\quad 0\quad 0]^{\mathrm{T}}$$

$$\phi(\overline{\boldsymbol{X}^2})=x_4+x_5=0$$

到此，人工变量和目标函数已全部等于零，可知去除人工变量后的$\overline{\boldsymbol{X}^2}$ 就是原线性规划问题的一个初始基本可行解，即

$$\boldsymbol{X}^0=[1/2\quad 0\quad 3/2]^{\mathrm{T}}$$

③ 求解原线性规划问题。

对于原线性规划问题，$\boldsymbol{X}^0$ 所对应的单纯形表，见表 5-8。

表 5-8 单纯形表 7

基本变量		x_1	x_2	x_3	b
	系数	1	1	0	0
x_3	0	0	$-3/4$	1	3/2
x_1	1	1	5/4	0	1/2
σ_j		0	$-1/4$	0	1/2

由于有 $\sigma_2=-1/4<0$,知 $\boldsymbol{X}^0$ 不是原问题的最优解。由式(5-14)和式(5-17),选 $a_{22}=5/4$ 作主元。进行一次消元变换得新的单纯形表,见表 5-9。

表 5-9 单纯形表 8

基本变量		x_1	x_2	x_3	b
	系数	1	1	0	0
x_3	0	3/5	0	1	9/5
x_2	1	4/5	(1)	0	2/5
σ_j		1/5	0	0	2/5

对应的解是

$$\boldsymbol{X}^1=[0\quad 0.4\quad 1.8]^{\mathrm{T}},\quad f(\boldsymbol{X}^1)=0.4$$

此时的判别数已全部为非负值。故原线性规划问题的最优解是

$$\boldsymbol{X}^*=\boldsymbol{X}^1=[0\quad 0.4\quad 1.8]^{\mathrm{T}}$$

$$f^*=f(\boldsymbol{X}^1)=0.4$$

本章重点:解的产生与转换;消元变换与主元选择;单纯形算法。

基本要求:理解基本解、基本可行解和最优解的定义及其相互关系;理解基本可行解变换中的最优性条件和非负性条件的意义;掌握单纯表的变换原则与变换算法;会求解简单的线性规划问题。

内容提要:

目标函数和约束函数均为设计变量的线性函数的最优化问题称为线性规划问题,线性规划问题的可行域是由线性约束边界(直线或平面)围成的凸多边形或凸多面体。线性规划问题的最优解一般在可行域的顶点上取得。因此,线性规划问题的解法是一种可行域顶点的转换算法。

线性规划问题的约束条件分约束方程和变量非负约束两类。满足约束方程的解称为基本解,同时满足两类约束条件的解称为基本可行解,使目标函数取得极小值的基本可行解就是线性规划问题的最优解。基本解、基本可行解的产生和转换都是通过对增广矩阵的消元变换实现的。消元变换的方法是初等行变换,分两步进行,首先将选定的主元变成"1",然后将主元列的其他元素变为"0"。在得到一个初始基本可行解以后,为了尽快得到最优解,关键的问题是选择合适的变换主元。若按式(5-14)和式(5-17)给出的方法选择主元并进行消元变换,既可以保证变换后得到的解仍然是一个基本可行解,又可以使目标函数的值在变换中得到最大的下降。

一次消元变换完成后,若各个变量所对应的判别数的值均为非负数时,变换得到的解就是原线性规划问题的最优解。

按上述原理和方法建立的算法称为线性规划的单纯形算法。单纯形算法的核心是增广矩阵的消元变换,外加判别数和目标函数的计算,以及基本变量的替换。

习 题

1. 用单纯形表法求解下列线性规划问题,并用图解法和 k-t 条件加以验证。

(1) $\min\ f(\boldsymbol{X})=-x_1-2x_2$

$$\text{s.t.}\ \begin{aligned}&2x_1+x_2\leqslant 4\\&x_1+3x_2\leqslant 6\\&x_1,x_2\geqslant 0\end{aligned}$$

(2) $\min\ f(\boldsymbol{X})=-2x_1-x_2$

$$\text{s.t.}\ \begin{aligned}&3x_1+5x_2\leqslant 15\\&3x_1+x_2\leqslant 12\\&x_1,x_2\geqslant 0\end{aligned}$$

(3) $\min\ f(\boldsymbol{X})=-10x_1-6x_2$

$$\text{s.t.}\ \begin{aligned}&2x_1+x_2\leqslant 10\\&-2x_1+3x_2\leqslant 6\\&x_1,x_2\geqslant 0\end{aligned}$$

(4) $\min\ f(\boldsymbol{X})=-3.5x_1-5x_2$

$$\text{s.t.}\ \begin{aligned}&2x_1+3x_2\leqslant 180\\&2x_1+5x_2\leqslant 200\\&x_1-2.5x_2\leqslant 50\\&x_1,x_2\geqslant 0\end{aligned}$$

(5) $\min\ f(\boldsymbol{X})=-3x_1-2x_2$

$$\text{s.t.}\ \begin{aligned}&-x_1+2x_2\leqslant 4\\&3x_1+2x_2\leqslant 14\\&x_1-x_2\leqslant 3\\&x_1,x_2\geqslant 0\end{aligned}$$

2. 用单纯形表法求解下列线性规划问题。

(1) $\min\ f(\boldsymbol{X})=-3x_1-x_2-2x_3$

$$\text{s.t.}\ \begin{aligned}&2x_1+x_2+x_3\leqslant 20\\&x_1+2x_2+3x_3\leqslant 50\\&2x_1+2x_2+x_3\leqslant 60\\&x_1,x_2,x_3\geqslant 0\end{aligned}$$

(2) $\min\ f(\boldsymbol{X})=-4x_1-2x_2-x_3$

$$\text{s.t.}\ \begin{aligned}&3x_1+2x_2+x_3=15\\&5x_1+x_2+3x_3=20\\&x_1+2x_2+3x_3=10\\&x_1,x_2,x_3\geqslant 0\end{aligned}$$

(3) $\min\ f(\boldsymbol{X})=-4x_1-3x_2-4x_3$

s. t. $2x_1+2x_2+x_3-250\leqslant 0$

$x_1+4x_2+2x_3-320\leqslant 0$

$2x_1+x_2+2x_3-260\leqslant 0$

$x_1,x_2,x_3\geqslant 0$

3. 用单纯形表法求解第1章习题1中的(1)～(4)。

4. 参照图5-2,用C语言编写单纯形表法的计算程序,并上机求解题1和题2。

5. 结合自己的工作,提出一个实际的线性规划问题,并写出其数学模型。

6. 思考题

(1) 线性规划问题在数学模型的形式、可行域的组成和最优点的位置等方面与非线性规划问题有什么不同?

(2) 如何理解线性规划问题的求解其实就是可行域顶点的转换方法?

(3) 线性规划的基本解、基本可行解和最优解之间有什么关系?

(4) 什么是基本解? 基本解有多少? 怎样去逐一求解它们?

(5) 如何从一个基本解转换到另一个基本解?

(6) 在解的转换中,如何保证从一个基本可行解转换得到的仍然是一个基本可行解?

(7) 在解的转换中,如何保证目标函数的值不仅下降,而且下降得最多?

(8) 消元变换的基本步骤是什么? 如何实现这种变换?

(9) 在单纯形算法中,如何选择主元? 主元可以是负的吗?

(10) 线性规划问题的约束条件是等式约束时,如何通过建立辅助规划问题得到原线性规划问题的一个初始基本可行解?

(11) 根据判别数选定主元列的做法,实际是选定下一个进入基本变量的非基本变量。为什么这个变量的判别数必须是负数,而且负得越多越好?

第5章 习题解答

第6章

约束最优化方法

约束最优化方法是用来求解如下非线性约束最优化问题的数值迭代算法:

$$\begin{aligned} &\min f(\boldsymbol{X}) \\ &\text{s.t. } g_u(\boldsymbol{X}) \leqslant 0 \quad (u=1,2,\cdots,p) \\ &\qquad h_v(\boldsymbol{X})=0 \quad (v=1,2,\cdots,m) \end{aligned} \tag{6-1}$$

这种约束问题的最优解,不仅与目标函数有关,而且受约束条件的限制,因此其求解方法比无约束问题要复杂得多。求解约束最优化问题的关键在于如何处理各种约束条件。根据处理约束条件的不同方式,其求解方法分为直接法和间接法两类。

在迭代过程中逐点考察约束,并使迭代点始终局限于可行域之内的算法称为直接法,如可行方向法等。把约束条件引入目标函数,使约束最优化问题转化为无约束最优化问题求解,或者将非线性问题转化为相对简单的二次规划问题或线性规划问题求解的算法称为间接法,如惩罚函数法、乘子法和序列二次规划法等。

6.1 可行方向法

可行方向法是求解如下不等式约束问题:

$$\begin{aligned} &\min f(\boldsymbol{X}) \\ &\text{s.t. } g_u(\boldsymbol{X}) \leqslant 0 \quad (u=1,2,\cdots,p) \end{aligned} \tag{6-2}$$

的一种直接算法。这种算法的基本思路是:从可行域内的一个可行点出发,选择一个合适的搜索方向 $\boldsymbol{S}^k$ 和步长因子 α_k,使产生的下一个迭代点

$$\boldsymbol{X}^{k+1}=\boldsymbol{X}^k+\alpha_k\boldsymbol{S}^k$$

既不超出可行域,又使目标函数的值下降得尽可能多。也就是说,使新的迭代点同时满足

$$g_u(\boldsymbol{X}^{k+1}) \leqslant 0 \quad (u=1,2,\cdots,p) \tag{6-3}$$

和

$$f(\boldsymbol{X}^{k+1})-f(\boldsymbol{X}^k)<0 \tag{6-4}$$

以上两式称为下降可行条件。满足式(6-3)的方向称为可行方向,满足式(6-4)的方向称为下降方向,同时满足这两个条件的方向称为下降可行方向。

可以断定，从可行域内的任意初始点出发，只要始终沿着下降可行方向进行考虑约束限制的一维搜索和迭代运算，就能保证迭代点逐步逼近约束最优化问题的最优点。

6.1.1 下降可行方向

由前可知，函数在一点的梯度方向是函数在该点函数值上升得最快的方向，与梯度成锐角的方向是函数值上升的方向，与梯度成钝角的方向是函数值下降的方向。因此，函数在点 $\boldsymbol{X}^k$ 的下降方向就是满足以下关系的方向 $\boldsymbol{S}$：

$$[\nabla f(\boldsymbol{X}^k)]^{\mathrm{T}}\boldsymbol{S} < 0$$

可行方向则是那些指向可行域内的方向。当点 $\boldsymbol{X}^k$ 位于可行域内时，从该点出发的任意方向 $\boldsymbol{S}$ 上都必然存在满足式(6-3)的可行点，因此所有方向都是可行方向，如图 6-1 (a)所示。

当点 $\boldsymbol{X}^k$ 位于某一起作用约束的边界 $g_i(\boldsymbol{X}^k)=0$ 上时，为了满足式(6-3)，必须使方向 $\boldsymbol{S}$ 和对应的约束函数在该点的梯度相交成钝角，即使

$$[\nabla g_i(\boldsymbol{X}^k)]^{\mathrm{T}}\boldsymbol{S} < 0 \quad (i \in I_k) \tag{6-5}$$

因为约束条件定义为 $g_u(\boldsymbol{X})\leqslant 0$ 的形式，所以约束函数的梯度 $\nabla g_i(\boldsymbol{X}^k)$ 是指向可行域之外的，并且在该梯度方向上约束函数的值增大得最快。故与该梯度成钝角的方向必定是指向可行域内的可行方向，如图 6-1(b)所示。

当点 $\boldsymbol{X}^k$ 位于几个起作用约束边界 $g_i(\boldsymbol{X}^k)=0(i\in I_k)$ 的交点或交线上时，可行方向 $\boldsymbol{S}$ 必须与该点的每一个起作用约束的梯度相交成钝角，如图 6-1(c)所示，即对于每一个起作用约束$(i\in I_k)$，可行方向 $\boldsymbol{S}$ 都必须满足式(6-5)。

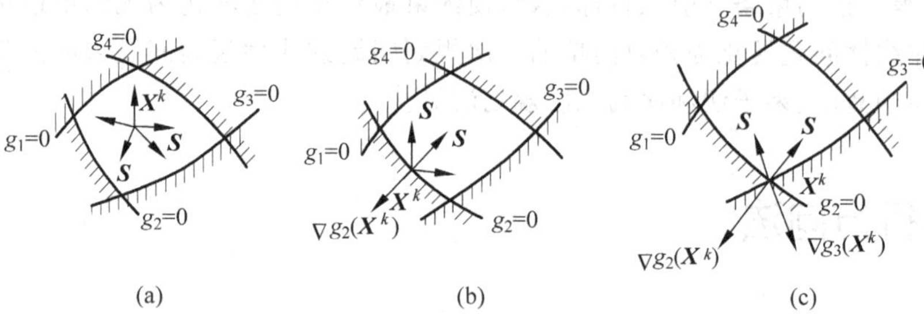

图 6-1 可行方向

于是，既使目标函数下降，又指向可行域内的下降可行方向 $\boldsymbol{S}$ 必须同时满足以下关系：

$$\left.\begin{aligned}&[\nabla f(\boldsymbol{X}^k)]^{\mathrm{T}}\boldsymbol{S} < 0\\&[\nabla g_i(\boldsymbol{X}^k)]^{\mathrm{T}}\boldsymbol{S} < 0 \quad (i \in I_k)\end{aligned}\right\} \tag{6-6}$$

式中，I_k 为点 $\boldsymbol{X}^k$ 的起作用约束的下标集合。

6.1.2 最佳下降可行方向

在一个点的所有下降可行方向中，使目标函数取得最大下降量的方向称为最佳下降可行方向。显然，当点 $\boldsymbol{X}^k$ 处于可行域内时，目标函数的负梯度就是最佳下降可行方向。当点 $\boldsymbol{X}^k$ 处于几个起作用约束边界的交点或交线上时，式(6-6)提供了全体下降可行方向的存在

范围,其中使目标函数下降得最快的一个就是最佳下降可行方向。

显然,最佳下降可行方向可以在满足可行条件的前提下,通过极小化目标函数的方向导数得到。由此构成如下寻求最佳下降可行方向 $\boldsymbol{S}$ 的最优化问题:

$$\begin{aligned}&\min\ [\nabla f(\boldsymbol{X}^k)]^{\mathrm{T}}\boldsymbol{S}\\&\text{s. t.}\ [\nabla g_i(\boldsymbol{X}^k)]^{\mathrm{T}}\boldsymbol{S}<0\quad(i\in I_k)\\&\quad -1\leqslant s_j\leqslant 1\qquad(j=1,2,\cdots,n)\end{aligned}\tag{6-7}$$

式中,$\boldsymbol{S}=[s_1,s_2,\cdots,s_n]^{\mathrm{T}}$。

由于点 $\boldsymbol{X}^k$ 上的梯度 $\nabla f(\boldsymbol{X}^k)$ 和 $\nabla g_i(\boldsymbol{X}^k)(i\in I_k)$ 都是已知的常数向量,所以式(6-7)中的目标函数和约束函数都是变量 $s_1,s_2,\cdots,s_n$ 的线性函数,因此式(6-7)是一典型的线性规划问题。用求解线性规划问题的单纯形算法可以方便地求出最佳下降可行方向 $\boldsymbol{S}^*$。

将上述线性规划问题的最优解作为下一次迭代的搜索方向,即令 $\boldsymbol{S}^k=\boldsymbol{S}^*$,然后在 $\boldsymbol{S}^k$ 方向上进行考虑约束条件限制的一维搜索的算法称为可行方向法。这种考虑约束条件限制的一维搜索称为约束一维搜索。

6.1.3 约束一维搜索

所谓约束一维搜索,就是求解一元函数约束极小点的算法。与第 3 章所述一维搜索相比,其特点在于,确定初始区间时,对产生的每一个探测点都必须进行可行性判断。如果违反了某个或某些约束条件,就必须减小步长因子,以使新的探测点落在最近的一个约束边界上或约束边界的一个容许的区间内,如图 6-2(a)和(c)所示。

若得到的相邻 3 个探测点都是可行点,而且函数值呈“大—小—大”变化,则与前述一维搜索相同,相邻 3 点中的两个端点所决定的区间就是初始区间,然后通过不断缩小区间的运算得到一维极小点,如图 6-2(b)所示。

若得到的探测点落在约束边界的一个容限($\pm\delta$)之内,而且函数值比前一点的小,则该点就是所求一维极小点,不需再进行缩小区间运算,如图 6-2(c)所示。

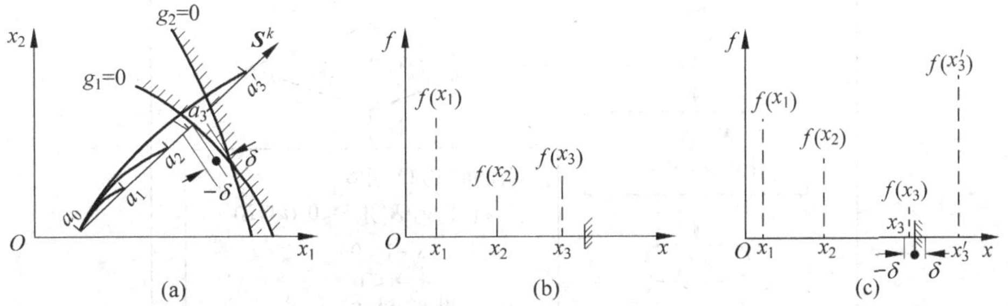

图 6-2 约束一维搜索

可行方向法的迭代步骤如下:

① 给定初始内点 $\boldsymbol{X}^0$、收敛精度 ε 和约束容限 δ,置 $k=0$。

② 确定点 $\boldsymbol{X}^k$ 的起作用约束集合:

$$I_k(\boldsymbol{X}^k,\delta)=\{u\mid -\delta\leqslant g_u(\boldsymbol{X}^k)\leqslant\delta\ (u=1,2,\cdots,p)\}$$

③ 收敛判断:当 I_k 为空集,且点 $\boldsymbol{X}^k$ 在可行域内时,如果 $\|\nabla f(\boldsymbol{X}^k)\|\leqslant\varepsilon$,则令 $\boldsymbol{X}^*=\boldsymbol{X}^k$,$f^*=f(\boldsymbol{X}^k)$,终止计算;否则,令 $\boldsymbol{S}^k=-\nabla f(\boldsymbol{X}^k)$,转⑥。

当 I_k 非空时,转④。

④ 收敛判断:若点 $\boldsymbol{X}^k$ 满足 k-t 条件

$$\nabla f(\boldsymbol{X}^k)+\sum_{u\in I_k}\lambda_u\nabla g_u(\boldsymbol{X}^k)=0$$

$$\lambda_u\geqslant 0$$

则令 $\boldsymbol{X}^*=\boldsymbol{X}^k, f^*=f(\boldsymbol{X}^k)$,终止计算;否则,转⑤。

⑤ 求解线性规划问题:

$$\begin{aligned}&\min\ [\nabla f(\boldsymbol{X}^k)]^{\mathrm{T}}\boldsymbol{S}\\&\text{s.t.}\ [\nabla g_u(\boldsymbol{X}^k)]^{\mathrm{T}}\boldsymbol{S}\leqslant 0\quad(u\in I_k)\\&\qquad s_j-1\leqslant 0\\&\qquad -1-s_j\leqslant 0\qquad(j=1,2,\cdots,n)\end{aligned}$$

解得 $\boldsymbol{S}^*$,令 $\boldsymbol{S}^k=\boldsymbol{S}^*$。

⑥ 在方向 $\boldsymbol{S}^k$ 上进行约束一维搜索得点 $\boldsymbol{X}^{k+1}$,令 $k=k+1$,转②。

可行方向法的程序框图见图 6-3。

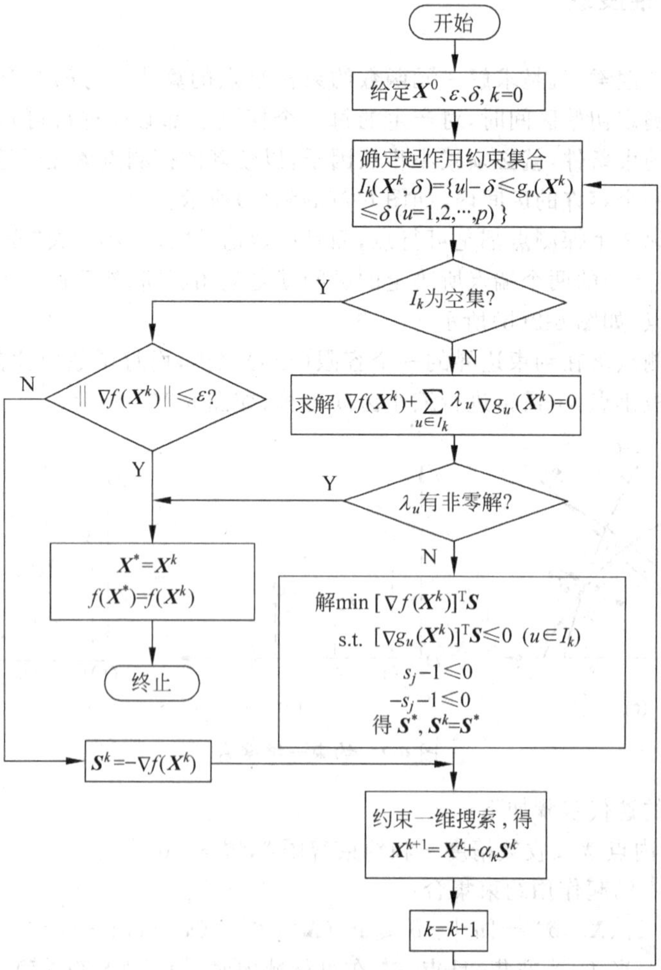

图 6-3 可行方向法的程序框图

例 6-1 用可行方向法求解约束最优化问题：

$$\min f(\boldsymbol{X})=x_1^2+x_2^2-x_1x_2-2x_1-3x_2$$

$$\begin{aligned}\text{s.t. } & g_1(\boldsymbol{X})=x_1+x_2-2\leqslant 0\\ & g_2(\boldsymbol{X})=x_1+5x_2-5\leqslant 0\\ & g_3(\boldsymbol{X})=-x_1\leqslant 0\\ & g_4(\boldsymbol{X})=-x_2\leqslant 0\end{aligned}$$

解：① 取 $\boldsymbol{X}^0=[0,0]^{\mathrm{T}}$，计算得

$$f(\boldsymbol{X}^0)=0,\quad I_k=\{3\quad 4\}$$

$$\nabla f(\boldsymbol{X}^0)=\begin{bmatrix}-2\\-3\end{bmatrix},\quad \nabla g_3(\boldsymbol{X}^0)=\begin{bmatrix}-1\\0\end{bmatrix},\quad \nabla g_4(\boldsymbol{X}^0)=\begin{bmatrix}0\\-1\end{bmatrix}。$$

② 构造线性规划问题：

$$\begin{aligned}&\min\,[\nabla f(\boldsymbol{X}^0)]^{\mathrm{T}}\boldsymbol{S}=-2s_1-3s_2\\ &\text{s.t. } -1-s_j\leqslant 0\\ &\qquad s_j-1\leqslant 0\quad (j=1,2)\end{aligned}$$

用单纯形法求解得 $\boldsymbol{S}^*=[1,1]^{\mathrm{T}}$，令 $\boldsymbol{S}^0=\boldsymbol{S}^*=[1,1]^{\mathrm{T}}$。

③ 沿方向 $\boldsymbol{S}^0$ 进行约束一维搜索，即取

$$\boldsymbol{X}^1=\boldsymbol{X}^0+\alpha\boldsymbol{S}^0=\begin{bmatrix}0\\0\end{bmatrix}+\alpha\begin{bmatrix}1\\1\end{bmatrix}=\begin{bmatrix}\alpha\\\alpha\end{bmatrix}$$

$$f(\boldsymbol{X}^1)=\alpha^2-5\alpha=f(\alpha)$$

令 $f'(\alpha)=0$，解得 $\alpha=2.5$，$\boldsymbol{X}^1=[2.5,2.5]^{\mathrm{T}}$，代入约束条件知 $\boldsymbol{X}^1$ 在前两个约束边界之外。为此，将 $\boldsymbol{X}^1=[\alpha\quad\alpha]^{\mathrm{T}}$ 代入这两个约束边界方程 $g_1(\boldsymbol{X}^1)=0$ 和 $g_2(\boldsymbol{X}^1)=0$，解得 $\boldsymbol{S}^0$ 方向上两个边界点所对应的步长因子 $\alpha_1=1$ 和 $\alpha_2=5/6$。可见，离点 $\boldsymbol{X}^0$ 最近的一个边界点是 $\boldsymbol{X}^1=[5/6,5/6]^{\mathrm{T}}$，因此它就是方向 $\boldsymbol{S}^0$ 上的约束极小点。

④ 收敛判断：在点 $\boldsymbol{X}^1$ 处

$$\nabla f(\boldsymbol{X}^1)=\begin{bmatrix}-7/6\\-13/6\end{bmatrix},\quad \nabla g_2(\boldsymbol{X}^1)=\begin{bmatrix}1\\5\end{bmatrix}$$

代入 k-t 条件 $\begin{bmatrix}-7/6\\-13/6\end{bmatrix}+\lambda\begin{bmatrix}1\\5\end{bmatrix}=0$。

即

$$\left.\begin{aligned}\lambda-7/6=0\\ 5\lambda-13/6=0\end{aligned}\right\}$$

此方程组无解，说明 $\boldsymbol{X}^1$ 不是原约束最优化问题的最优解。

⑤ 在点 $\boldsymbol{X}^1$ 构造另一个线性规划问题

$$\min\,[\nabla f(\boldsymbol{X}^1)]^{\mathrm{T}}\boldsymbol{S}^1=-\frac{7}{6}s_1-\frac{13}{6}s_2$$

$$\begin{aligned}\text{s.t. } & s_1+5s_2\leqslant 0\\ & s_j-1\leqslant 0\\ & -s_j-1\leqslant 0\quad (j=1,2)\end{aligned}$$

解得 $\boldsymbol{S}^1=\begin{bmatrix}1\\-0.2\end{bmatrix}$。

⑥ 沿方向 $\boldsymbol{S}^1$ 进行约束一维搜索得

$$\boldsymbol{X}^2=\begin{bmatrix}35/31\\24/31\end{bmatrix},\quad f(\boldsymbol{X}^2)=-3.58$$

代入原问题的约束条件均满足。

⑦ 收敛判断

由于$\nabla f(\boldsymbol{X}^2)=\begin{bmatrix}-32/31\\-160/31\end{bmatrix}$,$\nabla g_2(\boldsymbol{X}^2)=\begin{bmatrix}1\\5\end{bmatrix}$,代入 k-t 条件,即

$$\begin{bmatrix}-32/31\\-160/31\end{bmatrix}+\lambda\begin{bmatrix}1\\5\end{bmatrix}=0$$

解得 $\lambda=32/31>0$,说明 $\boldsymbol{X}^2$ 满足 k-t 条件,故 $\boldsymbol{X}^2=\begin{bmatrix}35/31\\24/31\end{bmatrix}$和 $f(\boldsymbol{X}^1)=-3.58$ 就是原约束最优化问题的最优解。

6.2 惩罚函数法

惩罚函数法是一种将约束最优化问题转化为无约束最优化问题求解的算法。对于式(6-1)所示的约束最优化问题,构造如下无约束问题:

$$\min\ \phi(\boldsymbol{X},r_{k1},r_{k2})=f(\boldsymbol{X})+r_{k1}G[g_u(\boldsymbol{X})]+r_{k2}H[h_v(\boldsymbol{X})] \tag{6-8}$$

并且要求,当点 $\boldsymbol{X}$ 不满足约束条件时,等号右边第二项和第三项的值很大;当 $\boldsymbol{X}$ 满足约束条件时,这两项的值很小或等于零。这相当于当点 $\boldsymbol{X}$ 在可行域之外时,对目标函数的值加以惩罚;或者当点 $\boldsymbol{X}$ 位于约束边界附近时,这两项的函数值趋于无穷大,这相当于在约束边界筑起一道围墙,迫使迭代点只局限在可行域内移动。因此,式(6-8)中的后两项称为惩罚项,其中的 r_{k1} 和 r_{k2} 称为惩罚因子,$\phi(\boldsymbol{X},r_{k1},r_{k2})$称为惩罚函数,$G[g_u(\boldsymbol{X})]$和$H[h_v(\boldsymbol{X})]$分别是由不等式约束函数和等式约束函数构成的复合函数。

可以证明,当惩罚项和惩罚函数满足以下条件:

$$\left.\begin{aligned}&\lim_{k1\to\infty} r_{k1}\sum_{u=1}^{p}G[g_u(\boldsymbol{X}^k)]=0\\&\lim_{k2\to\infty} r_{k2}\sum_{v=1}^{m}H[h_v(\boldsymbol{X}^k)]=0\\&\lim_{k1,k2\to\infty}|\phi(\boldsymbol{X},r_{k1},r_{k2})-f(\boldsymbol{X}^k)|=0\end{aligned}\right\} \tag{6-9}$$

时,无约束最优化问题式(6-8)在 $k1,k2\to\infty$的过程中所产生的极小点序列,是逐渐逼近原约束最优化问题式(6-1)的最优解的,即有

$$\lim_{k1,k2\to\infty}\boldsymbol{X}^k=\boldsymbol{X}^*$$

这就是说,以这样的复合函数和一组按一定规律变化的惩罚因子构造一系列惩罚函数,并对每一个惩罚函数依次求极小,最终将得到约束最优化问题的最优解。这种将约束最优

化问题转化为一系列无约束最优化问题求解的方法称为惩罚函数法。

根据惩罚项的不同构成形式，惩罚函数法又可分为外点惩罚函数法、内点惩罚函数法和混合惩罚函数法 3 种，分别简称外点法、内点法和混合法。

6.2.1 外点法

对于不等式约束条件

$$g_u(\boldsymbol{X}) \leqslant 0 \quad (u=1,2,\cdots,p)$$

取复合函数

$$G[g_u(\boldsymbol{X})] = \sum_{u=1}^{p} \{\max [g_u(\boldsymbol{X}),0]\}^2$$

由此建立如下的惩罚函数：

$$\phi(\boldsymbol{X},r_k) = f(\boldsymbol{X}) + r_k \sum_{u=1}^{p} \{\max [g_u(\boldsymbol{X}),0]\}^2 \tag{6-10}$$

式中，惩罚因子 r_k 为一正数，$\max [g_u(\boldsymbol{X}),0]$表示把 $g_u(\boldsymbol{X})$和 0 相比，取其较大者。

可以看出，在可行域内 $g_u(\boldsymbol{X})\leqslant 0$，$\max [g_u(\boldsymbol{X}),0]=0$，惩罚项也等于零。而在可行域外，$g_u(\boldsymbol{X})>0$，$\max [g_u(\boldsymbol{X}),0]>0$，惩罚项也大于零。可见，这样的复合函数满足惩罚函数(6-8)的构造要求。

惩罚函数的形态也随惩罚因子的变化而变化。可以证明，当惩罚因子按一个递增的正数序列

$$r_0 < r_1 < \cdots < r_k < r_{k+1} < \cdots \tag{6-11}$$

变化时，依次求解各个 r_k 所对应的惩罚函数的极小化问题

$$\min \phi(\boldsymbol{X},r_k)$$

所得极小点序列

$$\boldsymbol{X}^0,\boldsymbol{X}^1,\cdots,\boldsymbol{X}^k,\boldsymbol{X}^{k+1},\cdots$$

是逐步逼近不等式约束问题的最优解的。而且一般情况下，该极小点序列是由可行域的外部向可行域的边界或内部逼近的。因此，称这种惩罚函数法为外点惩罚函数法，简称外点法，称对应的惩罚函数和惩罚因子为外点惩罚函数和外点惩罚因子。

对于等式约束问题，可按同样的思想构造惩罚函数，即令

$$\phi(\boldsymbol{X},r_k) = f(\boldsymbol{X}) + r_k \sum_{v=1}^{m} [h_v(\boldsymbol{X})]^2 \tag{6-12}$$

对于式(6-1)所示一般的约束最优化问题，外点惩罚函数是式(6-10)和式(6-12)的组合，即

$$\phi(\boldsymbol{X},r_k) = f(\boldsymbol{X}) + r_k \sum_{u=1}^{p} \{\max [g_u(\boldsymbol{X}),0]\}^2 + r_k \sum_{v=1}^{m} [h_v(\boldsymbol{X})]^2 \tag{6-13}$$

外点惩罚函数的形态和外点法的求解过程可以用如图 6-4 所示的一维问题加以说明，图中的各条曲线分别代表目标函数 $f(x)$和几个不同惩罚因子所对应的惩罚函数的图形。

由图 6-4 可以看出：

① 在可行域内，惩罚函数和目标函数是完全重合的；在可行域外，惩罚函数的曲线逐

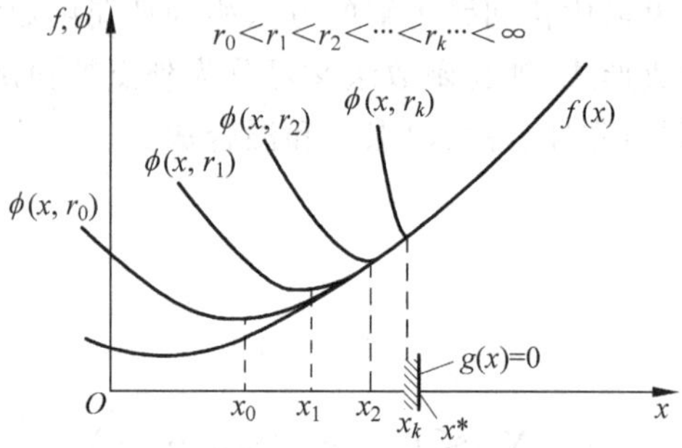

图 6-4 外点惩罚函数及其求解

渐被抬高,而且离约束边界越远,曲线被抬高得越多。

② 惩罚因子的值越大,惩罚函数在可行域外的部分被抬高得越多,惩罚函数的极小点越靠近约束边界。

③ 惩罚因子趋于无穷大时,惩罚函数的极小点就是约束最优化问题的最优点。

综上所述,外点法是通过对非可行点上的函数值加以惩罚,促使迭代点向可行域的边界或内部的最优点逐步逼近的算法。因此初始点可以是可行域的内点,也可以是可行域的外点。这种方法既可处理不等式约束,又可处理等式约束。可见外点法是一种适应性较好的惩罚函数法。

外点法的计算步骤如下:

① 给定初始点 $\boldsymbol{X}^0$、收敛精度 ε、初始惩罚因子 r_0 和惩罚因子递增系数 c,置 $k=0$。

② 构造惩罚函数:

$$\phi(\boldsymbol{X},r_k)=f(\boldsymbol{X})+r_k\sum_{u=1}^{p}\{\max[g_u(\boldsymbol{X}),0]\}^2+r_k\sum_{v=1}^{m}[h_v(\boldsymbol{X})]^2$$

③ 求解无约束最优化问题:

$$\min\ \phi(\boldsymbol{X},r_k),\text{得 } \boldsymbol{X}^*,\text{并令 } \boldsymbol{X}^{k+1}=\boldsymbol{X}^*$$

④ 终止判断:若满足条件

$$\|\boldsymbol{X}^{k+1}-\boldsymbol{X}^k\|\leqslant\varepsilon$$

和

$$\left|\frac{f(\boldsymbol{X}^{k+1})-f(\boldsymbol{X}^k)}{f(\boldsymbol{X}^k)}\right|\leqslant\varepsilon$$

则令 $\boldsymbol{X}^*=\boldsymbol{X}^{k+1}$,$f(\boldsymbol{X}^*)=f(\boldsymbol{X}^{k+1})$,结束计算;否则,令 $r_{k+1}=cr_k$,$k=k+1$,转②继续迭代。

外点法的程序框图见图 6-5。

例 6-2 用外点法求解约束最优化问题:

$$\min\ f(\boldsymbol{X})=x_1+x_2$$

$$\text{s.t.}\ g_1(\boldsymbol{X})=x_1^2-x_2\leqslant 0$$

$$g_2(\boldsymbol{X})=-x_1\leqslant 0$$

解:(1) 构造惩罚函数和对应的无约束最优化问题:

$$\min\ \phi(\boldsymbol{X},r_k)=\begin{cases}x_1+x_2 & (\text{可行域内})\\ x_1+x_2+r_k(x_1^2-x_2)^2+r_k(-x_1)^2 & (\text{可行域外})\end{cases}$$

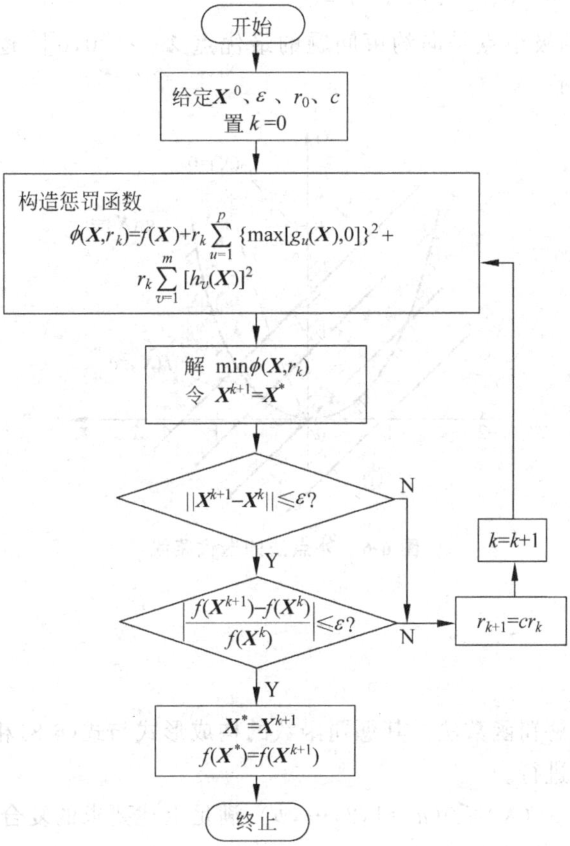

图 6-5 外点法的程序框图

(2) 因函数比较简单,直接用极值条件对其求解。

在可行域内,因$\frac{\partial\phi}{\partial x_1}=1\neq0$,$\frac{\partial\phi}{\partial x_2}=1\neq0$,知可行域内无极值点。

在可行域外,令

$$\frac{\partial\phi}{\partial x_1}=1+4r_kx_1(x_1^2-x_2)+2r_kx_1=0$$

$$\frac{\partial\phi}{\partial x_2}=1-2r_k(x_1^2-x_2)=0$$

联立求解得

$$x_1=-\frac{1}{2(1+r_k)},\quad x_2=\frac{1}{4(1+r_k)^2}-\frac{1}{2r_k}$$

取一组递增的惩罚因子时,得到惩罚函数的一组极小点,分别是

当 $r_0=1$ 时,$X^0=[-1/4,-7/16]^T$,$f(X^0)=-0.6875$;

当 $r_1=2$ 时,$X^1=[-1/6,-2/9]^T$,$f(X^1)=-0.389$;

当 $r_2=3$ 时,$X^2=[-1/8,-29/192]^T$,$f(X^2)=-0.276$;

当 $r_3=4$ 时,$X^3=[-1/10,-23/200]^T$,$f(X^3)=-0.215$;

⋮

当 $r_k=\infty$ 时,$\boldsymbol{X}^*=[0,0]^{\mathrm{T}}$,$f(\boldsymbol{X}^*)=0$。

可见,惩罚函数的极小点是向约束问题的最优点 $\boldsymbol{X}^*=[0,0]^{\mathrm{T}}$ 逐步逼近的,其路线如图 6-6 中的虚线①所示。

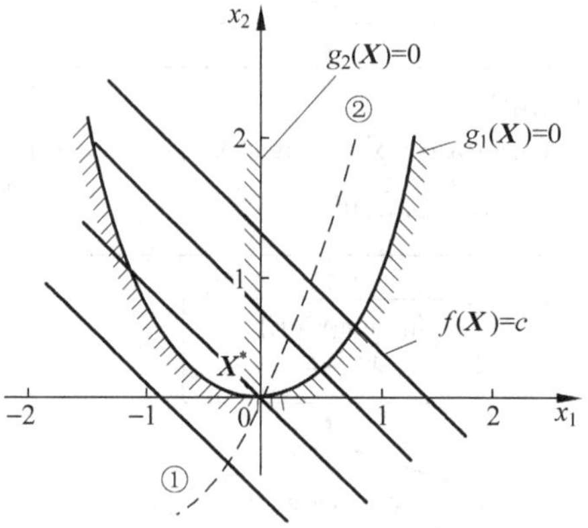

图 6-6 外点法的迭代路线

6.2.2 内点法

内点法是另一种惩罚函数法。其惩罚函数的构成形式与式(6-8)相似,但要求迭代过程始终限制在可行域内进行。

对于不等式约束 $g_u(\boldsymbol{X})\leqslant 0(u=1,2,\cdots,p)$,满足上述要求的复合函数可以有如下两种形式:

倒数形式:

$$G[g_u(\boldsymbol{X})]=-r_k\sum_{u=1}^{p}\frac{1}{g_u(\boldsymbol{X})}$$

对数形式:

$$G[g_u(\boldsymbol{X})]=-r_k\sum_{u=1}^{p}\ln[-g_u(\boldsymbol{X})]$$

由此形成两种形式的内点惩罚函数:

$$\phi(\boldsymbol{X},r_k)=f(\boldsymbol{X})-r_k\sum_{u=1}^{p}\frac{1}{g_u(\boldsymbol{X})} \tag{6-14}$$

$$\phi(\boldsymbol{X},r_k)=f(\boldsymbol{X})-r_k\sum_{u=1}^{p}\ln[-g_u(\boldsymbol{X})] \tag{6-15}$$

可以证明,当惩罚因子 r_k 取一组递减的正数序列

$$r_0>r_1>\cdots>r_k>\cdots>0$$

并从一个内点开始时,依次求解对应的各个惩罚函数,所得的极小点序列是逐步向约束问题的最优点逼近的。

由式(6-14)和式(6-15)可以看出,对于给定的某一惩罚因子 $\boldsymbol{r}_k$,当点在可行域内时,两种形式的惩罚项的值均大于零,而当点向约束边界靠近时,两种形式的惩罚项的值迅速增大并趋于无穷。这就是说,只要初始点取在可行域内,迭代点就不可能越出可行域的边界。其

次，两种形式的惩罚项的大小也受惩罚因子的影响。当惩罚因子逐渐减小并趋于零时，对应惩罚项的值也逐渐减小并趋于零，惩罚函数的值和目标函数的值逐渐接近并趋于相等，惩罚函数的极小点逼近于约束问题的最优点。可见，惩罚函数的极小点是从可行域内向最优点逼近的。因此，以式(6-14)和式(6-15)构成的惩罚函数称为内点惩罚函数，对应的求解方法称为内点惩罚函数法，简称内点法。

从惩罚函数的构成可以看出，内点惩罚函数法不适用于等式约束，只能求解不等式约束问题，而且初始点必须是内点。这对于约束条件较多或者约束函数比较复杂的问题是不太方便的。但是，内点法在一次求解中除了得到最优解之外，还可以提供一系列不断变化的近似最优解，供设计者进一步分析选用。

内点惩罚函数及其求解过程可以用如图 6-7 所示的一元函数加以说明。图 6-7 中最下面的曲线代表目标函数，其他的曲线分别是几个不同惩罚因子所对应的内点惩罚函数的图形。

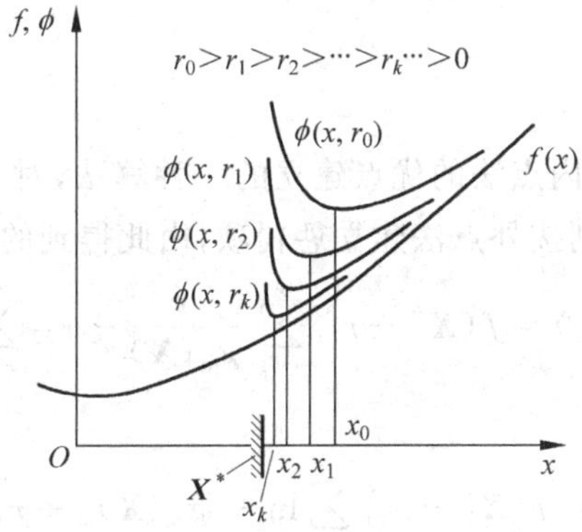

图 6-7 内点惩罚函数及其求解

由图 6-7 可知：

① 内点惩罚函数的有效区域是约束的可行域，而且目标函数在可行域内的所有点都受到惩罚，并且越靠近约束边界惩罚得越多。

② 不同的惩罚因子对应不同的惩罚函数，惩罚因子越小，惩罚函数的极小点越接近约束边界处的最优点。

③ 当惩罚因子趋近于零时，惩罚函数的极小点就是原约束问题的最优点。

内点法的计算步骤和程序框图与外点法相似，但内点法在惩罚函数的构造形式、惩罚因子的变化规律、初始点的选取以及求解问题的类型等方面都与外点法不同。

例 6-3 用内点法求解例 6-2。

解：按式(6-15)构造内点惩罚函数，并形成无约束最优化问题：

$$\min \phi(\boldsymbol{X}, r_k) = x_1 + x_2 - r_k[\ln(-x_1^2 + x_2) + \ln(x_1)]$$

用极值条件对其求解，令

$$\frac{\partial \phi}{\partial x_1} = 1 - r_k \left[\frac{2x_1}{x_1^2 - x_2} + \frac{1}{x_1}\right] = 0$$

$$\frac{\partial \phi}{\partial x_2} = 1 + r_k \frac{1}{x_1^2 - x_2} = 0$$

联立求解得

$$x_1=\frac{\sqrt{1+8r_k}-1}{4},\quad x_2=\frac{(\sqrt{1+8r_k}-1)^2}{16}+r_k$$

当 $r_0=1$ 时，$\boldsymbol{X}^0=[0.5,1.25]^{\mathrm{T}}$，$f(\boldsymbol{X}^0)=1.75$；

当 $r_1=1/2$ 时，$\boldsymbol{X}^1=[0.309,0.782]^{\mathrm{T}}$，$f(\boldsymbol{X}^1)=1.09$；

当 $r_2=1/4$ 时，$\boldsymbol{X}^2=[0.183,0.283]^{\mathrm{T}}$，$f(\boldsymbol{X}^2)=0.466$；

当 $r_3=1/8$ 时，$\boldsymbol{X}^3=[0.103,0.135]^{\mathrm{T}}$，$f(\boldsymbol{X}^3)=0.238$；

⋮

当 $r_k\to 0$ 时，$\boldsymbol{X}^k=[0,0]^{\mathrm{T}}$，$f(\boldsymbol{X}^k)=0$。

因此可知，$\boldsymbol{X}^*=[0,0]^{\mathrm{T}}$，$f(\boldsymbol{X}^*)=0$ 就是所求约束最优化问题的最优解。内点惩罚函数的极小点向约束问题的最优点逼近的路径如图 6-6 中的虚线②所示。

6.2.3 混合法

混合法是综合外点法和内点法的优点建立的一种算法，对不等式约束条件按内点法建立惩罚项，对等式约束条件则按外点法建立惩罚项，由此得到的惩罚函数

$$\phi(\boldsymbol{X},r_{k1},r_{k2})=f(\boldsymbol{X})-r_{k1}\sum_{u=1}^{p}\frac{1}{g_u(\boldsymbol{X})}+r_{k2}\sum_{v=1}^{m}[h_v(\boldsymbol{X})]^2$$

或

$$\phi(\boldsymbol{X},r_{k1},r_{k2})=f(\boldsymbol{X})-r_{k1}\sum_{u=1}^{p}\ln[-g_u(\boldsymbol{X})]+r_{k2}\sum_{v=1}^{m}[h_v(\boldsymbol{X})]^2$$

称为混合惩罚函数。其中，惩罚因子 r_{k1} 取正的递减数列，r_{k2} 取正的递增数列。

若将两个惩罚因子合并，即令 $r_k=r_{k1}=1/r_{k2}$，得到只包含一个惩罚因子的混合惩罚函数

$$\phi(\boldsymbol{X},r_k)=f(\boldsymbol{X})-r_k\sum_{u=1}^{p}\frac{1}{g_u(\boldsymbol{X})}+\frac{1}{r_k}\sum_{v=1}^{m}[h_v(\boldsymbol{X})]^2 \tag{6-16}$$

或

$$\phi(\boldsymbol{X},r_k)=f(\boldsymbol{X})-r_k\sum_{u=1}^{p}\ln[-g_u(\boldsymbol{X})]+\frac{1}{r_k}\sum_{v=1}^{m}[h_v(\boldsymbol{X})]^2 \tag{6-17}$$

显然，当惩罚因子 r_k 取一组正的递减数列并趋近于零时，对应混合惩罚函数的极小点就是原约束最优化问题的最优解。

6.3 乘子法

惩罚函数法具有方法简单、使用方便等优点。但它存在固有的缺点，即随着惩罚因子越来越趋向极限值，惩罚函数也变得越来越病态，从而给计算带来了很多的困难。为了克服这一困难，Hestenes 和 Powell 于 1969 年各自提出了乘子法。

6.3.1 等式约束问题的乘子法

对于等式约束问题

$$\begin{aligned}&\min f(\boldsymbol{X})\\&\text{s. t. } h_v(\boldsymbol{X})=0 \quad (v=1,2,\cdots,m)\end{aligned} \tag{6-18}$$

用外点惩罚函数法建立的极小化问题是

$$\min \phi(\boldsymbol{X},r_k)=f(\boldsymbol{X})+r_k\sum_{v=1}^{m}[h_v(\boldsymbol{X})]^2 \tag{6-19}$$

当 r_k 足够大时，记其解为 $\boldsymbol{X}^k$，由 $\nabla\phi(\boldsymbol{X},r_k)=\boldsymbol{0}$ 有

$$\sum_{v=1}^{m}h_v(\boldsymbol{X}^k)\cdot\nabla h_v(\boldsymbol{X}^k)=-\nabla f(\boldsymbol{X}^k)/2r_k \tag{6-20}$$

欲使 $\boldsymbol{X}^k$ 充分接近极小点 $\boldsymbol{X}^*$，$h_v(\boldsymbol{X}^k)$ 和 $\nabla f(\boldsymbol{X}^k)$ 必须充分接近 $h_v(\boldsymbol{X}^*)$ 和 $\nabla f(\boldsymbol{X}^*)$。由于 $h_v(\boldsymbol{X}^*)=0$，式(6-20)的右端也应接近于零。但是对于约束最优化问题，$\nabla f(\boldsymbol{X}^k)$ 和 $\nabla f(\boldsymbol{X}^*)$ 一般并不等于零，因此只有无限增大惩罚因子才能满足极值条件，得到最优解。这必然给迭代运算带来数值上的诸多不便。显然要解决这个问题，可以寻找一个在最优点处梯度等于零的函数去取代式(6-19)中的函数 $f(\boldsymbol{X})$。

考察等式约束问题的拉格朗日函数

$$L(\boldsymbol{X},\boldsymbol{\mu})=f(\boldsymbol{X})+\sum_{v=1}^{m}\mu_v h_v(\boldsymbol{X}) \tag{6-21}$$

根据极值条件，如果等式约束问题有解，必存在乘子向量 $\boldsymbol{\mu}^*$，使

$$\nabla L(\boldsymbol{X},\boldsymbol{\mu}^*)=\boldsymbol{0}$$

可见，拉格朗日函数就是满足前述要求，可以用来取代式(6-19)中 $f(\boldsymbol{X})$ 的函数。由此可构成与原等式约束问题等价的约束问题：

$$\begin{aligned}&\min L(\boldsymbol{X},\boldsymbol{\mu}^*)\\&\text{s. t. } h_v(\boldsymbol{X})=0 \quad (v=1,2,\cdots,m)\end{aligned} \tag{6-22}$$

和对应的无约束问题：

$$\min \phi(\boldsymbol{X},\boldsymbol{\mu}^*,r_k)=f(\boldsymbol{X})+\sum_{v=1}^{m}\boldsymbol{\mu}_v^* h_v(\boldsymbol{X})+r_k\sum_{v=1}^{m}[h_v(\boldsymbol{X})]^2 \tag{6-23}$$

式中，$\phi(\boldsymbol{X},\boldsymbol{\mu}^*,r_k)$ 称为增广拉格朗日函数。可以证明，如果知道最优乘子向量 $\boldsymbol{\mu}^*$，那么只要取足够大的惩罚因子 r_k，而不需要使其趋向无穷大，就能通过极小化 $\phi(\boldsymbol{X},\boldsymbol{\mu}^*,r_k)$ 得到原等式约束问题的最优解，这就是乘子法的基本思想。

然而，式(6-23)中的乘子向量 $\boldsymbol{\mu}^*$ 是不可能预先得到的。一般的解决方法是，先给定足够大的惩罚因子 r_k 和初始的乘子向量 $\boldsymbol{\mu}^0$，然后在迭代过程中逐步修正 $\boldsymbol{\mu}^k$，以使其趋向 $\boldsymbol{\mu}^*$。

对于式(6-23)，在第 k 次迭代中有

$$\begin{aligned}\nabla\phi(\boldsymbol{X}^k,\boldsymbol{\mu}^k,r_k)&=\nabla f(\boldsymbol{X}^k)+\sum_{v=1}^{m}\boldsymbol{\mu}_v^k\nabla h_v(\boldsymbol{X}^k)+2r_k\sum_{v=1}^{m}h_v(\boldsymbol{X}^k)\cdot\nabla h_v(\boldsymbol{X}^k)\\&=\nabla f(\boldsymbol{X}^k)+\sum_{v=1}^{m}[\boldsymbol{\mu}_v^k+2r_k h_v(\boldsymbol{X}^k)]\nabla h_v(\boldsymbol{X}^k)=\boldsymbol{0}\end{aligned} \tag{6-24}$$

另由等式约束问题的 k-t 条件有

$$\nabla f(\boldsymbol{X}^k)+\sum_{v=1}^{m}\boldsymbol{\mu}_v^k\ \nabla h_v(\boldsymbol{X}^k)=\boldsymbol{0} \tag{6-25}$$

比较以上两式,有

$$\boldsymbol{\mu}_v^*=\boldsymbol{\mu}_v^k+2r_k h_v(\boldsymbol{X}^k)\quad(v=1,2,\cdots,m)$$

式(6-24)和式(6-25)都是由极值的必要条件得来,故$\boldsymbol{\mu}_v^*$不一定就是最优的乘子向量。但是可以把式(6-25)改作乘子的修正公式

$$\boldsymbol{\mu}_v^{k+1}=\boldsymbol{\mu}_v^k+2r_k h_v(\boldsymbol{X}^k)\quad(v=1,2,\cdots,m) \tag{6-26}$$

由此对式(6-23)反复迭代求解,当$\boldsymbol{\mu}^k$逼近$\boldsymbol{\mu}^*$时,得到最优解 $\boldsymbol{X}^*=\boldsymbol{X}^k$。如果收敛太慢,还可增大惩罚因子 r_k。收敛速度一般用$\dfrac{\|h(\boldsymbol{X}^k)\|}{\|h(\boldsymbol{X}^{k-1})\|}$来衡量。

6.3.2 不等式约束问题的乘子法

对于不等式约束问题

$$\begin{aligned}&\min\ f(\boldsymbol{X})\\&\text{s.t.}\ \ g_u(\boldsymbol{X})\leqslant 0\quad(u=1,2,\cdots,p)\end{aligned} \tag{6-27}$$

引入变量 $z_u(u=1,2,\cdots,p)$,将不等式约束化为等式约束,并建立增广拉格朗日函数

$$\phi(\boldsymbol{X},Z,\lambda,r_k)=f(\boldsymbol{X})+\sum_{u=1}^{p}\lambda_u[g_u(\boldsymbol{X})+z_u^2]+r_k\sum_{u=1}^{p}[g_u(\boldsymbol{X})+z_u^2]^2 \tag{6-28}$$

令$\nabla_{z_u}\phi(\boldsymbol{X},Z,\lambda,r_k)=\boldsymbol{0}$,得

$$z_u\{2r_k z_u^2+[2r_k g_u(\boldsymbol{X})+\lambda_u]\}=0 \tag{6-29}$$

若 $2r_k g_u(\boldsymbol{X})+\lambda_u>0$,应有 $z_u^2=0$;

若 $2r_k g_u(\boldsymbol{X})+\lambda_u\leqslant 0$,应有 $z_u^2=-\dfrac{1}{2r_k}[2r_k g_u(\boldsymbol{X})+\lambda_u]$。

故有

$$g_u(\boldsymbol{X})+z_u^2=\begin{cases}g_u(\boldsymbol{X}), & 2r_k g_u(\boldsymbol{X})+\lambda_u>0\Leftrightarrow g_u(\boldsymbol{X})>-\dfrac{\lambda_u}{2r_k}\\[2ex]-\lambda_u/2r_k, & 2r_k g_u(\boldsymbol{X})+\lambda_u\leqslant 0\Leftrightarrow g_u(\boldsymbol{X})\leqslant-\dfrac{\lambda_u}{2r_k}\end{cases} \tag{6-30}$$

即

$$g_u(\boldsymbol{X})+z_u^2=\max\left[g_u(\boldsymbol{X}),-\frac{\lambda_u}{2r_k}\right]$$

于是当 $2r_k g_u(\boldsymbol{X})+\lambda_u>0$ 时

$$\begin{aligned}&\lambda_u[g_u(\boldsymbol{X})+z_u^2]+r_k[g_u(\boldsymbol{X})+z_u^2]^2\\&=\lambda_u g_u(\boldsymbol{X})+r_k[g_u(\boldsymbol{X})]^2\\&=\frac{1}{4r_k}\{[2r_k g_u(\boldsymbol{X})+\lambda_u]^2-\lambda_u^2\}\end{aligned}$$

当 $2r_k g_u(\boldsymbol{X})+\lambda_u \leqslant 0$ 时

$$\lambda_u(g_u(\boldsymbol{X})+z_u^2)+r_k(g_u(\boldsymbol{X})+z_u^2)^2$$
$$=-\frac{\lambda_u^2}{2r_k}+r_k\left(-\frac{\lambda_u}{2r_k}\right)^2=-\frac{\lambda_u^2}{4r_k}$$

综合以上两种情况,可将增广拉格朗日函数式(6-28)写作

$$\phi(\boldsymbol{X},\lambda,r_k)=\min \phi(\boldsymbol{X},Z,\lambda,r_k)$$
$$=f(\boldsymbol{X})+\frac{1}{4r_k}\sum_{u=1}^{p}\{[\max(2r_k g_u(\boldsymbol{X})+\lambda_u,0)]^2-\lambda_u^2\} \tag{6-31}$$

根据式(6-26),同理可得乘子迭代公式

$$\lambda_u^{k+1}=\max(2r_k g_u(\boldsymbol{X}^{k+1})+\lambda_u^k,0) \tag{6-32}$$

和终止准则

$$\left\{\sum_{u=1}^{p}[\max(g_u(\boldsymbol{X}^{k+1}),-\lambda_u^{k+1}/2r_k)]^2\right\}^{1/2}<\varepsilon$$

式中,$\varepsilon>0$ 为给定的计算精度。由此构成的算法就是不等式约束问题的乘子法。

6.3.3 一般约束问题的乘子法

对于式(6-1)所示的约束问题,综合式(6-23)和式(6-31)得增广目标函数

$$\min \phi(\boldsymbol{X},\boldsymbol{\mu},\lambda,r_k)=f(\boldsymbol{X})+r_k\sum_{v=1}^{m}[h_v(\boldsymbol{X})]^2+\sum_{v=1}^{m}\boldsymbol{\mu}_v h_v(\boldsymbol{X})+$$
$$\frac{1}{4r_k}\sum_{u=1}^{p}\{[\max(2r_k g_u(\boldsymbol{X})+\lambda_u,0)]^2-\lambda_u^2\} \tag{6-33}$$

令 $\min \phi(\boldsymbol{X},\boldsymbol{\mu}^k,\lambda^k,r_k)$ 的解是 $\boldsymbol{X}^{k+1}$,则由式(6-26)和式(6-32)可得乘子的迭代公式

$$\left.\begin{aligned}\lambda_u^{k+1}&=\max[2r_k g_u(\boldsymbol{X}^{k+1})+\lambda_u^k,0]\\ \boldsymbol{\mu}_u^{k+1}&=\boldsymbol{\mu}_v^k+r_k h_v(\boldsymbol{X}^{k+1})\end{aligned}\right\} \tag{6-34}$$

和终止准则

$$\sum_{u=1}^{p}\{\max[g_u(\boldsymbol{X}^{k+1}),-\lambda_u^{k+1}/2r_k]^2\}^{1/2}+\sum_{v=1}^{m}[h_v(\boldsymbol{X}^{k+1})]^2\leqslant\varepsilon \tag{6-35}$$

由此构成的算法就是一般约束问题的乘子法。

乘子法的迭代步骤如下:

① 给定初始点 $\boldsymbol{X}^0$、初始乘子向量 $\boldsymbol{\mu}^0$ 和 λ^0、初始惩罚因子 r_0、惩罚因子递增系数 c 和计算精度 ε,置 $k=0$。

② 按式(6-33)构造增广目标函数,并求解 $\min \phi(\boldsymbol{X},\boldsymbol{\mu}^k,\lambda^k,r_k)$,得解 $\boldsymbol{X}^{k+1}$。

③ 终止判断,若满足式(6-35),则令 $\boldsymbol{X}^*=\boldsymbol{X}^{k+1}$,终止计算;否则转④。

④ 按式(6-34)进行乘子迭代,然后令 $r_{k+1}=cr_k$,$k=k+1$,转②继续迭代。

在乘子法的迭代过程中,同时建立了近似解和乘子向量的迭代序列。其中,乘子向量的迭代不涉及求导运算,计算非常简单,而且乘子的每一次调整都是加速迭代点向最优点逼近的进程,从而避免了因惩罚因子过大带来的各种问题。

例 6-4 用乘子法求解约束问题:

$$\min f(\boldsymbol{X})=x_1^2+x_2^2$$
$$\text{s.t. } 1-x_1\leqslant 0$$

解:建立增广目标函数

$$\phi(\boldsymbol{X},\lambda,r_k)=x_1^2+x_2^2+\frac{1}{4r_k}\{[\max(2r_k(1-x_1)+\lambda,0)]^2-\lambda^2\}$$
$$=\begin{cases}x_1^2+x_2^2+\lambda(1-x_1)+r_k(1-x_1)^2, & x_1<1+\dfrac{\lambda}{r_k}\\ x_1^2+x_2^2-\dfrac{\lambda^2}{4r_k^2}, & x_1\geqslant 1+\dfrac{\lambda}{r_k}\end{cases}$$

因为问题简单,直接用极值条件求解 $\min \phi(\boldsymbol{X},\lambda,r_k)$,令

$$\frac{\partial\phi}{\partial x_1}=\begin{cases}2x_1-\lambda-2r_k(1-x_1)=0, \quad x_1=\dfrac{r_k+\lambda/2}{r_k+1}, & x_1<1+\dfrac{\lambda}{r_k}\\ 2x_1=0, \quad x_1=0, & x_1\geqslant 1+\dfrac{\lambda}{r_k}\end{cases}$$

$$\frac{\partial\phi}{\partial x_2}=\begin{cases}2x_2=0, \quad x_2=0, \quad x_1<1+\dfrac{\lambda}{r_k}\\ 2x_2=0, \quad x_2=0, \quad x_1\geqslant 1+\dfrac{\lambda}{r_k}\end{cases}$$

由此得解 $x_1=\dfrac{r_k+\lambda/2}{r_k+1}$,$x_2=0$。

取 $r_0=2$,$\lambda^0=0$,得 $x_1^0=2/3$,$x_2^0=0$,于是第一次迭代有

$$\lambda^1=\max[2r_0(1-x_1^0)+\lambda^0,0]=4/3$$
$$x_1^1=\frac{r_0+\lambda^1/2}{r_0+1}=\frac{2+2/3}{2+1}=8/9=0.8889$$
$$x_2^1=0$$

第二次迭代有

$$\lambda^2=\max[2r_0(1-x_1^1)+\lambda^1,0]=16/9=1.7778$$
$$x_1^2=\frac{r_0+\lambda^2/2}{r_0+1}=\frac{2+8/9}{2+1}=26/27=0.9629$$
$$x_2^2=0$$

第三次迭代有

$$\lambda^3=\max[2r_0(1-x_1^2)+\lambda^2,0]=52/27=1.9259$$
$$x_1^3=\frac{r_0+\lambda^3/2}{r_0+1}=\frac{2+26/27}{2+1}=80/81=0.9876$$
$$x_2^3=0$$

继续下去,迭代点不断向最优点$[1,0]^{\mathrm{T}}$逼近。当逼近速度变慢时,还可增大惩罚因子 r_k。可见,乘子法在乘子向量和惩罚因子的交替变化中,迭代点迅速向最优点接近。

6.4 序列二次规划算法

序列二次规划(SQP)算法是将复杂的非线性约束最优化问题转化为比较简单的二次规划(QP)问题求解的算法。所谓二次规划问题就是目标函数为二次函数,约束函数为线性函数的最优化问题。二次规划问题是最简单的非线性约束最优化问题。

利用泰勒展开把非线性约束问题式(6-1)的目标函数在迭代点 $\boldsymbol{X}^k$ 简化成二次函数,把约束函数简化成线性函数后得到的就是如下的二次规划问题:

$$
\begin{aligned}
&\min f(\boldsymbol{X}) = \frac{1}{2}[\boldsymbol{X}-\boldsymbol{X}^k]^{\mathrm{T}}\,\nabla^2 f(\boldsymbol{X}^k)[\boldsymbol{X}-\boldsymbol{X}^k] + \nabla f(\boldsymbol{X}^k)^{\mathrm{T}}[\boldsymbol{X}-\boldsymbol{X}^k] \\
&\text{s.t. } \nabla h_v(\boldsymbol{X}^k)^{\mathrm{T}}[\boldsymbol{X}-\boldsymbol{X}^k] + h_v(\boldsymbol{X}^k) = 0 \quad (v=1,2,\cdots,m) \\
&\qquad \nabla g_u(\boldsymbol{X}^k)^{\mathrm{T}}[\boldsymbol{X}-\boldsymbol{X}^k] + g_u(\boldsymbol{X}^k) \leqslant 0 \quad (u=1,2,\cdots,p)
\end{aligned}
\tag{6-36}
$$

此问题是原约束最优化问题的近似问题,但其解不一定是原问题的可行解。为此,令

$$\boldsymbol{S} = \boldsymbol{X} - \boldsymbol{X}^k$$

将上述二次规划问题变成关于变量 $\boldsymbol{S}$ 的问题,即

$$
\begin{aligned}
&\min f(\boldsymbol{X}) = \frac{1}{2}\boldsymbol{S}^{\mathrm{T}}\,\nabla^2 f(\boldsymbol{X}^k)\boldsymbol{S} + \nabla f(\boldsymbol{X}^k)^{\mathrm{T}}\boldsymbol{S} \\
&\text{s.t. } \nabla h_v(\boldsymbol{X}^k)^{\mathrm{T}}\boldsymbol{S} + h_v(\boldsymbol{X}^k) = 0 \quad (v=1,2,\cdots,m) \\
&\qquad \nabla g_u(\boldsymbol{X}^k)^{\mathrm{T}}\boldsymbol{S} + g_u(\boldsymbol{X}^k) \leqslant 0 \quad (u=1,2,\cdots,p)
\end{aligned}
\tag{6-37}
$$

令

$$
\begin{aligned}
&\boldsymbol{H} = \nabla^2 f(\boldsymbol{X}^k) \\
&\boldsymbol{C} = \nabla f(\boldsymbol{X}^k) \\
&\boldsymbol{A}_{\mathrm{eq}} = [\nabla h_1(\boldsymbol{X}^k), \nabla h_2(\boldsymbol{X}^k), \cdots, \nabla h_m(\boldsymbol{X}^k)]^{\mathrm{T}} \\
&\boldsymbol{A} = [\nabla g_1(\boldsymbol{X}^k), \nabla g_2(\boldsymbol{X}^k), \cdots, \nabla g_p(\boldsymbol{X}^k)]^{\mathrm{T}} \\
&\boldsymbol{B}_{\mathrm{eq}} = [-h_1(\boldsymbol{X}^k), -h_2(\boldsymbol{X}^k), \cdots, -h_m(\boldsymbol{X}^k)]^{\mathrm{T}} \\
&\boldsymbol{B} = [-g_1(\boldsymbol{X}^k), -g_2(\boldsymbol{X}^k), \cdots, -g_p(\boldsymbol{X}^k)]^{\mathrm{T}}
\end{aligned}
$$

将式(6-37)变成二次规划问题的一般形式,即

$$
\begin{aligned}
&\min \ \frac{1}{2}\boldsymbol{S}^{\mathrm{T}}\boldsymbol{H}\boldsymbol{S} + \boldsymbol{C}^{\mathrm{T}}\boldsymbol{S} \\
&\text{s.t. } \boldsymbol{A}_{\mathrm{eq}}\boldsymbol{S} = \boldsymbol{B}_{\mathrm{eq}} \\
&\qquad \boldsymbol{A}\boldsymbol{S} \leqslant \boldsymbol{B}
\end{aligned}
\tag{6-38}
$$

求解此二次规划问题,将其最优解 $\boldsymbol{S}^*$ 作为原问题的下一个搜索方向 $\boldsymbol{S}^k$,并在该方向上进行原约束问题目标函数的约束一维搜索,就可以得到原约束问题的一个近似解 $\boldsymbol{X}^{k+1}$。反复这一过程,就可以求得原问题的最优解。

上述思想得以实现的关键在于如何计算目标函数的二阶导数矩阵 $\boldsymbol{H}$,如何求解式(6-38)所示的二次规划问题。

1. 二阶导数矩阵计算

二阶导数矩阵的近似计算可以利用拟牛顿(变尺度)法中变尺度矩阵计算的 DFP 公式

$$\boldsymbol{H}^{k+1}=\boldsymbol{H}^{k}+\frac{\Delta\boldsymbol{X}^{k}[\Delta\boldsymbol{X}^{k}]^{\mathrm{T}}}{[\Delta\boldsymbol{q}^{k}]^{\mathrm{T}}\Delta\boldsymbol{X}^{k}}-\frac{\boldsymbol{H}^{k}\Delta\boldsymbol{q}^{k}[\Delta\boldsymbol{q}^{k}]^{\mathrm{T}}\boldsymbol{H}^{k}}{[\Delta\boldsymbol{q}^{k}]^{\mathrm{T}}\boldsymbol{H}^{k}\Delta\boldsymbol{q}^{k}} \tag{6-39}$$

或 BFGS 公式

$$\boldsymbol{H}^{k+1}=\boldsymbol{H}^{k}+\frac{1}{[\Delta\boldsymbol{X}^{k}]^{\mathrm{T}}\Delta\boldsymbol{q}^{k}}\left\{\Delta\boldsymbol{X}^{k}[\Delta\boldsymbol{X}^{k}]^{\mathrm{T}}+\frac{\Delta\boldsymbol{X}^{k}[\Delta\boldsymbol{X}^{k}]^{\mathrm{T}}[\Delta\boldsymbol{q}^{k}]^{\mathrm{T}}\boldsymbol{H}^{k}\Delta\boldsymbol{q}^{k}}{[\Delta\boldsymbol{X}^{k}]^{\mathrm{T}}\Delta\boldsymbol{q}^{k}}-\boldsymbol{H}^{k}\Delta\boldsymbol{q}^{k}[\Delta\boldsymbol{q}^{k}]^{\mathrm{T}}-\Delta\boldsymbol{X}^{k}[\Delta\boldsymbol{q}^{k}]^{\mathrm{T}}\boldsymbol{H}^{k}\right\} \tag{6-40}$$

式中，

$$\left.\begin{aligned}\Delta\boldsymbol{X}^{k}&=\boldsymbol{X}^{k+1}-\boldsymbol{X}^{k}\\ \Delta\boldsymbol{q}^{k}&=\nabla f(\boldsymbol{X}^{k+1})-\nabla f(\boldsymbol{X}^{k})\end{aligned}\right\} \tag{6-41}$$

2. 二次规划问题的求解

二次规划问题式(6-38)的求解分为以下两种情况。

(1) 等式约束二次规划问题

$$\begin{aligned}&\min f(\boldsymbol{X})=\frac{1}{2}\boldsymbol{S}^{\mathrm{T}}\boldsymbol{H}\boldsymbol{S}+\boldsymbol{C}^{\mathrm{T}}\boldsymbol{S}\\ &\text{s. t. }\boldsymbol{A}_{\mathrm{eq}}\boldsymbol{S}=\boldsymbol{B}_{\mathrm{eq}}\end{aligned} \tag{6-42}$$

其拉格朗日函数为

$$\min L(\boldsymbol{S},\boldsymbol{\lambda})=\frac{1}{2}\boldsymbol{S}^{\mathrm{T}}\boldsymbol{H}\boldsymbol{S}+\boldsymbol{C}^{\mathrm{T}}\boldsymbol{S}+\boldsymbol{\lambda}^{\mathrm{T}}(\boldsymbol{A}_{\mathrm{eq}}\boldsymbol{S}-\boldsymbol{B}_{\mathrm{eq}})$$

由多元函数的极值条件$\nabla L(\boldsymbol{S},\lambda)=\mathbf{0}$得

$$\begin{aligned}\boldsymbol{H}\boldsymbol{S}+\boldsymbol{C}+\boldsymbol{A}_{\mathrm{eq}}^{\mathrm{T}}\boldsymbol{\lambda}&=\mathbf{0}\\ \boldsymbol{A}_{\mathrm{eq}}\boldsymbol{S}-\boldsymbol{B}_{\mathrm{eq}}&=\mathbf{0}\end{aligned}$$

写成矩阵形式，即

$$\begin{bmatrix}\boldsymbol{H} & \boldsymbol{A}_{\mathrm{eq}}^{\mathrm{T}}\\ \boldsymbol{A}_{\mathrm{eq}} & \mathbf{0}\end{bmatrix}\begin{bmatrix}\boldsymbol{S}\\ \boldsymbol{\lambda}\end{bmatrix}=\begin{bmatrix}-\boldsymbol{C}\\ \boldsymbol{B}_{\mathrm{eq}}\end{bmatrix} \tag{6-43}$$

式(6-43)其实就是以$[\boldsymbol{S},\boldsymbol{\lambda}]^{\mathrm{T}}$为变量的线性方程组，而且变量数和方程数都等于$n+m$。由线性代数知，此方程组要么无解，要么有唯一解。如果有解，利用第 5 章介绍的消元变换可以方便地求出该方程组的唯一解，记作$[\boldsymbol{S}^{k+1},\boldsymbol{\lambda}^{k+1}]^{\mathrm{T}}$。根据 k-t 条件，若此解中的乘子向量$\boldsymbol{\lambda}^{k+1}$不全为零，则$\boldsymbol{S}^{k+1}$就是等式约束二次规划问题式(6-42)的最优解$\boldsymbol{S}^{*}$，即$\boldsymbol{S}^{*}=\boldsymbol{S}^{k+1}$。

(2) 一般约束二次规划问题

对于一般约束下的二次规划问题式(6-38)，在不等式约束条件中找出迭代点$\boldsymbol{S}^{k}$的起作用约束，将等式约束和起作用约束组成新的约束条件，构成新的等式约束问题：

$$\begin{aligned}&\min f(\boldsymbol{X})=\frac{1}{2}\boldsymbol{S}^{\mathrm{T}}\boldsymbol{H}\boldsymbol{S}+\boldsymbol{C}^{\mathrm{T}}\boldsymbol{S}\\ &\text{s. t. }\sum_{i\in E\cup I_k}\sum_{j=1}^{n}a_{ij}s_j=b_i\end{aligned} \tag{6-44}$$

式中，E代表等式约束的下标集合；I_k代表不等式约束中起作用约束的下标集合。

此式即式(6-42)，可以用同样的方法求解。在求得式(6-44)的解$[\boldsymbol{S}^{k+1},\boldsymbol{\lambda}^{k+1}]^{\mathrm{T}}$之后，根

据 k-t 条件，若解中对应原等式约束条件的乘子不全为零，对应起作用约束条件的乘子不小于零，则 $\boldsymbol{S}^{k+1}$ 就是所求一般约束二次规划问题式(6-38)的最优解 $\boldsymbol{S}^*$。

综上所述，在迭代点 $\boldsymbol{X}^k$ 上先进行矩阵 $\boldsymbol{H}^k$ 的变更，再构造和求解相应的二次规划子问题，并以该子问题的最优解 $\boldsymbol{S}^*$ 作为下一次迭代的搜索方向 $\boldsymbol{S}^k$。然后在该方向上对原非线性最优化问题的目标函数进行约束一维搜索，得到下一个迭代点 $\boldsymbol{X}^{k+1}$，并判断收敛精度是否满足。重复上述过程，直到迭代点 $\boldsymbol{X}^{k+1}$ 最终满足终止准则，得到原非线性约束问题的最优解 $\boldsymbol{X}^*$ 为止。这种算法称为序列二次规划算法，它是目前求解非线性约束最优化问题的常用算法，简称 SQP 法。

序列二次规划算法的迭代步骤如下：

① 给定初始点 $\boldsymbol{X}^0$、收敛精度 ε，令 $\boldsymbol{H}^0=\boldsymbol{I}$(单位矩阵)，置 $k=0$。

② 在点 $\boldsymbol{X}^k$ 简化原问题为二次规划问题式(6-44)。

③ 求解二次规划问题，并令 $\boldsymbol{S}^k=\boldsymbol{S}^*$。

④ 在方向 $\boldsymbol{S}^k$ 上对原问题的目标函数进行约束一维搜索，得点 $\boldsymbol{X}^{k+1}$。

⑤ 终止判断，若 $\boldsymbol{X}^{k+1}$ 满足给定精度的终止准则，则令 $\boldsymbol{X}^*=\boldsymbol{X}^{k+1}$，$f^*=f(\boldsymbol{X}^{k+1})$，输出最优解，终止计算，否则转⑥。

⑥ 按式(6-39)或式(6-40)修正矩阵 $\boldsymbol{H}^{k+1}$，令 $k=k+1$，转②继续迭代。

例 6-5 求解二次规划问题：

$$\min f(\boldsymbol{X})=\frac{1}{2}(x_1^2+x_2^2+x_3^2)$$
$$\text{s.t. } x_1+2x_2-x_3=4$$
$$x_1-x_2+x_3=-2$$

解：取初始点 $\boldsymbol{X}^0=[0\quad 0\quad 0]^{\mathrm{T}}$，于是有 $n=3$，$m=2$，$\boldsymbol{H}=\boldsymbol{I}_{3\times 3}$，$\boldsymbol{C}=[0\quad 0\quad 0]^{\mathrm{T}}$

$$\boldsymbol{A}_{\mathrm{eq}}=\begin{bmatrix}1 & 2 & -1\\ 1 & -1 & 1\end{bmatrix},\quad \boldsymbol{B}_{\mathrm{eq}}=\begin{bmatrix}4\\ -2\end{bmatrix}$$

$$\boldsymbol{\lambda}=\begin{bmatrix}\lambda_1\\ \lambda_2\end{bmatrix},\quad \boldsymbol{X}=\begin{bmatrix}x_1\\ x_2\\ x_3\end{bmatrix}$$

由极值条件构成的式(6-43)为

$$\begin{bmatrix}1 & 0 & 0 & 1 & 1\\ 0 & 1 & 0 & 2 & -1\\ 0 & 0 & 1 & -1 & 1\\ 1 & 2 & -1 & 0 & 0\\ 1 & -1 & 1 & 0 & 0\end{bmatrix}\begin{bmatrix}x_1\\ x_2\\ x_3\\ \lambda_1\\ \lambda_2\end{bmatrix}=\begin{bmatrix}0\\ 0\\ 0\\ 4\\ -2\end{bmatrix}$$

解得

$$\boldsymbol{X}=[2/7\quad 10/7\quad -6/7]^{\mathrm{T}},\quad \boldsymbol{\lambda}=[-4/7\quad 2/7]^{\mathrm{T}}$$

由 k-t 条件知，$\boldsymbol{X}^*=[2/7\quad 10/7\quad -6/7]^{\mathrm{T}}$ 就是此二次规划问题的最优解。

例 6-6 求解非线性最优化问题：

$$\min f(\boldsymbol{X})=x_1^3+x_2^3$$

$$\text{s.t.}\ x_1 + x_2 = 1$$

解：取初始点 $\boldsymbol{X}^0=[1,0]^{\mathrm{T}}$

令 $\boldsymbol{H}^0=\boldsymbol{I}=\begin{bmatrix}1 & 0\\0 & 1\end{bmatrix}$，有

$$\boldsymbol{C}=\nabla f(\boldsymbol{X}^0)=\begin{bmatrix}3\\0\end{bmatrix},\quad \boldsymbol{S}=[s_1 \quad s_2]^{\mathrm{T}}$$

由式(6-38)得简化的二次规划问题

$$\min Q(\boldsymbol{X})=\frac{1}{2}s_1^2+\frac{1}{2}s_2^2+3s_1$$

$$\text{s.t.}\ s_1+s_2=0$$

其拉格朗日函数

$$L(\boldsymbol{X},\lambda)=\frac{1}{2}s_1^2+\frac{1}{2}s_2^2+3s_1+\lambda(s_1+s_2)$$

由极值条件得

$$s_1+\lambda=-3$$
$$s_2+\lambda=0$$
$$s_1+s_2=0$$

联立解得

$$s_1=-1.5,\quad s_2=1.5,\quad \lambda=-1.5$$

由 k-t 条件知，$\boldsymbol{S}^*=[-1.5 \quad 1.5]^{\mathrm{T}}$ 就是该二次规划问题的最优解。令

$$\boldsymbol{S}^0=\boldsymbol{S}^*=[-1.5 \quad 1.5]^{\mathrm{T}}$$

由初始点 $\boldsymbol{X}^0=[1,0]^{\mathrm{T}}$ 出发，沿 $\boldsymbol{S}^0$ 进行约束一维搜索，即可得到下一个迭代点。由图 6-8 可知，$\boldsymbol{X}^1=[0.5,0.5]^{\mathrm{T}}$，显然该点就是所求非线性约束最优化问题的最优解。

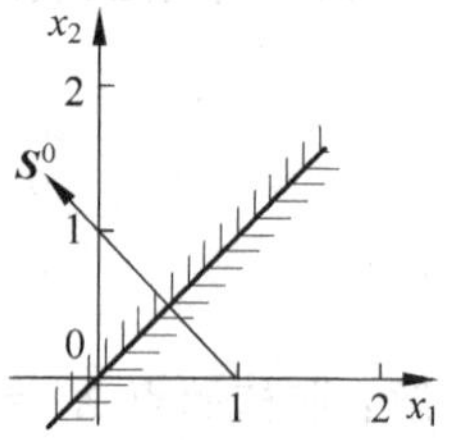

图 6-8 例 6-6 的图解示意

6.5 多目标最优化方法

实际工程问题通常有多种评价设计质量好坏的技术经济指标。若将这多个技术经济指标都写作设计变量的函数，就构成了多个目标函数或设计目标，分别记作 $f_1(\boldsymbol{X}),f_2(\boldsymbol{X}),\cdots,f_q(\boldsymbol{X})$。由此建立起来的数学模型

$$\begin{aligned}&\min f_1(\boldsymbol{X})\\&\min f_2(\boldsymbol{X})\\&\quad\vdots\\&\min f_q(\boldsymbol{X})\\&\text{s.t.}\ g_u(\boldsymbol{X})\leqslant 0\quad (u=1,2,\cdots,p)\\&\qquad h_v(\boldsymbol{X})=0\quad (v=1,2,\cdots,m)\end{aligned}\tag{6-45}$$

称为多目标最优化问题，简称多目标问题。

多目标问题一般不可能存在使每一个目标都同时达到最优的完全最优解,因为这些目标往往是相互矛盾的。对一个目标较好的方案对另外的目标则不一定好,甚至效果很差。另外,就实际工程问题而言,其中的每一项指标的重要性也不完全相同。因此,在最优化设计中,需要对不同的设计目标进行不同的处理,以求得对每一个设计目标都比较满意的折中方案,即相对最优解。

可见,多目标问题的最优解在概念上与单目标问题不同。使各个目标函数在可行域内的同一个点上都取得极小值的解称为完全最优解。至少使一个目标函数取得最大值的解称为劣解。除完全最优解和劣解之外的所有解都称为有效解。严格地说,有效解之间是不能直接比较优劣的。多目标最优化方法就是根据不同目标的重要性对各个目标进行加权量化,将不可比问题转化成可比问题,从而求得一个对每一个目标来说都相对最优的有效解。

多目标最优化问题一般都是转化为单目标问题求解的,如常用的主要目标法、线性加权法和理想点法等。显然,无论哪一种方法都只能求得一个有效解或相对最优解。

6.5.1 主要目标法

在所有技术经济指标中选出一个最重要的指标作为设计的目标函数,而将其他的指标分别给定一个可以接受的范围,转变为一组约束条件,从而构成一个单目标最优化问题,这就是求解多目标问题的主要目标法。

对于式(6-45)所示的多目标问题,用主要目标法构造的多目标问题如下:

$$\begin{aligned}
&\min f_z(\boldsymbol{X}) \\
&\text{s.t. } g_u(\boldsymbol{X}) \leqslant 0 \quad (u=1,2,\cdots,p) \\
&\qquad h_v(\boldsymbol{X}) = 0 \quad (v=1,2,\cdots,m) \\
&\qquad f_i^1 \leqslant f_i(\boldsymbol{X}) \leqslant f_i^2 \quad (i=1,2,\cdots,q;\ i \neq z)
\end{aligned} \tag{6-46}$$

式中,f_i^1 和 f_i^2 分别为目标 $f_i(\boldsymbol{X})$取值的下限和上限。

6.5.2 线性加权法

由 q 个目标函数构成如下综合评价函数:

$$f(\boldsymbol{X}) = \sum_{i=1}^{q} w_i f_i(\boldsymbol{X})$$

和如下单目标约束最优化问题:

$$\begin{aligned}
&\min f(\boldsymbol{X}) = \sum_{i=1}^{q} w_i f_i(\boldsymbol{X}) \\
&\text{s.t. } g_u(\boldsymbol{X}) \leqslant 0 \quad (u=1,2,\cdots,p) \\
&\qquad h_v(\boldsymbol{X}) = 0 \quad (v=1,2,\cdots,m)
\end{aligned} \tag{6-47}$$

并以此问题的最优解作为原多目标问题的一个相对最优解,这就是求解多目标问题的线性加权法。

式(6-47)中 $w_i(i=1,2,\cdots,q)$是反映各个分目标重要性的一组系数,称为权因子。一般情况下有

$$\sum_{i=1}^{q} w_i = 1$$

如何确定合理的权因子是这一方法的关键。多数情况下权因子可以根据经验直接给出,有时权因子也可按下式计算:

$$w_i = \frac{1}{f_i(\boldsymbol{X}^*)} \tag{6-48}$$

式中,$f_i(\boldsymbol{X}^*)$为以第 i 个分目标为目标函数所构成的单目标问题的最优值。

6.5.3　理想点法

对式(6-45)所示的多目标最优化问题,构造如下单目标最优化问题:

$$\begin{aligned} &\min f(\boldsymbol{X}) = \sum_{i=1}^{q} \frac{f_i(\boldsymbol{X}) - f_i(\boldsymbol{X}^*)}{f_i(\boldsymbol{X}^*)} \\ &\text{s.t.}\ g_u(\boldsymbol{X}) \leqslant 0 \quad (u = 1,2,\cdots,p) \\ &\qquad h_v(\boldsymbol{X}) = 0 \quad (v = 1,2,\cdots,m) \end{aligned} \tag{6-49}$$

式中,$f_i(\boldsymbol{X}^*)$的意义同式(6-48)。可以证明,此问题的最优解是一个最接近完全最优解的有效解。故称这种方法为求解多目标最优化问题的理想点法。

在式(6-49)的基础上引入权因子,并取

$$f(\boldsymbol{X}) = \sum_{i=1}^{q} w_i \left[f_i(\boldsymbol{X}) - f_i(\boldsymbol{X}^*)\right]^2$$

作为新的评价函数,构成如下多目标最优化问题:

$$\begin{aligned} &\min f(\boldsymbol{X}) = \sum_{i=1}^{q} w_i \left[f_i(\boldsymbol{X}) - f_i(\boldsymbol{X}^*)\right]^2 \\ &\text{s.t.}\ g_u(\boldsymbol{X}) \leqslant 0 \quad (u = 1,2,\cdots,p) \\ &\qquad h_v(\boldsymbol{X}) = 0 \quad (v = 1,2,\cdots,m) \end{aligned} \tag{6-50}$$

显然,该问题的最优解既考虑了各个分目标的重要性,又最接近于完全最优解,因此必定是多目标问题的一个更理想、更切合实际的相对最优解。

6.5.4　目标逼近法

为了使各个分目标函数 $f_i(\boldsymbol{X})$分别逼近各自的单目标最优值 $f_i(\boldsymbol{X}^*)$,可以给每一个目标函数引入一个权系数 w_i,并令

$$\gamma = \max \frac{f_i(\boldsymbol{X}) - f_i(\boldsymbol{X}^*)}{w_i} \quad (i = 1,2,\cdots,q) \tag{6-51}$$

于是可将多目标最优化问题(6-45)简化为如下单目标最优化问题:

$$\begin{aligned} &\min \gamma(\boldsymbol{X}, w) \\ &\text{s.t.}\ \frac{f_i(X) - f_i(X^*)}{w_i} \leqslant \gamma \quad (i = 1,2,\cdots,q) \\ &\qquad g_u(\boldsymbol{X}) \leqslant 0 \quad (u = 1,2,\cdots,p) \end{aligned}$$

$$h_v(\boldsymbol{X})=0 \quad (v=1,2,\cdots,m) \tag{6-52}$$

此方法称为多目标问题的目标逼近法。

6.5.5 最大最小法

欲使一组分目标函数都达到相对最优值，一个简单的方法是不断地使其中最大的目标函数最小化，即

$$\begin{aligned} &\min \max f_i(\boldsymbol{X}) \quad (i=1,2,\cdots,q) \\ &\text{s.t. } g_u(\boldsymbol{X}) \leqslant 0 \quad (u=1,2,\cdots,p) \\ &\quad h_v(\boldsymbol{X})=0 \quad (v=1,2,\cdots,m) \end{aligned} \tag{6-53}$$

这种方法称为多目标问题的最大最小法。

本章重点：最佳下降可行方向的概念和寻求方法；惩罚函数的构成及其求解方法；乘子向量的作用及其迭代格式；序列二次规划问题的简化方法和求解过程。

基本要求：理解下降方向、可行方向、下降可行方向以及最佳下降可行方向的意义及其数学表示方法；理解外点法和内点法构造惩罚函数的不同思路及其各自特点；理解乘子向量和惩罚因子的交替迭代过程；理解序列二次规划问题的求解原理；掌握惩罚函数法的计算。

内容提要：

约束最优化算法分直接法和间接法两类。在搜索方向的计算以及最优步长因子的确定过程中，直接考虑约束条件限制的算法属于直接法，将约束问题转换成无约束问题、相对简单的线性规划问题或二次规划问题求解的算法属于间接法。

可行方向法是一种典型的直接算法。它在迭代中的每一个搜索方向是通过求解一个相应的线性规划问题得到的最佳下降可行方向，它的每一次一维搜索是在引入约束条件之后的约束一维搜索算法。

惩罚函数法是把约束问题转化为一系列无约束问题求解的算法。其中，外点法是对可行域外的点加以惩罚，从而迫使迭代点向可行域内逼近的算法。内点法则是令可行域边界的函数值趋于无穷大，从而迫使迭代点在可行域内部迭代的算法。外点法既可以求解不等式约束问题，又可以求解等式约束问题和一般的约束最优化问题，而且初始点既可以取作内点，也可以取作外点，因此适应性较好，应用比较普遍。内点法只能求解不等式约束问题，而且初始点必须是内点，虽然适应性较差，但它的求解结果是一系列满足所有约束条件，并使目标函数趋于最小值的不同精度下的近似最优解，即为设计者提供了一系列可供选择的可引方案。

在求解过程中，外点法的惩罚因子是逐渐增大的，当惩罚因子趋于无穷大时，惩罚函数的极小点逼近约束问题的最优解。与此相反，内点法的惩罚因子是逐渐减小的，当惩罚因子趋于零时，惩罚函数的极小点才逼近约束问题的最优解。

外点法的缺点是，惩罚因子的取值必须趋于无穷大，这必然给计算带来许多困难。解决这一难题的办法就是在外点惩罚函数中加入拉格朗日乘子项，并进一步推导出拉格朗日乘

子的迭代公式。这样,在乘子法的迭代过程中,同时建立了增广目标函数的解和乘子向量的迭代序列。其中,乘子的迭代不涉及求导运算,计算非常简单,而且乘子的每一次调整都加速了迭代点向最优点逼近的进程,从而避免了因惩罚因子过大带来的各种问题,这就是乘子法。

序列二次规划算法是将复杂的约束最优化问题转化为简单的二次规划问题求解的算法。简化的方法是泰勒展开。展开的关键是采用变尺度矩阵代替二阶导数矩阵,以避免二阶导数的计算。二次规划问题的求解有多种方法,最简单的方法是利用多元函数的极值条件,将其转化为线性方程组的求解。然后将此二次规划问题的解作为下一次迭代的搜索方向,对原非线性问题的目标函数进行约束一维搜索,得到下一个迭代点。如果该迭代点满足终止条件,则输出最优点,终止计算;否则在新的点上继续简化求解。

序列二次规划算法是求解非线性约束最优化问题的一种常用算法。

习　题

1. 用外点法求解下列非线性约束问题。

(1) $\min f(\boldsymbol{X})=x_1^2+x_2^2-2x_1+1$

s.t. $3-x_2\leqslant 0$

(2) $\min f(\boldsymbol{X})=x_1+x_2$

s.t. $x_1^2-x_2\leqslant 0$

$x_1\geqslant 0$

(3) $\min f(\boldsymbol{X})=x_1^2+2x_2^2$

s.t. $x_1+x_2-1\geqslant 0$

(4) $\min f(\boldsymbol{X})=x_1-x_2$

s.t. $-\ln x_1\leqslant 0$

$x_1+x_2-1\leqslant 0$

(5) $\min f(\boldsymbol{X})=x_1^2+4(x_2-2)^2$

s.t. $-x_1+x_2+1\leqslant 0$

2. 用内点法求解习题1中各题。

3. 用混合惩罚函数法求解如下非线性约束问题。

$$\min f(\boldsymbol{X})=x_1^2-x_2^2-3x_2$$
$$\text{s.t. } 1-x_1\leqslant 0$$
$$x_2=2$$

4. 用乘子法求解如下约束问题。

(1) $\min f(\boldsymbol{X})=2x_1^2+x_2^2$

s.t. $x_1\geqslant 1$

(2) $\min f(\boldsymbol{X})=x_1^2+\frac{1}{3}(x_2+1)^2$

s.t. $x_1\geqslant 0, x_2\geqslant 0$

(3) $\min f(\boldsymbol{X})=\frac{1}{2}x_1^2+\frac{1}{6}x_2^2$

s.t. $x_1+x_2=1$

5. 求解如下二次规划问题。

(1) $\min f(\boldsymbol{X})=\frac{1}{2}x_1^2+\frac{1}{6}x_2^2$

s.t. $x_1+x_2=1$

(2) $\min f(\boldsymbol{X})=x_1^2+x_2^2-2x_1-4x_2$

s.t. $-x_1\leqslant 0$

$-x_2\leqslant 0$

$x_1+x_2-1\leqslant 0$

6. 参照图 6-5,用 C 语言编写外点惩罚函数法的计算程序,并上机求解习题 1～习题 3 中的各题。

7. 思考题

(1) 非线性约束最优化问题的解一般位于可行域的什么位置？与线性规划问题有什么不同？

(2) 非线性约束最优化问题的求解方法有哪两类？它们是如何处理约束条件的？

(3) 可行方向法的迭代过程与无约束最优化算法有什么不同？

(4) 满足什么条件的方向叫可行方向？满足什么条件的方向叫下降方向？作图表示。

(5) 最佳下降可行方向和下降可行方向的关系是什么？如何确定最佳下降可行方向？

(6) 对一个最优化问题来说,惩罚函数是一个确定的函数吗？为什么？

(7) 外点法和内点法各有什么特点？哪些是共同的,哪些是不同的？

(8) 为什么内点法不能处理含等式约束条件的问题？

(9) 为什么内点法的初始点必须是内点？为什么外点法的初始点可以是内点或外点？

(10) 惩罚函数的缺点是什么？乘子法与惩罚函数法有何不同？

(11) 乘子法是如何克服惩罚函数法的不足的？

(12) 乘子法的乘子迭代是根据什么原理推导出来的？

(13) 二次规划算法的求解思路是什么？

(14) 序列二次规划算法的求解过程由哪几部分组成？如何处理不等式约束条件？

(15) 多目标问题的解和单目标问题的解有何不同？如何将多目标问题转化成单目标问题求解？

第 6 章　习题解答

第7章

智能最优化方法

随着仿生学、遗传学和人工智能科学的发展，从20世纪70年代以来，科学家相继将遗传学、神经网络科学的原理和方法应用到最优化领域，形成了一系列新的最优化方法，如遗传算法、神经网络算法、蚁群算法等。这些算法不需要构造精确的数学搜索方向，不需要进行繁杂的一维搜索，而是通过大量简单的信息传播和演变方法来得到问题的最优解。这些算法具有全局性、自适应、离散化等特点，故统称智能最优化算法。本章简单介绍常用的遗传算法和神经网络算法。

7.1 遗传算法

遗传算法是模拟生物在自然环境中的遗传和进化过程而形成的一种自适应全局最优化概率搜索算法。最早由美国密执安大学的 Holland 教授提出，20世纪80年代由 Goldberg 归纳总结形成了遗传算法的基本框架。

7.1.1 生物的遗传与进化

生物从其亲代继承特性或性状的现象称为遗传。生物在其延续生存的过程中，逐渐适应生存环境，使其品质不断得到改良，这种生命现象称为进化。

构成生物的基本结构和功能单元是细胞，细胞中含有一种称为染色体的微小的丝状化合物。染色体主要由一种叫作核糖核酸(DNA)的物质构成，DNA 按一定规则排列的长链称为基因，基因是遗传的基本单位。

生物的所有遗传信息都包含在染色体中，染色体决定了生物的性状。生物的遗传和进化过程都发生在染色体内。

细胞在分裂时，遗传物质 DNA 通过复制转移到新的细胞中，新细胞就继承了旧细胞的基因。有性生殖生物在繁殖下一代时，两个同源染色体之间通过交叉而重组，即在两个染色体的某一相同位置处 DNA 被切断，然后分别交叉组合形成两个新的染色体。另外，在进行细胞复制时，也可能产生某些差错，从而使 DNA 发生某种变异，产生新的染色体。可见，同源染色体之间的复制、交叉或变异会使基因或染色体发生各种各样的变化，从而使生物呈现新的性状，产生新的物种。

7.1.2 基本遗传算法

在遗传算法中，将设计变量 $\boldsymbol{X}=[x_1,x_2,\cdots,x_n]^{\mathrm{T}}$ 用 n 个同类编码，即

$$\boldsymbol{X}: \boldsymbol{X}_1,\boldsymbol{X}_2,\cdots,\boldsymbol{X}_n$$

表示。其中每一个 $\boldsymbol{X}_i$ 都是一个 q 位编码符号串，符号串的每一位称为一个遗传基因，基因的所有可能的取值称为等位基因，基因所在的位置称为该基因的基因座。于是，$\boldsymbol{X}$ 就可以看作由 $n\times q$ 个遗传基因组成的染色体，也称个体 $\boldsymbol{X}$。由 m 个个体组成一个群体，记作 $P(t)(t=1,2,\cdots,m)$。最简单的等位基因由 0 和 1 这两个整数组成，相应的染色体或个体就是一个二进制符号串，称为个体的基因型，与之对应的十进制数称为个体的表现型。

对于例 1-2 的生产计划问题，若以 5 位二进制数表示一个变量的值，则一个十位二进制代码就代表一个设计方案，称为一个染色体或个体。当 $x_1=10,x_2=20$ 时，对应的个体是 0101010100，其中的每一位二进制代码就是个体的一个基因。0101010100 称为个体的基因型，对应的十进制数 1020 称为个体的表现型。

与传统优化算法根据目标函数的大小判断解的优劣，并通过迭代运算逐渐向最优解逼近的思想相类似，遗传算法使用适应度这个概念来度量群体中各个个体的优劣程度，并以个体适应度的大小，通过选择运算决定哪些个体被淘汰，哪些个体遗传到下一代。再经过交叉和变异运算得到性能更加优良的新的个体和群体，从而实现群体的遗传和更新，最终得到最佳的个体，即最优化问题的最优解。

(1) 遗传编码

遗传算法的运行不直接对设计变量本身进行操作，而是对表示可行解的个体编码进行选择、交叉和变异等遗传运算，由此达到最优化的目的。在遗传算法中，把原问题的可行解转化为个体符号串的方法称为编码。

编码是应用遗传算法时要解决的首要问题。编码除了决定个体染色体排列形式之外，还决定了将个体符号串转化为原问题的可行解的解码方法。编码方法也影响遗传算子的运算效率。现有的编码方法可以分为 3 类，分别是二进制编码、浮点数编码和符号编码。这里介绍常用的二进制编码方法。

二进制编码所用的符号集是由 0 和 1 组成的二值符号集{0,1}，它所构成的个体基因型是一个二进制符号串。符号串的长度与所要求的求解精度有关。假设某一参数的取值范围是 $[U_{\min},U_{\max}]$，若用长度为 l 的二进制符号串来表示，总共能够产生 2^l 个不同的编码。编码精度为

$$\delta=\frac{U_{\max}-U_{\min}}{2^l-1} \tag{7-1}$$

假设某一个体的编码是

$$\boldsymbol{X}: b_l b_{l-1} b_{l-2} \cdots b_2 b_1 \tag{7-2}$$

则对应的解码公式为

$$x = U_{min} + \left(\sum_{i=1}^{l} b_i \cdot 2^{i-1} \right) \cdot \frac{U_{max} - U_{min}}{2^l - 1} \tag{7-3}$$

例如,对于变量 $x \in [0,1023]$,若采用10位二进制编码时,可代表 $2^{10}=1024$ 个不同的个体。如

$$\boldsymbol{X}:0\quad 0\quad 1\quad 0\quad 1\quad 0\quad 1\quad 1\quad 1\quad 1$$

就表示一个个体,称为个体的基因型,对应的十进制数175就是个体的表现型,编码精度为 $\delta=1$。

(2) 个体适应度

在研究自然界中生物的遗传和进化现象时,生物学家使用适应度这个术语来度量物种对生存环境的适应程度。在遗传算法中也使用适应度这个概念来度量群体中各个个体的优劣程度。适应度较高的个体遗传到下一代的概率较大,反之则较小。度量个体适应度的函数称为适应度函数 $F(\boldsymbol{X})$,一般由目标函数 $f(\boldsymbol{X})$ 或惩罚函数 $\varphi(\boldsymbol{X}, f_k)$ 转换而来。以如下函数为例,常用的转换关系如下:

对于极大化问题: $\max\ f(\boldsymbol{X})$

$$F(\boldsymbol{X}) = \begin{cases} f(\boldsymbol{X}) + C_{min}, & f(\boldsymbol{X}) + C_{min} > 0 \\ 0, & f(\boldsymbol{X}) + C_{min} \leqslant 0 \end{cases} \tag{7-4}$$

式中,C_{min} 为一适当小的正数。

对于极小化问题: $\min\ f(\boldsymbol{X})$

$$F(\boldsymbol{X}) = \begin{cases} C_{max} - f(\boldsymbol{X}), & f(\boldsymbol{X}) < C_{min} \\ 0, & f(\boldsymbol{X}) \geqslant C_{max} \end{cases} \tag{7-5}$$

式中,C_{max} 为一较大的正数。

(3) 遗传运算

生物的进化是以集团为主体进行的。与此对应,遗传算法的运算对象也是由 M 个个体所组成的集合,称为群体。第 t 代群体记作 $P(t)$,遗传算法的运算就是群体的反复演变过程。群体不断地进行遗传和进化操作,并按优胜劣汰的规则将适应度较高的个体尽可能多地遗传到下一代,这样最终会在群体中形成一个优良的个体 $\boldsymbol{X}$,它的表现型达到或接近最优化问题的最优解 $\boldsymbol{X}^*$。

生物的进化过程主要是通过染色体之间的遗传、交叉和变异来完成的。与此对应,遗传算法模拟生物在自然界遗传和进化机理,将染色体中基因的复制、交叉和变异归结为各自的运算规则或遗传算子,并反复将这些遗传算子作用于群体 $P(t)$,对其进行选择、交叉和变异运算,以求得到最优的个体,即问题的最优解。

① 选择运算

遗传算法使用选择算子来对群体中的个体进行优胜劣汰操作。适应度较高的个体有较大的概率遗传到下一代,适应度较低的个体遗传到下一代的概率则较小。目前有许多不同的选择运算方法,其中最常用的一种称为比例选择运算。比例选择操作的基本思想是:个体被选中并遗传到下一代的概率与它的适应度的大小成正比。

设群体的大小为 M,个体 i 的适应度为 f_i,则个体 i 被选中的概率 P_{is} 为

$$P_{is}=f_i\Big/\sum_{i=1}^{M}f_i \quad (i=1,2,\cdots,M) \tag{7-6}$$

每个概率值组成一个区间,全部概率值之和为1。产生一个0～1的随机数,依据概率值所出现的区间来决定对应的个体被选中和被遗传的次数,此法亦称轮盘法。

② 交叉运算

交配重组是生物遗传进化过程中的一个重要环节。模仿这一过程,遗传算法使用交叉运算,即在两个相互配对的个体间按某种方式交换其部分基因,从而形成两个新生的个体。运算前需对群体中的个体进行随机配对,即将群体中的 M 个个体以随机的方式分成 $M/2$ 个个体组。然后以不同的方式确定配对个体交叉点的位置,并在这些位置上进行部分基因的交换,形成不同的交叉运算方法。目前最常用的是单点交叉运算。

单点交叉又称简单交叉,它是在个体编码串中随机地设置一个交叉点,并在该交叉点上相互交换两个配对个体的基因,如下所示。

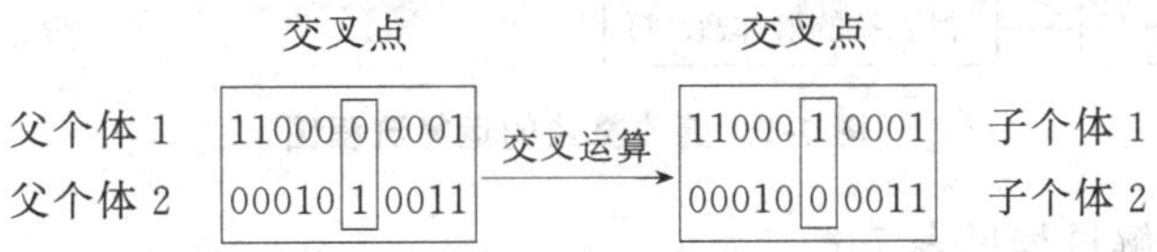

③ 变异运算

生物的遗传和进化过程中,在细胞的分裂和复制环节上可能产生一些差错,从而导致生物的某些基因发生某种变异,产生新的染色体,表现新的生物性状。模仿这一过程,遗传算法采用变异运算,将个体编码串中的某些基因座上的基因值用它的不同等位基因来替换,从而产生新的个体。

有很多变异运算方法,最简单的是基本位变异。基本位变异操作是在个体编码串中依变异概率 P_s 随机指定某一位或某几位基因座上的基因值作变异运算,如下所示。

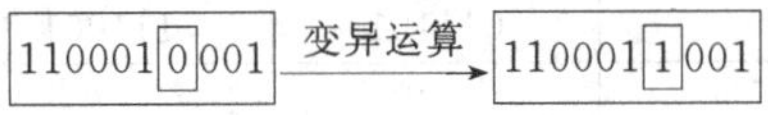

(4) 基本遗传算法的运算过程

遗传算法的基本运算过程如下:

① 初始化,设定最大进化代数 T、群体的个体数 M。

② 编码,并构成初始群体 $P(t)$,置进化代数计数器 $t=0$。

③ 个体评价,计算群体 $P(t)$ 中各个体的适应度。

④ 遗传运算,将选择算子、交叉算子和变异算子依次作用于群体,得到下一代群体 $P(t+1)$。

⑤ 终止判断,若 $t<T$,则转③;否则,将群体 $P(t+1)$ 中具有最大适应度的个体解码后作为最优解输出,终止计算。

遗传算法的运算流程图见图7-1。

例 7-1 用遗传算法求如下函数的全局最大值:

$$\max\ f(\boldsymbol{X})=x_1^2+x_2^2$$

$$\text{s.t. } x_i\in\{0,1,2,\cdots,7\} \quad (i=1,2)$$

解:由于变量的取值上限为7,下限为0,故对 x_1 和 x_2 均采用3位二进制编码。由此

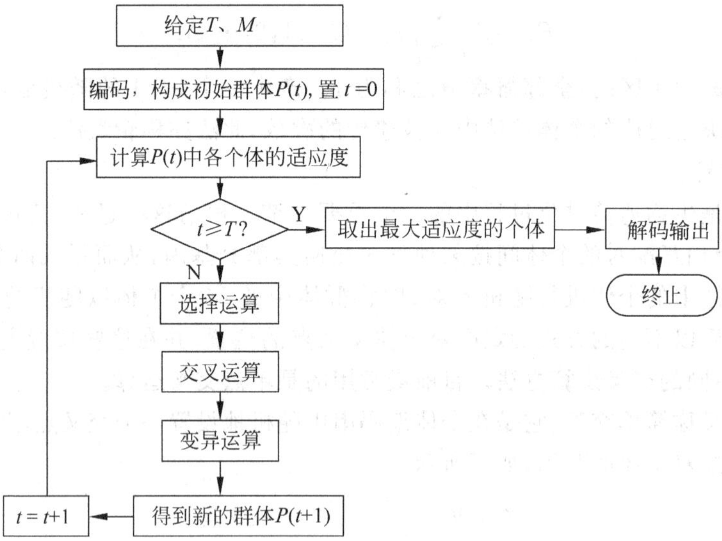

图 7-1 遗传算法的运算流程图

开始的遗传算法求解过程见表 7-1。

表 7-1 遗传算法的求解过程

①	个体编号 i	1	2	3	4
②	初始群体 $P(0)$	011101	101011	011100	111001
③	变量 x_1,x_2	3,5	5,3	3,4	7,1
④	适应度 $f(x_1,x_2)$	34	34	25	50
⑤	$f_i/\sum f_i$	0.24	0.24	0.17	0.35
⑥	选择次数	1	1	0	2
⑦	选择结果	011101	111001	101011	111001
⑧	配对情况	1～2		3～4	
⑨	交叉点	4		5	
⑩	交叉结果	011001	111101	101001	111011
⑪	变异点	4	5	2	6
⑫	变异结果	011101	111111	111001	111010
⑬	子代群体 $P(1)$				
⑭	变量 x_1,x_2	3,5	7,7	7,1	7,2
⑮	适应度 $f(x_1,x_2)$	34	98	50	53
⑯	$f_i/\sum f_i$	0.14	0.42	0.21	0.23

从表 7-1 可以看出，群体经过一代进化后，其适应度的最大值和平均值都得到了明显的改进。实际上，已经找到了最佳的个体“111111”以及对应的最优解 $\boldsymbol{X}=[7,7]^{\mathrm{T}}$，$f(\boldsymbol{X})=98$。

需要说明的是，表中第②，⑦，⑨，⑩，⑫栏的数据应该是随机产生的，这里特意选择了一些较好的数据，以便尽快得到较好的结果。实际运算中，一般需要经过多次进化才能得到这样的最优结果。

遗传算法提供了一种求解复杂问题全局最优解的求解方法，应用范围十分广泛。函数优化是遗传算法的经典应用领域。无论连续函数或离散函数，凸函数或凹函数，确定函数或随机函数，低维函数或高维函数，用遗传算法都能得到满意的结果。特别对一些其他最优化方法难于求解的非线性、离散型、多目标问题，更能显示出遗传算法的独特优势。

除此以外，遗传算法还可用于组合最优化、生产调度、自动控制、图像处理、机器人、人工生命、遗传编程、机器学习等多个领域。

7.2 神经网络算法

人工神经网络的大部分模型是非线性的动态模型。如果将设计问题的目标函数与网络的某种能量函数对应起来，网络状态向能量函数极小值方向移动的过程可视作最优化问题的解题过程。网络的动态稳定点就是问题的全局或局部最优解。这种算法特别适合于离散变量的组合最优化问题和约束最优化问题的求解。神经网络算法也可用于模式识别、信号处理和智能控制等领域。

7.2.1 人工神经元与神经网络模型

人的大脑中有 100 多亿个神经细胞。神经细胞主要由细胞体、树突、轴突和突触组成。树突伸向四方，其作用是收集四周神经细胞的信息。突触是两个神经细胞之间起连接作用的部分。树突将收集到的信息经过细胞体由轴突输出，再由突触传给其他细胞。突触有兴奋性和抑止性两种状态。兴奋性突触在脉冲的刺激下能使下一个神经细胞产生兴奋性膜电位，很多细胞通过各自的突触对某一个神经细胞发生作用，使其膜电位发生变化，当膜电位的累加值超过某一阈值时，就会使该细胞产生一个新的脉冲。一个神经细胞周围有 100～1000 个其他细胞，神经细胞的信息就是这样从一个细胞传递给另外一个细胞，从一个神经网络传到另一个神经网络。

人工神经网络采用物理可实现的硬件系统或软件来模仿人脑神经细胞的结构和功能。人工神经网络的基本要素是人工神经元。

1943 年，美国心理学家 W. McCllochhe 和数学家 W. Pitts 根据生物神经元的基本特性提出 MP 神经元模型，开创了人工神经元研究的新纪元。MP 神经元模型如图 7-2 所示，其中，w_{ji} 表示第 i 个神经元突触对第 j 个神经元突触的作用权值，其符号的正负分别表示产生的作用是兴奋性的或抑止性的，其数值的大小表示突触作用的强弱。

θ_j 表示神经元 j 的阈值（触发值），u_j 代表神经元 j 的总输入，y_j 表示神经元 j 的状态或输出，于是一个神经元在某时刻的状态或输出可用下面的数学表达式加以描述：

$$\left.\begin{aligned} u_j &= \sum_{i=1}^{n} w_{ji} x_i - \theta_j \\ y_j &= f(u_j) \end{aligned}\right\} \tag{7-7}$$

式中，$f(\cdot)$ 称为激活函数。当它取如图 7-3 所示的符号函数

$$y_j = \mathrm{sgn}(u_j) = \begin{cases} 1, & u_j > 0 \\ 0, & u_j \leqslant 0 \end{cases} \tag{7-8}$$

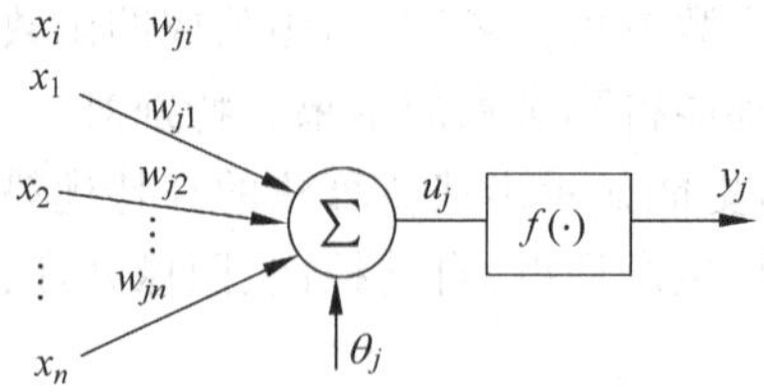

图 7-2　MP 神经元模型　　　　图 7-3　MP 模型的激活函数

时,神经元的状态是总输入 u_j 的双值函数。当 u_j 大于零时,$y_j = 1$,表示神经元被触发产生一个新的脉冲;当 u_j 小于零时,$y_j = 0$,表示神经元未被触发,保持原来的状态不变。这与生物神经细胞对信息的反应和传递是一致的,因此它也成为人工神经元及其所构成的神经网络最基本的数学描述。

除符号函数之外,常用的激活函数还有如图 7-4 所示的线性函数和 S 型函数等。

$$y_j = f(u_j) = \begin{cases} -1, & u_j < -u_a \\ u_j, & -u_a \leqslant u_j \leqslant u_a \\ 1, & u_j \geqslant u_a \end{cases}$$

(a) 线性函数

$$y_j = f(u_j) = \frac{1}{1 + e^{-\lambda u_j}}$$

(b) S 型函数

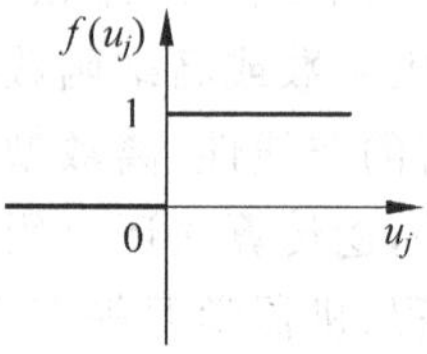

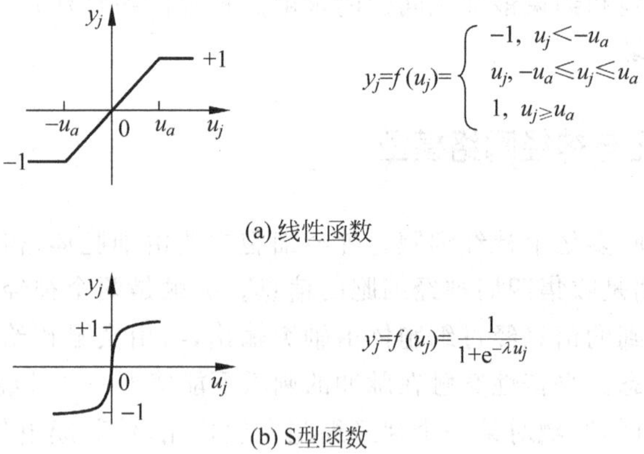

图 7-4　激活函数

人工神经网络是将上述人工神经元以某种方式组合起来的网络结构。人工神经网络通过某种学习(训练)方法或某种模式的演变迭代格式模拟生物体中神经网络的某些结构与功能,用以解决不同的工程实际问题。

目前提出的人工神经网络模型已有 40 多种,按网络结构分为前馈型和反馈型;按网络性能分为连续型、离散型、确定型和随机型;按学习方式分为有导师型和无导师型;按突触连接的性质分为一阶线性型和高阶非线性型等。

前馈型网络是一种单向传播的前向网络,而反馈型网络是一种具有反馈功能的双向传播网络。目前常用的 BP 网络和 RBF 网络属前馈型神经网络,Hopfield 网络属反馈型网络。

7.2.2　BP 网络

BP 网络是一种输入信号前向传播、误差信号反向传播的多层前馈型网络。BP 网络广泛用于函数拟合、信息处理和模式识别(图形、符号、文字及语音等信号的识别和联想记忆)等领域。

(1) BP 网络结构

BP 网络由多个输入节点、多个隐含层和一个输出层组成。每层包含多个神经元(节点)。前后层之间实现全连接,层内各节点之间无连接。当一个学习样本的信息经输入节点提供给网络后,第一隐含层神经元的激活值经后面的隐含层向输出层传播,在输出层的各神经元获得网络的输入响应。接着,按照减少响应值和期望值误差的要求,返回去逐层修正各个连接权值。随着误差逆向传播和修正的不断进行,网络对输入信息响应的准确率不断得到提高。

BP 网络的激活函数必须是连续可微的,隐含层神经元的激活函数一般采用 Sigmoid 型的对数函数或正切函数,输出层神经元通常采用线性激活函数。图 7-5 所示为单隐层 BP 网络的结构。

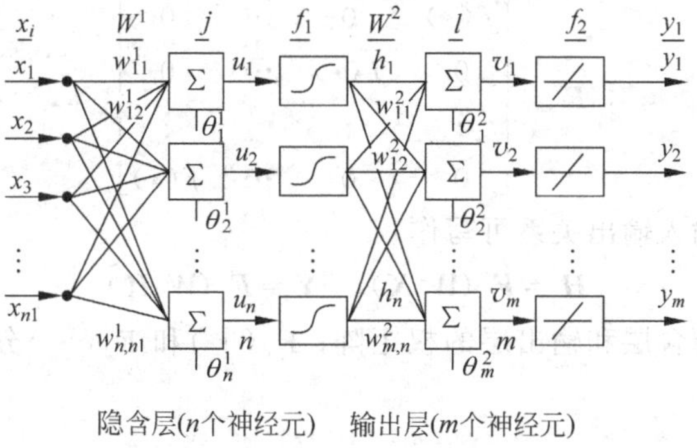

(a) 结构图

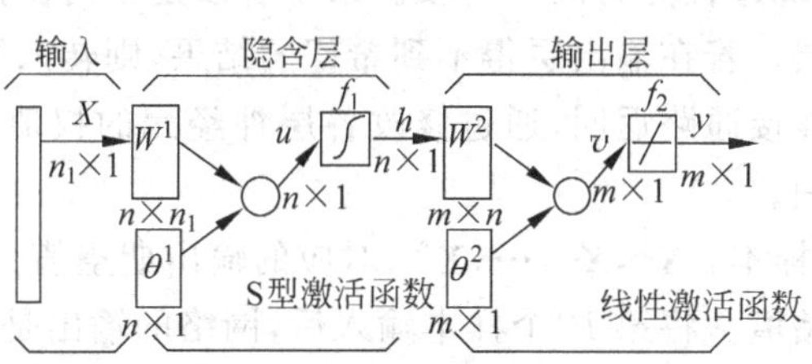

(b) 结构简图

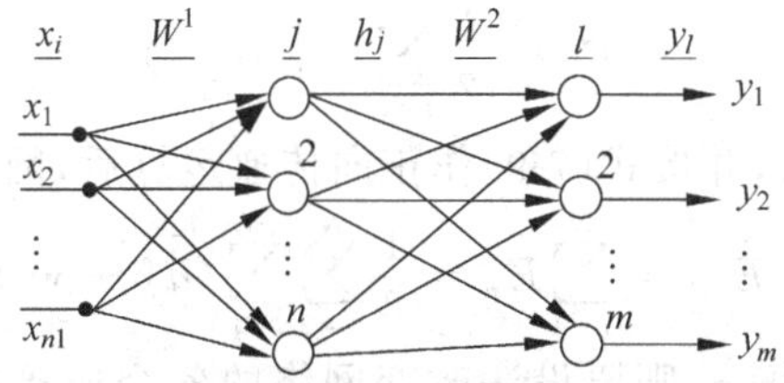

(c) 网络结构示意图

图 7-5 单隐层 BP 网络

网络中隐含层和输出层神经元的输出为

$$
\left.\begin{aligned}
h_j &= f_1\left(\sum_{i=1}^{n1} w_{ji}^1 x_i - \theta_j^1\right) \quad (j=1,2,\cdots,n) \\
y_l &= f_2\left(\sum_{j=1}^{n} w_{lj}^2 h_j - \theta_l^2\right) \quad (l=1,2,\cdots,m)
\end{aligned}\right\} \tag{7-9}
$$

若将神经元的阈值也视为一个连接权值,即令 $\theta_j^1 = w_{j0}^1$,$\theta_l^2 = w_{l0}^2$,$x_0 = h_0 = -1$,则式(7-9)可写成如下形式:

$$\left.\begin{aligned} h_j &= f_1(u_j) = f_1\left(\sum_{i=0}^{n1} w_{ji}^1 x_i\right) \quad (j=1,2,\cdots,n) \\ y_l &= f_2(v_l) = f_2\left(\sum_{j=0}^{n} w_{lj}^2 h_j\right) \quad (l=1,2,\cdots,m) \end{aligned}\right\} \tag{7-10}$$

若将网络的输入和各层状态用向量表示

$$\boldsymbol{X} = [-1 \quad x_1 \quad x_2 \quad \cdots \quad x_{n1}]^{\mathrm{T}}$$

$$\boldsymbol{Y} = [y_1 \quad y_2 \quad \cdots \quad y_m]^{\mathrm{T}}$$

$$\boldsymbol{H} = [-1 \quad h_1 \quad h_2 \quad \cdots \quad h_n]^{\mathrm{T}}$$

将各神经元的激活函数用矩阵表示

$$\boldsymbol{F} = \begin{bmatrix} f(\cdot) & 0 & \cdots & 0 \\ 0 & f(\cdot) & \cdots & 0 \\ \vdots & \vdots & & \vdots \\ 0 & 0 & \cdots & f(\cdot) \end{bmatrix}$$

则单隐层 BP 网络的输入输出关系可写作

$$\boldsymbol{H} = \boldsymbol{F}_1(\boldsymbol{W}^1\boldsymbol{X}), \quad \boldsymbol{Y} = \boldsymbol{F}_2(\boldsymbol{W}^2\boldsymbol{H}) \tag{7-11}$$

式中,$\boldsymbol{W}^1$,$\boldsymbol{W}^2$ 分别为隐含层和输出层的权矩阵;$\boldsymbol{F}_1(\cdot)$和 $\boldsymbol{F}_2(\cdot)$分别为隐含层和输出层的激活函数矩阵。

(2) BP 学习算法

BP 网络的学习训练过程分为两个阶段。第一阶段是正向传播,输入信息从输入层经隐含层处理后传向输出层。若在输出层得不到希望的结果,则转入第二阶段反向传播,将误差信号沿原来的神经元连接通路返回,通过修改各层神经元的权值,使误差信号不断减小,最后达到误差允许的范围。

设共有 N 个学习样本:$\boldsymbol{X}^1,\boldsymbol{X}^2,\cdots,\boldsymbol{X}^N$,对应的输出期望值为 $d^1,d^2,\cdots,d^N$,给定网络的所有连接权值的初始值。将第 P 个样本输入后,网络的输出是 $y_l^p(l=1,2,\cdots,m)$。与期望值相比输出误差为

$$E_p = \frac{1}{2}\sum_{l=1}^{m}(d_l^p - y_l^p)^2 \tag{7-12}$$

将 N 个样本全部输入,并按式(7-9)作正向传递运算后,网络的总误差为

$$E_{\Sigma} = \sum_{p=1}^{N} E_p = \frac{1}{2}\sum_{p=1}^{N}\sum_{l=1}^{m}(d_l^p - y_l^p)^2 \tag{7-13}$$

若此误差值大于给定的精度 ε,则要设法改变网络的各个连接权值,以使网络误差减小,并最终满足给定的精度要求。

取误差函数的负梯度作为误差函数的调整方向,对于任意权系数 w_{uv},权值的调整量和新的权值分别为

$$\Delta w_{uv} = -\eta\frac{\partial E_{\Sigma}}{\partial w_{uv}} = -\sum_{p=1}^{N}\eta\frac{\partial E_p}{\partial w_{uv}} \tag{7-14}$$

$$\begin{aligned} w_{uv}(n+1) &= w_{uv}(n) + \Delta w_{uv}(n) \\ &= w_{uv}(n) - \sum_{p=1}^{N}\eta\frac{\partial E_p}{\partial w_{uv}} \end{aligned} \tag{7-15}$$

式中，n 为修正或调整的次数；η 为学习速率。这就是 BP 网络学习训练的基本原理，对应的算法称 BP 算法。

(3) BP 算法的计算公式

对输出层的权值 w_{lj}^2，误差函数的调整量根据式(7-14)和式(7-10)可写作

$$\Delta w_{lj}^2=-\eta\sum_{p=1}^{N}\frac{\partial E_p}{\partial w_{lj}^2}=-\eta\sum_{p=1}^{N}\frac{\partial E_p}{\partial y_l^p}\cdot\frac{\partial y_l^p}{\partial v_l^p}\cdot\frac{\partial v_l^p}{\partial w_{lj}^2}$$
$$=\eta\sum_{p=1}^{N}(d_l^p-y_l^p)f'_2(v_l^p)h_j^p \tag{7-16}$$

令

$$\delta_{2l}^p=(d_l^p-y_l^p)f'_2(v_l^p) \tag{7-17}$$

有

$$\Delta w_{lj}^2=\eta\sum_{p=1}^{N}\delta_{2l}^p h_j^p$$

和权值的修正算式

$$w_{lj}^2(n+1)=w_{lj}^2(n)+\eta\sum_{p=1}^{N}\delta_{2l}^p h_j^p\quad(j=0,1,\cdots,n;\ l=1,2,\cdots,m) \tag{7-18}$$

式中，δ_{2l}^p 为等效误差；$d_l^p-y_l^p$ 为实际误差，通常取学习速率 $\eta=0.01\sim1.0$。

同理，对于隐含层权值 w_{ji}^1 有

$$\Delta w_{ji}^1=-\eta\sum_{p=1}^{N}\frac{\partial E_p}{\partial w_{ji}^1}=-\eta\sum_{p=1}^{N}\frac{\partial E_p}{\partial y_l^p}\cdot\frac{\partial y_l^p}{\partial v_l^p}\cdot\frac{\partial v_l^p}{\partial h_j^p}\cdot\frac{\partial h_j^p}{\partial u_j^p}\cdot\frac{\partial u_j^p}{\partial w_{ji}^1}$$
$$=\eta\sum_{p=1}^{N}\sum_{l=1}^{m}(d_l^p-y_l^p)f'_2(v_l^p)w_{lj}^2 f'_1(u_j^p)x_i^p$$

令等效误差

$$\delta_{1j}^p=f'_1(u_j^p)\sum_{l=1}^{m}\delta_{2l}^p w_{lj}^2 \tag{7-19}$$

隐含层的权值调整量和权值的修正算式分别为

$$\Delta w_{ji}^l=-\eta\sum_{p=1}^{N}\delta_{1j}^p x_i^p$$

$$w_{ji}^1(n+1)=w_{ji}^1(n)+\eta\sum_{p=1}^{N}\delta_{1j}^p x_i^p\quad(i=0,1,\cdots,n;\ j=1,2,\cdots,n) \tag{7-20}$$

多个隐含层 BP 网络中，其他隐含层的权值调整量和修正算式可以按同样的方法推出。

综上所述，BP 算法的执行步骤如下：

① 给定初始权值 $w^1(0)$、$w^2(0)$ 和阈值 $\theta^1(0)$、$\theta^2(0)$ 为小的随机数矩阵和向量，给定计算精度 ε。

② 输入训练样本 $\boldsymbol{X}^p$ 和期望输出 $d^p(p=1,2,\cdots,N)$。

③ 对各个样本，按式(7-9)或式(7-10)计算网络隐含层的状态和输出层的输出。

④ 精度判断：若有

$$|d_l^p-y_l^p|\leqslant\varepsilon\quad(p=1,2,\cdots,n;\ l=1,2,\cdots,m)$$

成立，则网络的学习完成。否则转⑤。

⑤ 按式(7-17)和式(7-19)计算输出层和隐含层的等效误差，并按式(7-18)和式(7-20)对所有权值进行修正后转③。

综上所述，BP算法是以梯度法寻求误差函数极小化的迭代算法。训练的依据是提前给定的某一过程的若干组数据构成的试验样本(x,d)，训练的结果是一组符合该过程运行规律的网络权值W和阈值θ。有了这一组权值和阈值，就可以方便地模拟和仿真该过程，得到任意一组给定数据所对应的预测结果。

例7-2 用BP网络进行室内温度预测。

解：首先考察影响室内温度变化的主要因素，以确定所要建立的BP网络的输入参数。

根据传热学原理。墙体与房间的传热过程主要包括：由室内外温差引起的墙壁热传导Q_a；由太阳辐射引起的热传导Q_b；由室内人体、照明及其他发热设备散发的热量Q_c；由空调输入的热量Q_d等。

其中，Q_a与传热系数、传热面积、室内外温差有关。

Q_b与节气、气候、建筑物的朝向、日期及时间等有关。

Q_c由辐射和对流组成，其中人体的散热与性别、年龄、体重及人数有关；设备的散热与使用方式、时间、设备的功率和数量等有关。

Q_d与空调带入的热量和风量以及室内外空气的焓值有关，空气的焓值与地区有关。

考虑到建筑物的蓄热效应，辐射热对室内温度的影响存在时间滞后，因此还需要有关因素的过去状态。试验表明，室外温度的变化需要考虑前两个小时的状态，太阳辐射需要考虑前1小时的情况。

综上所述，影响室内温度的因素可归纳为以下12个主要参数：某一时刻的室外温度$t(k),k=0,1,\cdots$；前2小时的室外温度$t(k-1),t(k-2)$；人员密度P_p；灯具功率密度L_p；设备功率密度E_p；新风标准N_b；传热系数k_f；窗地比c_p；墙地比w_p；室内容积V；室内初始温度t_0。这些参数构成了网络的12类输入数据。网络的输出数据只有一个，即某时刻的室内预测温度。

取单隐层BP网络模拟室内温度的变化，隐层节点数15，输出层节点1，由此建立的BP网络结构如图7-6所示。

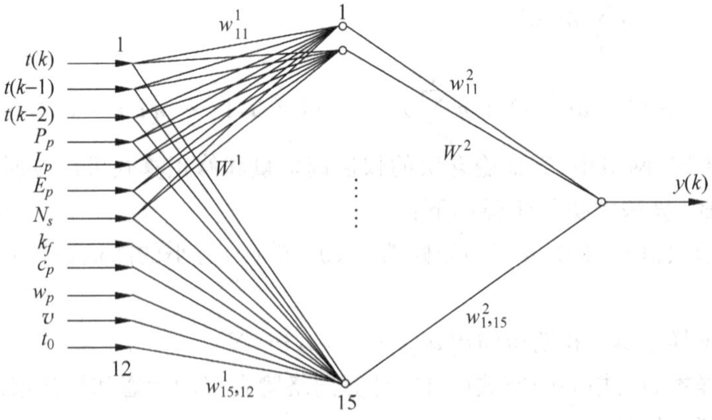

图7-6 例7-2的网络结构

7.2.3 径向基(RBF)网络

径向基(RBF)网络与BP网络相似，是一种单隐层前馈型网络，输出层神经元采用线性激活函数，但隐含层神经元采用另外一种非线性的激活函数，即高斯函数，亦称径向基函数

$$y=G(x,b)=\exp\left[-\frac{(x-b)^2}{2\sigma^2}\right] \tag{7-21}$$

如图7-7所示。其中，b为高斯函数的中心，σ为函数的方差。

RBF神经元模型如图7-8所示。

RBF网络中隐含层神经元的输入和输出的关系是

$$h_j(\boldsymbol{X})=\sum_{i=1}^{n}w_{ji}G(\boldsymbol{X},\boldsymbol{X}_c)\quad(j=1,2,\cdots,n)$$

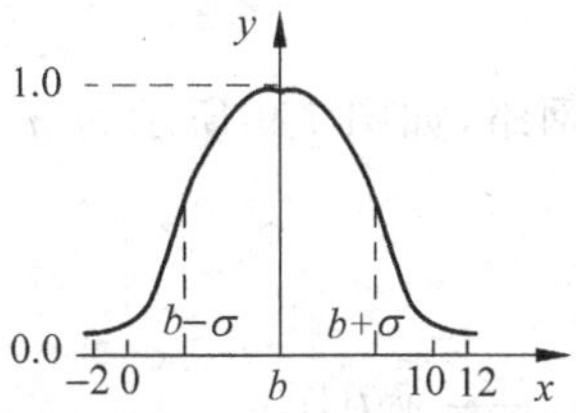

图7-7 径向基函数

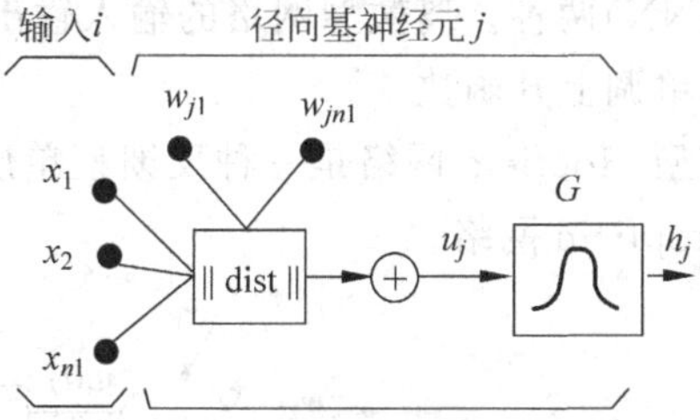

图7-8 径向基神经元

用高斯函数作为激活函数，并输入样本$\boldsymbol{X}^p$时，隐含层第j个神经元的输出是

$$\begin{aligned}h_j(\boldsymbol{X}^p)&=\sum_{i=1}^{n1}w_{ji}^1G(\boldsymbol{X}^p,\boldsymbol{X}_c^p)\\&=\sum_{i=1}^{n1}w_{ji}^1\exp\left(-\frac{1}{2\sigma_p^2}\|\boldsymbol{X}^p-\boldsymbol{X}_c^p\|^2\right)\\&=\sum_{i=1}^{n1}w_{ji}^1\exp\left(-\frac{1}{2\sigma_p^2}\|\mathrm{dist}\|^2\right)\quad(j=1,2,\cdots,n)\end{aligned}$$

$$\|\mathrm{dist}\|=\|\boldsymbol{X}^p-\boldsymbol{X}_c^p\|=\sqrt{\sum_{i=1}^{n1}(x_i^p-x_{ci}^p)^2}$$

式中，$\boldsymbol{X}_c^p$代表函数的中心点，$\|\mathrm{dist}\|$代表点$\boldsymbol{X}^p$到中心点$\boldsymbol{X}_c^p$的距离。于是有

$$\begin{aligned}h_j(\boldsymbol{X}^p)&=\sum_{i=1}^{n1}w_{ji}^1\exp\left(-\frac{1}{2\sigma_p^2}\|\mathrm{dist}\|^2\right)\\&=\sum_{i=1}^{n1}w_{ji}^1\exp\left(-\frac{1}{2\sigma_p^2}\sum_{i=1}^{n1}(x_i^p-x_{ci}^p)^2\right)\quad(j=1,2,\cdots,n)\end{aligned} \tag{7-22}$$

由于输出层的激活函数为纯线性函数，故输出层神经元的输出等于各隐含层神经元输出的加权和，即

$$y_l(\boldsymbol{X}^p)=\sum_{j=0}^{n}w_{lj}^2h_j(\boldsymbol{X}^p)\quad(l=1,2,\cdots,m) \tag{7-23}$$

式中，$w_{l0}^2=\theta_0^2$，$h_0(\boldsymbol{X}^p)=-1$。

RBF 网络需要学习确定的参数有 3 种：基函数中心 $\boldsymbol{X}_c$、方差 σ、权值 w^1 和 w^2。根据基函数中心的不同选取方式，有 4 种不同的网络训练方法，即随机选取法、自组织选取法、监督选取法和最小二乘法。具体的训练方法可参考有关文献。

RBF 网络是一个通用的逼近器，只要有足够的隐层神经元，就可以逼近任意非线性多元函数。

RBF 网络结构简单，训练简洁而且收敛速度快，能够逼近任意函数，因此应用比较广泛，如模式识别、图像处理和非线性控制等。

7.2.4 Hopfield 网络

Hopfield 人工神经网络是一种单层对称全反馈式网络，于 1982 年由美国物理学家 J. J. Hopfield 教授提出。Hopfield 网络根据激活函数的不同分离散型网络(DHNN)和连续型网络(CHNN)两种。离散型网络的输入输出为 0 或 1，连续型网络的输入/输出的关系为连续可微的单调上升函数。

离散型 Hopfield 网络是一种反馈型单层二值神经元网络，如图 7-9 所示为 n 个神经元组成的 Hopfield 网络。

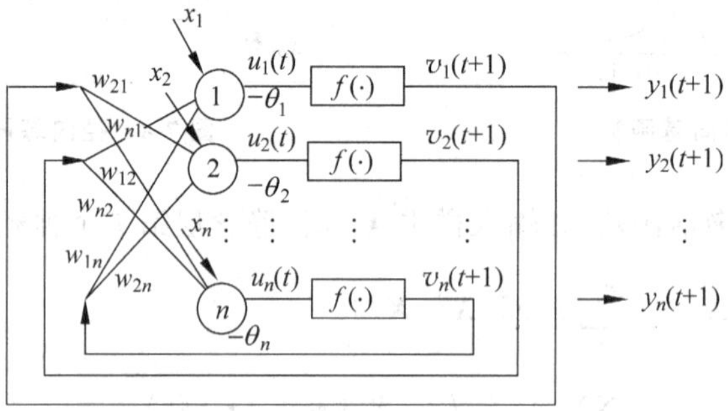

图 7-9 Hopfield 网络

其中，$x_1, x_2, \cdots, x_n$ 为网络输入，用向量 $\boldsymbol{X}$ 表示；

$y_1(t), y_2(t), \cdots, y_n(t)$ 为各神经元的输出，用向量 $\boldsymbol{Y}$ 表示；

$u_1(t), u_2(t), \cdots, u_n(t)$ 为各神经元在 t 时刻的总输入，用向量 $\boldsymbol{U}(t)$ 表示；

$v_1(t), v_2(t), \cdots, v_n(t)$ 为各神经元在 t 时刻的状态，用向量 $\boldsymbol{V}(t)$ 表示；

$\theta_1, \theta_2, \cdots, \theta_n$ 为各神经元的阈值，用向量 $\boldsymbol{\theta}$ 表示；

w_{ji} 表示从第 i 输入节点到第 j 个神经元间的连接权值，并有 $w_{ji} = w_{ij}$。

在离散型网络中，每个神经元节点的输出为 0 或 1。类似于 MP 神经元，可表示为

$$v_j(t+1) = \begin{cases} 1, & \sum_{i=1}^{n} w_{ji} v_i(t) - \theta_j > 0 \\ 0, & \sum_{i=1}^{n} w_{ji} v_i(t) - \theta_j \leqslant 0 \end{cases} \quad (j = 1, 2, \cdots, n) \tag{7-24}$$

因 $w_{ij} = w_{ji}$，若进一步取 $w_{ii} = 0$，则这时的权矩阵 $\boldsymbol{W}$ 就是一个主对角线元素全部为 0 的对称矩阵。对应的网络是一种无自反馈的对称型网络，其结构可以用一个加权无向量图

表示，如图 7-10 和图 7-11 所示的三神经元网络。

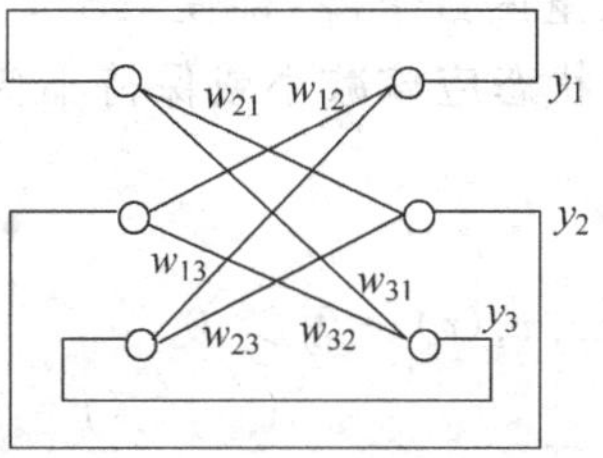

图 7-10 Hopfield 网络的结构简图

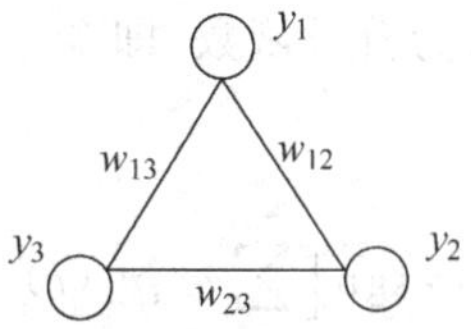

图 7-11 Hopfield 网络的等价结构图

以 $\boldsymbol{X}$ 为外界输入时的网络状态称为网络的初始状态，记作

$$v_i(0)=x_i \quad (i=1,2,\cdots,n)$$

在外界输入的激发下，网络从初始状态进入动态演变过程，网络中每个神经元的状态不断变化，其变化或运行的规律为

$$u_j(t)=\sum_{i=1}^{n} w_{ji}v_i(t)-\theta_j$$

$$v_j(t+1)=f[u_j(t)]=\mathrm{sgn}[u_j(t)] \quad (j=1,2,\cdots,n)$$

式中，sgn[ ] 为符号函数，即

$$v_j(t+1)=\mathrm{sgn}[u_j(t)]=\begin{cases}1, & u_j(t)>0\\ 0, & u_j(t)\leqslant 0\end{cases} \quad (j=1,2,\cdots,n) \tag{7-25}$$

网络运行的方式有异步和同步两种：

① 异步(串行)方式。在任意时刻 t，随机的或按某一确定的顺序对网络的某一神经元的状态进行演变更新，其余神经元的状态保持不变，这种运行方式称为异步或串行方式。

② 同步(并行)方式。在任意时刻 t，网络中的部分神经元(如同一层)的状态同时演变更新，或网络中的全部神经元的状态同时进行演变更新，这种运行方式称为同步方式或并行方式。

Hopfield 离散型网络在某一时刻 t 的能量函数定义为

$$E(t)=-\frac{1}{2}\sum_{j=1}^{n}\sum_{i=1,i\neq j}^{n} w_{ji}v_i(t)v_j(t)+\sum_{j=1}^{n}\theta_j v_j(t) \tag{7-26}$$

可以证明，如果网络的权值矩阵是对称的且无自反馈，即有 $w_{ij}=w_{ji}$ 和 $w_{ii}=0(i,j=1,2,\cdots,n)$，当网络状态按异步(串行)方式更新时网络是稳定的，必定会收敛于一个稳定状态。也就是说，在网络的循环演变过程中，能量函数是单调下降的。当网络最终趋于稳定状态时，能量函数达到最小值。这就是 Hopfield 网络可以用来求解最优化问题的依据。

在上述网络演变中，能量函数的变化可表示为

$$\frac{\Delta E(t)}{\Delta v_j(t)}=-\left[\sum_{i=1}^{n} w_{ji}v_i(t)-\theta_j\right]$$

或

$$\Delta E(t)=-\left[\sum_{j=1}^{n} w_{ji}v_i(t)-\theta_j\right]\Delta v_j(t)$$

式中，$\Delta E(t)$为 t 时刻网络能量的增量，$\Delta v_i(t)$为 t 时刻神经元 j 的状态增量，$\sum_{i=1}^{n} w_{ji}v_i(t)$

为 t 时刻神经元 j 的总输入,θ_j 为神经元 j 的阈值。

由上式不难理解,当总输入大于阈值时,为使能量函数下降,即使 $\Delta E<0$,神经元的状态应该增加。反之,当总输入小于阈值时,神经元的状态应该减小或保持不变。也就是说,若取激活函数为符号函数,即令

$$v_j(t+1)=\operatorname{sgn}\left[\sum_{i=1}^{n}w_{ji}v_i(t)-\theta_j\right]=\begin{cases}1, & \sum_{i=1}^{n}w_{ji}v_i(t)-\theta_j>0\\ 0, & \sum_{i=1}^{n}w_{ji}v_i(t)-\theta_j\leqslant 0\end{cases}\quad(j=1,2,\cdots,n)$$

可保证网络在演变过程中,能量函数始终单调下降,最后达到极小值。

可见,如果能使最优化问题的目标函数与人工神经网络的能量函数相对应,则通过上面的网络演变可以得到最优化问题的最优解。

连续型 Hopfield 网络的结构与离散型相同,状态方程也相同,不同的是激活函数为连续可微、单调上升的 S 型函数,即

$$\left.\begin{aligned}u_j&=\sum_{i=1}^{n}w_{ji}x_i-\theta_j\\ v_j&=f(u_j)=1/(1+\mathrm{e}^{-\lambda u_j})\quad(j=1,2,\cdots,n)\end{aligned}\right\}\tag{7-27}$$

利用 Hopfield 网络求解最优化问题的基本步骤可概括如下:

① 选择一个合适的问题表达方式,使神经元的输出与最优化问题的解彼此对应。

② 构造计算能量函数,使其最小值对应问题的最优值。

③ 由计算能量函数和解的表达形式推出对应的连接权矩阵和阈值向量。

④ 构造相应的神经网络。

⑤ 进行网络的演变运算,直到网络达到稳定状态,得到最优解为止。

在用 Hopfield 网络求解最优化问题时,关键在于针对不同的问题构造相应的能量函数和网络结构。为此首先需要把目标函数和约束条件与网络的能量函数联系起来,即令网络的能量函数等于最优化问题的目标函数或惩罚函数:

$$f(\boldsymbol{X})=E=-\frac{1}{2}\sum_{j=1}^{n}\sum_{\substack{i=1\\ i\neq j}}^{n}w_{ji}x_ix_j+\sum_{j=1}^{n}\theta_jx_j\tag{7-28}$$

或

$$\phi(\boldsymbol{X})=E=-\frac{1}{2}\sum_{j=1}^{n}\sum_{\substack{i=1\\ i\neq j}}^{n}w_{ji}x_ix_j+\sum_{j=1}^{n}\theta_jx_j\tag{7-29}$$

从而确定网络的结构和结构参数(权值 w_{ji} 和阈值 θ_j)。然后按异步(串行)方式,不断对网络进行更新,当网络达到稳定状态时,便可得到最优化问题的最优解。

对于无约束的二次函数最优化问题

$$\min f(\boldsymbol{X})=-\frac{1}{2}\boldsymbol{X}^{\mathrm{T}}\boldsymbol{H}\boldsymbol{X}+\boldsymbol{X}^{\mathrm{T}}\boldsymbol{B}\tag{7-30}$$

显然,若将二阶导数矩阵 $\boldsymbol{H}$ 当作权矩阵 $\boldsymbol{W}$,将梯度 $\boldsymbol{B}$ 当作阈值向量 $\boldsymbol{\theta}$,则有

$$E(\boldsymbol{X})=f(\boldsymbol{X})=-\frac{1}{2}\boldsymbol{X}^{\mathrm{T}}\boldsymbol{W}\boldsymbol{X}+\boldsymbol{X}^{\mathrm{T}}\boldsymbol{\theta}\tag{7-31}$$

也就是说，此时对应 Hopfield 网络的能量函数就是目标函数本身。

对于线性规划问题

$$\min f(\boldsymbol{X})=\boldsymbol{C}^{\mathrm{T}}\boldsymbol{X}$$
$$\text{s.t. } \boldsymbol{AX}-\boldsymbol{B}=\boldsymbol{0}$$
$$x_1,x_2,\cdots,x_3\geqslant 0$$

建立相应的外点惩罚函数

$$\phi(\boldsymbol{X},r)=\boldsymbol{C}^{\mathrm{T}}\boldsymbol{X}+r[\boldsymbol{AX}-\boldsymbol{B}]^{\mathrm{T}}[\boldsymbol{AX}-\boldsymbol{B}]$$

若取

$$\boldsymbol{W}=-2r\boldsymbol{A}^{\mathrm{T}}\boldsymbol{A}$$
$$\boldsymbol{\theta}=-\boldsymbol{C}+2r\boldsymbol{A}^{\mathrm{T}}\boldsymbol{B}$$

可以验证，当能量函数取作

$$E(\boldsymbol{X})=-\frac{1}{2}\boldsymbol{X}^{\mathrm{T}}(-2r\boldsymbol{A}^{\mathrm{T}}\boldsymbol{A})\boldsymbol{X}+\boldsymbol{X}^{\mathrm{T}}(\boldsymbol{C}-2r\boldsymbol{A}^{\mathrm{T}}\boldsymbol{B}) \tag{7-32}$$

时，惩罚函数 $\phi(\boldsymbol{X},r)$与能量函数 $E(\boldsymbol{X})$的值仅相差一个常数 $\boldsymbol{B}^{\mathrm{T}}\boldsymbol{B}$，即

$$E(\boldsymbol{X})=\phi(\boldsymbol{X},r)+c$$

式中，c 为一常数。可见以能量函数式(7-32)建立神经网络并运算求解，当能量函数达到极小时惩罚函数也达到极小，对应的解就是线性规划问题的最优解。

当网络的能量函数确定以后，变量 $\boldsymbol{X}$ 还需用神经元的状态向量 $\boldsymbol{V}$ 表示，设它们之间的转换矩阵为 $\boldsymbol{T}$，即

$$\boldsymbol{X}=\boldsymbol{T}^{\mathrm{T}}\boldsymbol{V}$$

将上式代入式(7-30)后得

$$E(\boldsymbol{V})=-\frac{1}{2}\boldsymbol{V}^{\mathrm{T}}\boldsymbol{THT}^{\mathrm{T}}\boldsymbol{V}+\boldsymbol{V}^{\mathrm{T}}\boldsymbol{TB}$$

令

$$\boldsymbol{W}=\boldsymbol{THT}^{\mathrm{T}},\quad \boldsymbol{\theta}=\boldsymbol{TB}$$

则有

$$E(\boldsymbol{V})=-\frac{1}{2}\boldsymbol{V}^{\mathrm{T}}\boldsymbol{WV}+\boldsymbol{V}^{\mathrm{T}}\boldsymbol{\theta} \tag{7-33}$$

这就是用神经网络算法求解二次函数最优化问题时的能量函数。

对应的神经元状态演变关系为

$$\left.\begin{aligned}\boldsymbol{U}(t)&=\boldsymbol{WV}(t)-\boldsymbol{\theta}\\ \boldsymbol{V}(t+1)&=\operatorname{sgn}(\boldsymbol{U}(t))\end{aligned}\right\} \tag{7-34}$$

或

$$v_j(t+1)=\operatorname{sgn}\left[\sum_{\substack{i=1\\ j\neq i}}^{n}w_{ji}v_i(t)-\theta_j\right]\quad(j=1,2,\cdots,n) \tag{7-35}$$

例 7-3 求解如下无约束最优化问题：

$$\min f(\boldsymbol{X})=-x_1x_2-2x_1x_3+3x_2x_3-5x_1+3x_3$$

解：首先将目标函数代入式(7-28)，比较可知对应的神经网络为三节点 Hopfield 网络，

网络参数如下：

$$w_{12}=w_{21}=1,\quad w_{13}=w_{31}=2,\quad w_{23}=w_{32}=-3,\quad w_{11}=w_{22}=w_{33}=0$$

$$\theta_1=-5,\quad \theta_2=0,\quad \theta_3=3$$

即

$$\boldsymbol{W}=\begin{bmatrix}0 & 1 & 2\\ 1 & 0 & -3\\ 2 & -3 & 0\end{bmatrix},\quad \boldsymbol{\theta}=\begin{bmatrix}-5\\ 0\\ 3\end{bmatrix}$$

按式

$$\boldsymbol{U}(t)=\boldsymbol{W}\boldsymbol{V}(t)-\boldsymbol{\theta}$$

和

$$\boldsymbol{V}(t+1)=\operatorname{sgn}(\boldsymbol{U}(t))$$

对网络进行更新，取 $\boldsymbol{V}(0)=\boldsymbol{X}^0=[0\quad 1\quad 1]^{\mathrm{T}}$。

因

$$\boldsymbol{U}(0)=\begin{bmatrix}0 & 1 & 2\\ 1 & 0 & -3\\ 2 & -3 & 0\end{bmatrix}\begin{bmatrix}0\\ 1\\ 1\end{bmatrix}-\begin{bmatrix}-5\\ 0\\ 3\end{bmatrix}=\begin{bmatrix}8\\ -3\\ -6\end{bmatrix}$$

有

$$\boldsymbol{V}(1)=\operatorname{sgn}[\boldsymbol{U}(0)]=\begin{bmatrix}1\\ 0\\ 0\end{bmatrix}$$

同理有

$$\boldsymbol{U}(1)=[5\quad 1\quad -1]^{\mathrm{T}},\quad \boldsymbol{V}(2)=[1\quad 1\quad 0]^{\mathrm{T}}$$

$$\boldsymbol{U}(2)=[6\quad 1\quad -4]^{\mathrm{T}},\quad \boldsymbol{V}(3)=[1\quad 1\quad 0]^{\mathrm{T}}$$

可见，网络到此已达到稳定状态，故所求无约束问题的最优解是

$$\boldsymbol{X}^*=[1\quad 1\quad 0],\quad f(\boldsymbol{X}^*)=-6$$

例 7-4 求解如下无约束最优化问题：

$$\min f(\boldsymbol{X})=x_1^2+2x_2^2-2x_1x_2-2x_1$$

给定初始点 $\boldsymbol{X}=[0,3]^{\mathrm{T}}$。

解：① 采用离散型 Hopfield 网络，将变量用两位二进制数表示，即令

$$\boldsymbol{X}=\boldsymbol{T}^{\mathrm{T}}\boldsymbol{V},\quad \boldsymbol{T}=\begin{bmatrix}2 & 0\\ 1 & 0\\ 0 & 2\\ 0 & 1\end{bmatrix}$$

$$\boldsymbol{X}=\begin{bmatrix}2 & 1 & 0 & 0\\ 0 & 0 & 2 & 1\end{bmatrix}\begin{bmatrix}0\\ 0\\ 1\\ 1\end{bmatrix}=\begin{bmatrix}0\\ 3\end{bmatrix},\quad \boldsymbol{V}(0)=\begin{bmatrix}0\\ 0\\ 1\\ 1\end{bmatrix}$$

② 取目标函数为计算能量函数，即

$$E=x_1^2+2x_2^2-2x_1x_2-2x_1$$

$$=-\frac{1}{2}[x_1,x_2]\begin{bmatrix}-2 & 2\\ 2 & -4\end{bmatrix}\begin{bmatrix}x_1\\ x_2\end{bmatrix}+[-2\quad 0]\begin{bmatrix}x_1\\ x_2\end{bmatrix}$$

$$=-\frac{1}{2}\boldsymbol{X}^{\mathrm{T}}(-\boldsymbol{H})\boldsymbol{X}+\boldsymbol{B}^{\mathrm{T}}\boldsymbol{X}$$

③ 将上面用二进制数表示的 $\boldsymbol{X}$ 和 $\boldsymbol{X}^{\mathrm{T}}$ 代入上式

$$\boldsymbol{W}=\boldsymbol{T}(-\boldsymbol{H})\boldsymbol{T}^{\mathrm{T}}=\begin{bmatrix}2 & 0\\ 1 & 0\\ 0 & 2\\ 0 & 1\end{bmatrix}\begin{bmatrix}-2 & 2\\ 2 & -4\end{bmatrix}\begin{bmatrix}2 & 1 & 0 & 0\\ 0 & 0 & 2 & 1\end{bmatrix}=\begin{bmatrix}-8 & -4 & 8 & 4\\ -4 & -2 & 4 & 2\\ 8 & 4 & -12 & -8\\ 4 & 2 & -8 & -4\end{bmatrix}$$

由于 Hopfield 网络中存在关系 $w_{ii}=0$，故权矩阵和阈值向量分别是

$$\boldsymbol{W}=\begin{bmatrix}0 & -4 & 8 & 4\\ -4 & 0 & 4 & 2\\ 8 & 4 & 0 & -8\\ 4 & 2 & -8 & 0\end{bmatrix},\quad \boldsymbol{\theta}=\boldsymbol{TB}=\begin{bmatrix}2 & 0\\ 1 & 0\\ 0 & 2\\ 0 & 1\end{bmatrix}\begin{bmatrix}-2\\ 0\end{bmatrix}=\begin{bmatrix}-4\\ -2\\ 0\\ 0\end{bmatrix}$$

④ 对应的网络见图 7-12，其中 $n=4$，即有 4 个神经元。

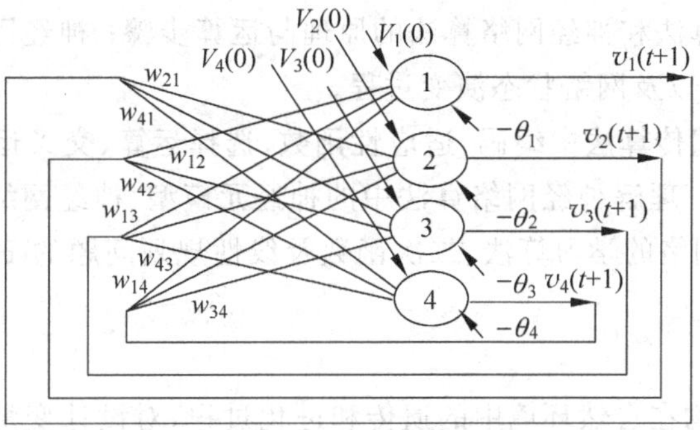

图 7-12 例 7-4 的网络结构图

⑤ 演变求解

采用串行运行方式，初始点 $\boldsymbol{X}^0=[0,3]^{\mathrm{T}}$ 对应的网络初始状态是

$$\boldsymbol{V}(0)=[0\quad 0\quad 1\quad 1]^{\mathrm{T}},\quad f=18$$

$$\boldsymbol{U}(0)=\boldsymbol{WV}(0)-\boldsymbol{\theta}=\begin{bmatrix}0 & -4 & 8 & 4\\ -4 & 0 & 4 & 2\\ 8 & 4 & 0 & -8\\ 4 & 2 & -8 & 0\end{bmatrix}\begin{bmatrix}0\\ 0\\ 1\\ 1\end{bmatrix}-\begin{bmatrix}-4\\ -2\\ 0\\ 0\end{bmatrix}=\begin{bmatrix}16\\ 8\\ -8\\ -8\end{bmatrix}$$

分别单独改变第 1～4 个神经元的状态，得如下状态向量 $\boldsymbol{V}(1)$ 及其对应的能量函数的值 f

$$[1\quad 0\quad 1\quad 1]^{\mathrm{T}},\quad f=6$$

$$[0\quad 1\quad 1\quad 1]^{\mathrm{T}},\quad f=11$$

$$[0\quad 0\quad 0\quad 1]^{\mathrm{T}},\quad f=0$$

$$[0\quad 0\quad 1\quad 0]^{\mathrm{T}},\quad f=0$$

可见，能量函数的值都小于前一个状态 $\boldsymbol{V}(0)$，任取其中一个作为下一个状态向量，如取

$$\boldsymbol{V}(1)=[0 \quad 1 \quad 1 \quad 1]^{\mathrm{T}}, \quad f=11$$

同理有

$$\boldsymbol{U}(1)=\boldsymbol{W}\boldsymbol{V}(1)-\boldsymbol{\theta}=[12 \quad 8 \quad -4 \quad -6]^{\mathrm{T}}$$
$$\boldsymbol{V}(2)=[0 \quad 1 \quad 1 \quad 0]^{\mathrm{T}}, \quad f=3$$
$$\boldsymbol{U}(3)=\boldsymbol{W}\boldsymbol{V}(2)-\boldsymbol{\theta}=[8 \quad 6 \quad 4 \quad -6]^{\mathrm{T}}$$
$$\boldsymbol{V}(4)=[1 \quad 1 \quad 1 \quad 0]^{\mathrm{T}}, \quad f=-1$$
$$\boldsymbol{U}(4)=[8 \quad 2 \quad 12 \quad -2]^{\mathrm{T}}$$

到此为止,网络中 4 个神经元的状态不再发生变化,说明网络已达到稳定状态,网络的输出就是原问题的最优解,即

$$\boldsymbol{X}^{*}=[x_1, x_2]^{\mathrm{T}}=[3 \quad 2]^{\mathrm{T}}, \quad f^{*}=-5$$

神经网络算法的稳定点一般只是对应最优化问题的局部最优点,上述问题的解就只是该问题的一个整数局部最优解。它的全局最优解是 $\boldsymbol{X}^{*}=[4, 2]^{\mathrm{T}}, f^{*}=-8$。这需要将变量用 3 位二进制表示,建立相应的网络并进行同样的演变得到。

本章重点:遗传算法和神经网络算法的原理与运算步骤;神经网络算法中神经网络的构成、能量函数的建立以及网络状态演变过程。

基本要求:理解遗传算法中编码、适应性函数、选择运算、交叉运算和变异运算等基本概念和基本操作过程;理解神经网络算法中的神经元模型、神经网络模型的构成及其状态演变过程。掌握 BP 网络的学习算法、二次函数及线性规划问题的 Hopfield 神经网络最优化算法。

内容提要:

遗传算法模拟生物在自然环境中的遗传和进化过程,对设计变量经编码形成的基因种群反复进行选择、交叉和变异运算,按适应度函数(目标函数)值的大小实行优胜劣汰的演变,最后保留适应度最大,即目标函数最大的个体作为最优化问题的最优解。

神经网络算法模拟人脑神经细胞的结构和功能,建立与实际问题相应的网络模型,并按一定的网络运算规则不断修正网络参数,最终得到设计问题的解。

常用的神经网络算法有 BP 网络算法和 Hopfield 网络算法。BP 网络是一种多层前馈型网络,网络的运行采用输入信号正向传播,误差信号反向传播的学习算法。根据问题的变量和要求建立相应的网络模型,输入已知的学习样本和期望输出,计算网络运算得到的实际输出和期望输出间的误差。按照梯度算法返回去修正各层的网络连接权值,以使网络的输出误差逐渐减小,直到达到给定的精度要求,得到最佳的网络参数配置,这一过程称为网络的学习或训练。网络的学习训练完成之后,任意给定一组实际样本数据,通过网络的运算可以方便地得到预测的结果。BP 网络最适合于各种复杂函数、过程及现象的仿真和预测。

Hopfield 网络是一种单层反馈式网络。当网络状态按一定方式更新时,网络必定收敛于一个稳定状态。也就是说,在网络的循环演变过程中,网络的能量函数是单调下降的,当网络最终趋于稳定状态时,能量函数达到最小值。因此 Hopfield 网络可以用来求解最优化问题,求解的关键是找出能够与目标函数或惩罚函数相当的能量函数。

习 题

1. 用遗传算法求解

$$\min f(\boldsymbol{X})=x_1^3+2x_2^2-27x_1-8x_2$$

2. 用神经网络算法求解

(1) $\min f(\boldsymbol{X})=x_1^2+3x_2^2-3x_1x_2-12x_2$

(2) $\min f(\boldsymbol{X})=x_1^2+2x_2^2-2x_1x_2-4x_1$

3. 思考题

(1) 什么是个体、基因、个体基因型和个体表现型？

(2) 什么是选择运算、交叉运算和变异运算？

(3) 什么是适应性？适应性函数应该如何选择？

(4) 遗传算法的计算流程图包括哪几个主要的步骤？

(5) 遗传算法可以求解哪些问题？

(6) 遗传算法的特点是什么？

(7) 人工神经元模型的含义是什么？它与生物的神经细胞有什么相似之处？

(8) BP 网络是一种什么网络结构？各层的激活函数相同吗？

(9) BP 网络的运行模式是什么？网络的权系数是根据什么原理加以修正的？

(10) BP 网络是如何进行学习训练的？训练的结果是什么？

(11) BP 网络可以应用于哪些领域？解决哪些实际的工程问题？

(12) Hopfield 网络是一种什么结构的网络？网络的节点数如何确定？

(13) 离散型 Hopfield 网络的能量函数是什么？

(14) 对于实际的最优化设计问题，如何建立相应的 Hopfield 神经网络模型？如何确定网络的能量函数？

(15) 在什么条件下 Hopfield 网络是稳定的？

(16) 如何利用 Hopfield 网络求解最优化问题？

第 7 章　习题解答

第8章

最优化问题的计算机求解

在建立完成工程设计问题的数学模型，并掌握各类最优化算法的原理和迭代运算过程之后，寻找一种可靠实用的最优化软件包，并利用其中的相关语言和函数编制相应的求解程序，在计算机上运算求解，成为工程最优化设计得以实现的关键。

本章介绍大型工具软件 MATLAB 相关工具箱的使用，并详细介绍几个典型的工程最优化设计问题的求解全过程。

8.1 MATLAB

MATLAB 的名称源自 Matrics Laboratory，是由 MathWorks 公司开发的一种面向科学与工程计算的高级语言和解决各类工程问题的大型软件包。它集科学计算、自动控制、信号处理、神经网络、图像处理等于一体，并以强大的科学计算与完善的可视化功能、演算纸式的编程模式、开放式的扩展型环境，以及 30 多个不同领域和学科的专业工具箱为特征，成为众多学科进行计算机设计与分析、算法研究和应用开发的首选平台。

MATLAB 最初开始于自动控制系统的辅助设计，后来采用了开放型的开发思想，不断吸收各学科领域的实用成果，形成了一套规模大、覆盖面广的专业工具箱，包括信号处理、系统识别、通信仿真、模糊控制、图像处理、神经网络、最优化计算、统计分析等学科内容，被广泛应用于自动控制、机械设计、流体力学和数理统计等工程领域。

工具箱是 MATLAB 函数的综合程序库，不同的工具箱包含大量相关的库函数。进行复杂的运算时，只需调用相关的函数就可完成给定的任务。

8.1.1 MATLAB 最优化工具箱

最优化工具箱(Optimization Toolbox)是 MATLAB 30 多个工具箱之一，主要用于求解各种工程最优化设计问题。它有 11 个专有的最优化函数，常用函数的数学模型和语法见表 8-1。

表 8-1 MATLAB 最优化工具箱的几个常用函数

求解问题	数学模型	函数语法
线性问题	$\min f(x)=\boldsymbol{c}x$ s. t. $\boldsymbol{A}x\leqslant\boldsymbol{b}$ $\boldsymbol{A}_{eq}x=\boldsymbol{b}_{eq}$ $\boldsymbol{l}_{bnd}\leqslant x\leqslant\boldsymbol{u}_{bnd}$	[x,f] = linprog(c, A, b, Aeq, beq, lbnd, ubnd, x0, options)
	$\min f(x)=\boldsymbol{c}x$ s. t. $\boldsymbol{A}_{eq}x=\boldsymbol{b}_{eq}$ $x\geqslant 0$	[x,f]=linprog(fun,Aeq,beq,x0,options)
无约束问题	$\min f(x)$	x=fminsearch(fun,x0,options,p1,p2,…)
边界约束问题	$\min f(x)$ s. t. $a_1\leqslant x\leqslant a_2$	[x,f]=fminbnd(fun,a1,a2,options,p1,p2,…)
一般约束问题	$\min f(x)$ s. t. $\boldsymbol{A}x\leqslant\boldsymbol{b}$, $\boldsymbol{A}_{eq}x=\boldsymbol{b}_{eq}$ $\boldsymbol{c}(u)=g_u(x)$ $\boldsymbol{c}_{eq}(u)=h_v(x)$ $\boldsymbol{l}_{bnd}\leqslant x\leqslant\boldsymbol{u}_{bnd}$	[x,f]=fmincon(fun,x0,A,b,Aeq,beq,lbnd,ubnd,'NonLinConstr',options,p1,p2,…)
多目标问题	$\min\limits_{x}\max\limits_{1\leqslant i\leqslant z} f_i(x)$ s. t. $\boldsymbol{A}x\leqslant\boldsymbol{b}$, $\boldsymbol{A}_{eq}x=\boldsymbol{b}_{eq}$ $\boldsymbol{c}(u)=g_u(x)$ $\boldsymbol{c}_{eq}(u)=h_v(x)$ $\boldsymbol{l}_{bnd}\leqslant x\leqslant\boldsymbol{u}_{bnd}$	[x, f] = fminmax(fun, x0, A, b, Aeq, beq, lbnd, ubnd,'NonLinConstr',options,p1,p2,…)
	$\min \gamma$ s. t. $f_i(x)-w_i\gamma\leqslant(goal)_i$ $\boldsymbol{A}x\leqslant\boldsymbol{b}$, $\boldsymbol{A}_{eq}x=\boldsymbol{b}_{eq}$ $\boldsymbol{c}(u)=g_u(x)$ $\boldsymbol{c}_{eq}(u)=h_v(x)$ $\boldsymbol{l}_{bnd}\leqslant x\leqslant\boldsymbol{u}_{bnd}$	x=fgoalattain(fun,x0,Goal,Weight,A,b,Aeq,beq,lbnd,ubnd,'NonLinConstr',options,p1,p2,…)

注：① MATLAB 语言中，函数的一般形式为：[a,b,c,…]=function(d,e,f,…)。其中，function 是函数名，(a,b,c,…)是输出变量，(d,e,f,…)是输入变量。

② 大写字母代表矩阵，小写字母代表向量和简单变量。

1）线性规划问题求解

求解线性规划问题使用的 MATLAB 函数是 linprog。

其语法格式如下：

```
[x,f]=linprog(c,A,b,Aeq,beq,lbnd,ubnd,x0,options)
```

或

```
[x,f]=linprog(fun,Aeq,beq,x0,options)
```

其中，fun——目标函数的程序名，以在程序名前加符号“@”，或用将程序名放在单引号内的方式表示；

c——目标函数中的系数向量；

A,b——线性不等式约束中的系数矩阵和常数向量;

Aeq,beq——线性等式约束方程中的系数矩阵和常数向量;

lbnd,ubnd——变量的下界向量和上界向量;

x0——变量的初值向量;

options——格式变量。

上述参数和变量均可默认,若从后向前连续默认时,可全部省略;若中间部分默认时,默认变量和参数均以方括号[]代替。

例 8-1 求解例 1-2 的生产计划问题。

解:该问题的数学模型按 MATLAB 的规范形式写作

$$\min \ \boldsymbol{c}x$$
$$\text{s.t.}\ \boldsymbol{A}x \leqslant \boldsymbol{b}$$
$$\boldsymbol{l}_{\text{bnd}} \leqslant x$$

其中:

$$\boldsymbol{A}=\begin{bmatrix}9 & 4\\3 & 10\\4 & 5\end{bmatrix},\quad \boldsymbol{b}=\begin{bmatrix}360\\300\\200\end{bmatrix},\quad \boldsymbol{l}_{\text{bnd}}=\begin{bmatrix}0\\0\end{bmatrix}$$

用 MATLAB 求解时有两种运行模式。

(1) 命令模式

在命令窗口的提示符"≫"后依次输入如下语句:

```
≫c=[-60,-120]; ↙
≫A=[9,4; 3,10; 4,5]; ↙
≫b=[360,300,200]; ↙
≫lbnd=[0,0]; ↙
≫x0=[1,1]; ↙
≫options=[]; ↙
≫[x,f]=linprog(c,A,b,[],[],lbnd,[],x0,options)↙
```

或者

```
≫c=[-60,-120]; ↙
≫A=[9,4; 3,10; 4,5]; ↙
≫b=[360,300,200]; ↙
≫[x,f]=linprog(c,A,b)↙
```

运行后输出

```
x=
   20.0000
   24.0000
f=
   -4.0800e+003
```

即最优解 $\boldsymbol{X}^*=[20\quad 24]^{\mathrm{T}}, f^*=4080$。此解与第 1 章用图解法、第 5 章用单纯形法求得的结果完全相同。

将保留命令栏(Command History)内的上述命令复制到一个新的 m 文件内。在命令栏输入该文件名,即可将该程序再次运行一遍,得到同样的结果。

如果在最后一行的程序调用行输出参数的后面加进参数 exitflag 和 output,则运行后在输出最优解之后,还会输出迭代次数、每次迭代中函数的计算次数,以及无约束算法和一维搜索算法等信息。如将函数调用语句改为

```
[x,f,exitflag,optput]=linprog(c,A,b)
```

则在输出结果之后还会附加如下信息：

```
exitflag=
      1
optput =
        iterations: 5
        cgiterations: 0
        algorithm: 'lipsol'
```

(2) 函数调用模式

首先新建并保存一个名为 filename. m 的文件，如 ch8_1. m：

```
function f=ch8_1(x)
f=-60 * x(1)-120 * x(2);
```

然后在命令栏输入已知数据和该函数的调用语句：

```
≫A=[9,4; 3,10; 4,5]; ↙
≫b=[360,300,200]; ↙
≫[x,f]=linprog('ch8_1',A,b)↙
```

运行后得到同样的结果。

2) 非线性无约束问题求解

求解单变量和多变量无约束最优化问题使用的 MATLAB 函数是 fminsearch。

其语法格式如下：

```
x=fminsearch(fun,x0,options,p1,p2,…)
```

其中，p1，p2，…为代入求解程序的有关参数；其他参数和变量的意义同前。

例 8-2 求解例 3-1 的一维搜索问题：

$$\min f(x)=3x^3-4x+2$$

解：采用函数调用模式时，首先建立的 m 文件如下：

```
function f=ch8_2(x)
f=3 * x^3-4 * x+2;
```

然后在命令栏输入

```
≫x0=0; ↙
≫[x,f,exitflag,output]=fminsearch(@ch8_2,x0)↙
```

运算的结果是

```
x=   0.6667
f=   0.2222
exitflag=   1
output=   iterations: 24
          funcCount: 48
```

即最优解 $x^*=0.6667$，$f^*=0.2222$。

例 8-3 求解例 4-1 的无约束最优化问题：

$$f(x)=x_1^2+2x_2^2-2x_1x_2-4x_1$$

解：建立 m 文件如下：

```
function f=ch8_3(x)
f=x(1)^2+2*x(2)^2-2*x(1)*x(2)-4*x(1);
```

在命令栏输入变量的初始值并调用求解函数：

```
>>x0=[1,1];↙
>>[x,f]=fminsearch(@ch8_3,x0)↙
```

运行后得到计算结果是

```
x=   4.0000     2.0000
f=   -8.0000
```

即最优解 $X^*=[4 \quad 2]^T$，$f^*=-8$，此结果与第 4 章的计算完全相同。

3) 非线性单变量边界约束问题求解

求解非线性单变量边界约束最优化问题使用的 MATLAB 函数是 fminbnd。

其语法格式如下：

```
[x,f]=fminbnd(fun,a1,a2,options,p1,p2,…)
```

其中，a1，a2 为变量的下界和上界，其他参数的意义同前。

例 8-4 求解约束最优化问题：

$$\min \ f(x)=(x-3)^2-1$$
$$\text{s.t.} \ 0 \leqslant x \leqslant 5$$

解：建立 m 文件如下：

```
function f=ch8_4(x)
f=(x-3)^2-1;
```

在命令栏输入：

```
>> [x,f]=fminbnd('ch8_4',0,5)↙
```

运算结果如下：

```
x=   3
f=   -1
```

即最优解为 $x^*=3$，$f^*=-1$。

4) 非线性多变量约束问题求解

求解非线性多变量约束最优化问题使用的 MATLAB 函数是 fmincon。

其语法格式如下：

```
[x,f]=fmincon(fun,x0,A,b,Aeq,beq,lbnd,ubnd,'NonLinConstr',options,p1,p2,…)
```

其中，NonLinConstr 为非线性约束条件子程序的程序名，其他参数和变量的意义同前。

例 8-5 求解例 6-1 的约束最优化问题：

$$\min \ f(x)=x_1^2+x_2^2-x_1x_2-2x_1-3x_2$$
$$\text{s.t.} \ x_1+x_2-2 \leqslant 0$$

$$x_1 + 5x_2 - 5 \leqslant 0$$

$$x_1, x_2 \geqslant 0$$

解：将前两个线性约束条件写作

$$\boldsymbol{A}x \leqslant \boldsymbol{b}$$

$$\boldsymbol{A} = \begin{bmatrix} 1 & 1 \\ 1 & 5 \end{bmatrix}, \quad \boldsymbol{b} = \begin{bmatrix} 2 \\ 5 \end{bmatrix}$$

建立目标函数的 m 文件如下：

```
function f=ch8_5(x)
f=x(1)^2+x(2)^2-x(1)*x(2)-2*x(1)-3*x(2);
```

在命令栏输入已知数据并调用求解函数：

```
≫A=[1,1; 1,5]; ↙
≫b=[2,5]; ↙
≫[x,f]=fmincon('ch8_5',x0,A,b)↙
```

运行后输出

```
x=    1.1290    0.7742
f=   -3.5806
```

即最优化 $\boldsymbol{X}^* = [1.129 \quad 0.7742]^{\mathrm{T}}, f^* = -3.5806$。此解与第 6 章的计算结果完全相同。

例 8-6 求解非线性约束最优化问题：

$$\min \ f(\boldsymbol{X}) = x_1^2 + 2x_2^2 - 2x_1^2x_2^2$$

$$\text{s.t.} \ -x_1x_2 + x_1^2 + x_2^2 \leqslant 2$$

$$x_1 \geqslant 0, \quad x_2 \geqslant 0$$

解：问题中的非线性不等式约束函数只有一个，即

$$c_1 = g_1(\boldsymbol{X}) = -x_1x_2 + x_1^2 + x_2^2 - 2$$

自变量的取值范围如下：

$$0 \leqslant x_1 \leqslant \infty, \quad 0 \leqslant x_2 \leqslant \infty$$

由此建立并保存以下 MATLAB 最优化求解程序：

① 目标函数子程序(ch8_6objfun.m)

```
function f=ch8_6objfun(x)
f=x(1)^2+2*x(2)^2-2x(1)^2*x(2)^2;
```

② 约束函数子程序(ch8_6constr.m)

```
function [c,ceq]=ch8_6constr(x)
c(1)=x(1)*x(2)+x(1)^2+x(2)^2-2;
ceq=[];
```

③ 主程序(ch8_6compute.m)

```
x0=[1,1];
lbnd=[0,0];
ubnd=[];
options=[];
```

```
[c,ceq]=fmincon('ch8_6objfun',x0,[],[],[],[],lbnd,ubnd, 'ch8_6constr',options)
```

在命令栏输入主程序名：ch8_6compute↙

运行后输出如下计算结果：

```
x=   1.4655  1.3566
f=   -2.0769
```

即最优解 $\boldsymbol{X}^*=[1.4655 \quad 1.3566]^{\mathrm{T}}$，$f^*=-2.0769$。

5）多目标问题求解

求解多目标最优化问题可以使用的 MATLAB 函数是 fminmax 和 fgoalattain。函数 fminmax 的语法格式如下：

```
[x,f]=fminmax(fun,x0,A,b,Aeq,beq,lbnd,ubnd,'NonLinConstr',options,p1,p2,…)
```

其中，所有参数和变量的意义同前。

例 8-7 求解多目标最优化问题：

$$\begin{aligned} \min f_1(x) &= 2x_1^2+x_2^2-48x_1-40x_2+304 \\ f_2(x) &= -x_1^2-3x_2^2 \\ f_3(x) &= x_1+3x_2-18 \\ f_4(x) &= -x_1-x_2 \\ f_5(x) &= x_1+x_2-8 \end{aligned}$$

解：首先编写并保存目标函数的 m 文件(ch8_7.m)：

```
function f=ch8_7(x)
f(1)=2*x(1)^2+x(2)^2-48*x(1)-40*x(2)+304;
f(2)=-x(1)^2-3x(2)^2;
f(3)=x(1)+3*x(2)-18;
f(4)=-x(1)-x(2);
f(5)=x(1)+x(2)-8;
```

然后在命令栏输入变量初值并调用求解函数 fminmax：

```
>>x0=[0.1,0.1]; ↙
>>[x,f]=fminmax('ch8_7',x0); ↙
```

经过 7 次运算后得到计算结果：

```
x=   4.0000  4.0000
f=   0.0   -64.0000   -2.0000   -8.0000   -0.0000
```

即最优解 $\boldsymbol{X}^*=[4 \quad 4]^{\mathrm{T}}$。

此解对应的各个目标函数的值是 $f_1=0$，$f_2=-64$，$f_3=-2$，$f_4=-8$，$f_5=0$。

8.1.2 MATLAB 遗传算法工具箱

MATLAB 的遗传算法工具箱(Genetic Algorithm and Direct Search Toolbox)里用于遗传运算的函数是 ga，其语法格式如下：

```
x=ga (@fitnessfun, nvars, options)
```

或

```
[x, f]=ga (@fitnessfun, nvars, options,output)
```

其中,fitnessfun——适应度函数名;

nvars——变量个数。

例 8-8 求解无约束最优化问题:

$$\min\ f(\boldsymbol{X})=100(x_2-x_1^2)^2+(1-x_1)^2$$

解:首先建立并保存如下适应度函数 ch8_8. m 文件:

```
function f=ch8_8(x)
f=100 * (x(2)-x(1)^2)^2+(1-x(1))^2;
```

后面的运行方式有以下两种:

(1) 命令式,即在命令栏输入

```
≫[x,f]=ga(@ch8_8,2); ↙
```

运算后输出计算结果:

```
x=
      1.0201
      1.0377
f=0.001249
```

即最优解 $\boldsymbol{X}^*=[1.0201\quad 1.0377]^{\mathrm{T}}$, $f^*=0.001249$。

(2) 利用遗传算法运算工具表。

在命令栏输入 gatool ,调出遗传算法工具表(Genetic Algorithm Tool),在适应度函数栏(Fitness Fuction)内填入函数名 @ch8_8,在变量数目栏 (Number of Variables)内填入变量数目 2,再单击开始(Start)按钮进入运算。

运算结束后,在结果栏(Status and Results)内显示目标函数值:

```
f=0.012358
```

在终点栏(final point)内显示计算所得最优解:

```
x=   0.9082   0.83109
```

若在表右边的组合函数栏(Hybrid Function)内选择无约束搜索算法(fminsearch),即采用遗传算法和无约束最优化算法相结合的混合算法。再次运行,可以得到更加精确的计算结果:

```
f=1e-4
x=1.00001   1.00002
```

8.1.3 MATLAB 神经网络工具箱

MATLAB 神经网络工具箱(Nuruer Network Toolbox)中用于神经网络算法的函数主

要有以下 3 个:

(1) 产生神经网络的函数 newff,它的功能是产生一个特定的神经网络,并使其初始化,即给有关变量和参数赋初值。该函数的基本调用格式如下:

```
net=newff(p,s,tf,lf)
```

其中,p——输入向量;
s——神经元个数向量;
tf——激活函数名;
lf——训练方法函数名。

例如:

```
net=newff ([-1 2; 0 5],[3,1],{'tansig','purelin'},'trainingd');
```

产生一个两层网络。输入数据有两组,每组两个元素,即(−1,0)和(2,5)。第一层 3 个神经元,第二层 1 个神经元。第一层采用双曲正切激活函数(tansig),第二层采用线性激活函数(purelin),训练方法采用函数"trainingd"。显然这是一个单隐层 BP 网络。

(2) 网络训练函数 train,其功能是通过输入的学习样本对网络进行一定模式的学习训练,从而确定各个神经元的权系数和阈值,其调用格式如下:

```
[net,tr]=train(net,p,t);
```

其中,tr——误差的方差;
t——目标(期望)值向量。

(3) 仿真函数 sim,其功能是根据训练所得网络参数(权矩阵和阈值向量)计算给定数据下的预测结果,其调用格式如下:

```
a=sim(net,p);
```

其中,a——预测计算结果;
p——输入向量;
net——已经生成的网络。

例 8-9 已知 5 个试验点(−1,0),(−1,5),(2,0),(2,5)和(1,3)上的函数值分别等于 −1,−1,1,1 和 −3,试用神经网络算法预测确定另外 3 个试验点(1,2),(3,4)和(2,1)上的函数值。

解:采用 BP 神经网络算法。首先建立一个两层 BP 网络,隐含层取 3 个神经元(隐含层的神经元数是可以变化的),输出层取 1 个神经元。然后利用已知数据对网络进行训练,最后进行仿真运算,先仿真 5 个已知点上的函数值,然后给出 3 个给定点上的函数预测值。

用 MATLAB 语言写成的网络定义、训练和仿真计算程序 ch8_9.m 如下:

```
p=[-1 -1 2 2 1; 0 5 0 5 3];
t=[-1 -1 1 1 -3];
net=newff (p,[3,1],{'tansig','purelin'},'traingd');
net.trainparam.epochs=800;
net.trainparam.goal=1e-5;
[net,tr]=train(net,p,t);
a=sim(net,p)
```

```
p1=[1 3 2; 2 4 1];
a1=sim(net,p1)
```

运算结束得仿真结果如下：

```
a=
   -1.0048   -0.9947   1.0019   0.9976   -2.9959
a1=
   -2.4822   -0.2821   -0.2648
```

也就是说，对5个已知点经网络运算得到的函数模拟值分别是-1.0048、-0.9947、1.0019、0.9976和-2.9959。与5个已知函数值的误差不大于0.5%。3个给定点上的函数预测值分别是-2.4822、-0.2821和-0.2648，可知其误差也不会大于0.5%。

运算前给定的最大训练次数为800，训练误差值为10^{-5}。当两者都满足时，运算结束。

8.2 工程最优化设计实例

8.2.1 最佳下料问题

例8-10 某厂生产同一种型号的机床，每台机床需要表8-2所列的3种轴件。每种轴件都用5.5m长的同一种圆钢下料。现计划生产这种机床100台，问最少需要多少根圆钢？

表8-2 3种轴件的规格和需求量

轴的类别	规格：长度/m	每台机床所需件数
A	3.1	1
B	2.1	2
C	1.2	4

解：分析可知，长5.5m的圆钢截成A，B，C 3种轴的坯料有表8-3所列的5种下料方案。

表8-3 每根圆钢的5种下料方案

截法 / 根数 / 坯料	一	二	三	四	五	需求量
A (3.1)	1	1	0	0	0	100
B (2.1)	1	0	2	1	0	200
C (1.2)	0	2	1	2	4	400
料头/m	0.3	0	0.1	1	0.7	

设按第$i(i=1,2,\cdots,5)$种截法下料的圆钢根数为x_i，则以所需圆钢根数最少为目标函数建立的数学模型如下：

$$\begin{aligned}
&\min\ f(\boldsymbol{X})=x_1+x_2+x_3+x_4+x_5\\
&\text{s.t.}\ -x_1-x_2\leqslant -100\\
&\qquad -x_1-2x_3-x_4\leqslant -200\\
&\qquad -2x_2-x_3-2x_4-4x_5\leqslant -400\\
&\qquad x_1,x_2,\cdots,x_5\geqslant 0
\end{aligned}$$

写成矩阵形式,即

$$\begin{aligned}
&\min\ f(\boldsymbol{X})=\boldsymbol{c}^{\mathrm{T}}\boldsymbol{X}\\
&\text{s.t.}\ \boldsymbol{AX}\leqslant \boldsymbol{b}\\
&\qquad x_1,x_2,\cdots,x_5\geqslant 0
\end{aligned}$$

时有

$$\boldsymbol{c}=[1,1,1,1,1]^{\mathrm{T}},\quad \boldsymbol{b}=[-100,-200,-400]^{\mathrm{T}}$$

$$\boldsymbol{A}=\begin{bmatrix}-1 & -1 & 0 & 0 & 0\\ -1 & 0 & -2 & -1 & 0\\ 0 & -2 & -1 & -2 & -4\end{bmatrix}$$

于是,可建立和运行如下 MATLAB 程序求解(ch8_10.m):

```
c=[1,1,1,1,1];
b=[-100,-200,-400];
A=[-1,-1,0,0,0; -1,0,-2,-1,0; 0,-2,-1,-2,-4];
lbnd=[0,0,0,0,0];
[x,f]=linprog(c,A,b,[],[],lbnd,[])
```

运算结果如下:

```
x=     0.0000
     100.0000
     100.0000
       0.0000
      25.0000
f=   225.0000
```

即最优解 $\boldsymbol{X}^*=[0\quad 100\quad 100\quad 0\quad 25]^{\mathrm{T}}$,$f^*=225$。

可见采用第二、三、五种截法分别对 100,100,25 根圆钢下料,可满足生产 100 台机床对各种轴件的需求,并且所需圆钢数 225 为最少。

8.2.2 最佳连续投资问题

例 8-11 某公司有 100 万元资金,计划在今后五年内进行下列项目投资。

项目 1:两年期投资,每年年初投入,次年年末回收本利 115%。

项目 2:三年期投资,第三年年初投入,第五年年末回收本利 125%,规定此项投资额不得超过 30 万元。

项目 3:四年期投资,第二年年初投入,第五年年末回收本利 140%,规定此项投资额不得超过 40 万元。

项目 4：一年期公债，每年年初购买，年末可得本利 106%。

如何确定这些项目每年的投资额，使得到第五年末拥有资金的本利额最大？

解：设 x_{ij} 代表第 i 年年初投资项目 j 的资金额（万元），则各年的投资额、回收资金和结余资金见表 8-4。

表 8-4 投资方案

年度	年初投资额	年末回收资金	年末结余资金
1	x_{11},x_{14}	$1.06x_{14}$	$100+0.06x_{14}-x_{11}$
2	x_{21},x_{23},x_{24}	$1.15x_{11},1.06x_{24}$	$100+0.15x_{11}+0.06(x_{14}+x_{24})-x_{21}-x_{23}$
3	x_{31},x_{32},x_{34}	$1.15x_{21},1.06x_{34}$	$100+0.15(x_{11}+x_{21})+0.06(x_{14}+x_{24}+x_{34})-x_{23}-x_{31}-x_{32}$
4	x_{41},x_{44}	$1.15x_{31},1.06x_{44}$	$100+0.15(x_{11}+x_{21}+x_{31})+0.06(x_{14}+x_{24}+x_{34}+x_{44})-x_{23}-x_{32}-x_{41}$
5	x_{54}	$1.15x_{41},1.06x_{54}$ $1.25x_{32},1.4x_{23}$	

可见，到第五年末，全部投资本利都已收回。

此问题属于线性规划问题，其数学模型可归纳如下：

$$\min\ f(\boldsymbol{X})=-1.15x_{41}-1.06x_{54}-1.25x_{32}-1.4x_{23}$$

$$\begin{aligned}
\text{s.t.}\ & g_1(\boldsymbol{X})=x_{11}+x_{14}\leqslant 100\\
& g_2(\boldsymbol{X})=x_{21}+x_{23}+x_{24}+x_{11}-0.06x_{14}\leqslant 100\\
& g_3(\boldsymbol{X})=x_{31}+x_{32}+x_{34}+x_{21}+x_{23}-0.15x_{11}-0.06(x_{14}+x_{24})\leqslant 100\\
& g_4(\boldsymbol{X})=x_{41}+x_{44}+x_{23}+x_{31}+x_{32}-0.15(x_{11}+x_{21})-\\
& \qquad 0.06(x_{14}+x_{24}+x_{34})\leqslant 100\\
& g_5(\boldsymbol{X})=x_{54}+x_{23}+x_{32}+x_{41}-0.15(x_{11}+x_{21}+x_{31})-\\
& \qquad 0.06(x_{14}+x_{24}+x_{34}+x_{44})\leqslant 100\\
& g_6(\boldsymbol{X})=x_{23}\leqslant 40\\
& g_7(\boldsymbol{X})=x_{32}\leqslant 30\\
& \qquad x_{ij}\geqslant 0\quad (i=1,2,3,4,5;\ j=1,2,3,4)
\end{aligned}$$

取设计变量为

$$\begin{aligned}\boldsymbol{X}&=[x_{11},x_{14},x_{21},x_{23},x_{24},x_{31},x_{32},x_{34},x_{41},x_{44},x_{54}]^{\mathrm{T}}\\ &=[x_1,x_2,x_3,x_4,x_5,x_6,x_7,x_8,x_9,x_{10},x_{11}]^{\mathrm{T}}\end{aligned}$$

将上面的数学模型写成线性规划问题的标准形式

$$\begin{aligned}&\min\ f(\boldsymbol{X})=\boldsymbol{c}^{\mathrm{T}}\boldsymbol{X}\\ &\text{s.t.}\ \boldsymbol{AX}\leqslant\boldsymbol{b}\\ &\qquad x_1,x_2,\cdots,x_5\geqslant 0\end{aligned}$$

时有

$$\boldsymbol{c}=[0,0,0,-1.4,0,0,-1.25,0,-1.15,0,-1.06]^{\mathrm{T}}$$

$$
\boldsymbol{A}=\begin{bmatrix}
1 & 1 & 0 & 0 & 0 & 0 & 0 & 0 & 0 & 0 & 0\\
1 & -0.06 & 1 & 1 & 1 & 0 & 0 & 0 & 0 & 0 & 0\\
-0.15 & -0.06 & 1 & 1 & -0.06 & 1 & 1 & 1 & 0 & 0 & 0\\
-0.15 & -0.06 & -0.15 & 1 & -0.06 & 1 & 1 & -0.06 & 1 & 1 & 0\\
-0.15 & -0.06 & -0.15 & 1 & -0.06 & -0.15 & 1 & -0.06 & 1 & -0.06 & 1\\
0 & 0 & 0 & 1 & 0 & 0 & 0 & 0 & 0 & 0 & 0\\
0 & 0 & 0 & 0 & 0 & 0 & 1 & 0 & 0 & 0 & 0
\end{bmatrix}
$$

$$\boldsymbol{b}=[100\quad 100\quad 100\quad 100\quad 100\quad 40\quad 30]^{\mathrm{T}}$$

$$\boldsymbol{l}_{bnd}=[0\quad 0\quad 0\quad 0\quad 0\quad 0\quad 0\quad 0\quad 0\quad 0\quad 0]^{\mathrm{T}}$$

于是,相应的 MATLAB 求解程序 ch8_11.m 如下:

```
c=[0,0,0,-1.4,0,0,-1.25,0,-1.15,0,-1.06];
A =[1,1,0,0,0,0,0,0,0,0,0; 1,-0.06,1,1,1,0,0,0,0,0,0; …
  -0.15,-0.06,1,1,-0.06,1,1,1,0,0,0; -0.15,-0.06,-0.15,1,-0.06,1,1,-0.06,1,1,0; …
  -0.15,-0.06,-0.15,1,-0.06,-0.15,1,-0.06,1,-0.06,1; 0,0,0,1,0,0,0,0,0,0,0; …
  0,0,0,0,0,0,1,0,0,0,0];
b=[100,100,100,100,100,40,30];
lbnd=[0,0,0,0,0,0,0,0,0,0,0];
[x,f]=linprog(c,A,b,[],[],lbnd,[])
```

运行程序 ch8_11↙,计算结果如下:

```
x=   54.2346    45.7654     8.5113    40.0000     0.0000    15.5992
     30.0000    16.7706    27.5648     0.0000    17.9391
f=-144.2150
```

即最优解 $\boldsymbol{X}^*=[54.2346\quad 45.7654\quad 8.5113\quad 40\quad 0\quad 15.5952\quad 30\quad 16.7706\quad 27.5648\quad 0\quad 17.9391]^{\mathrm{T}}$,$f^*=-144.215$。

对应的最佳投资方案是:第一年年初投资两年期项目 54.2346 万元,买一年期债券 45.7654 万元;第二年年初投资两年期项目 8.5113 万元,四年期项目 40 万元;第三年年初投资两年期项目 15.5992 万元,三年期项目 30 万元,买一年期债券 16.7706 万元;第四年投资两年期项目 27.5648 万元;第五年买一年期债券 17.9391 万元,可以在第五年末拥有最大资本额 144.215 万元。

8.2.3 产品成本预测问题

例 8-12 建立冶金企业的热轧无缝钢管厂的生产成本预测模型,并根据以往的生产记录预测未来产品的成本。

解:这一类问题可以用 BP 网络予以实现,可按以下步骤进行:

(1) 建立工艺指标和生产成本的评价体系,得到学习和预测样本

冶金工业在生产上具有分段连续、有间隙、大批量、工艺流程固定和工序间物流一致等特点,生产计划的制定必须根据以上特点,充分考虑影响产品成本的诸多工艺参数,使关于产品品种、批量等的生产安排具有最好的质量和效益。

为此,首先结合生产实际,给出影响钢管生产成本的各种因素,建立生产成本评估的指

标体系。若用 x_i 表示各个工艺指标，它们与生产成本之间的关系如表 8-5 所示。

表 8-5　工艺指标与生产成本之间的关系

	工艺指标	对成本的影响
x_1	工艺复杂程度	工艺越复杂，成本越高
x_2	外径尺寸/mm	越偏于中间值，成本越低；越偏向两端，成本越高
x_3	壁厚尺寸/mm	越偏于中间值，成本越低；越偏向两端，成本越高
x_4	原料等级	等级越高，成本越高
x_5	钢材消耗/t	钢耗越大，成本越高
x_6	动力消耗/(元/t)	动力消耗越高，成本越高
x_7	质量要求	质量要求越高，成本越高
x_8	工具装备消耗/(元/t)	消耗越大，成本越高

表 8-5 所列的工艺指标中既有定量指标，也有定性指标。在建立生产成本模型之前必须首先将定性指标处理为定量指标，如将质量、工艺复杂程度等指标分为 1～10 的 10 个等级。然后将所有的定量指标进行规范化处理。

如果把各工艺指标 x_i 的最大值和最小值分别记作 $x_{i\max}$ 和 $x_{i\min}$，对应的规范化指标 $\bar{x}_i$ 可按以下方法进行计算：

当指标越大(小)，成本越低(高)时，取规范化指标

$$\bar{x}_i=(x_i-x_{i\min})/(x_{i\max}-x_{i\min})$$

当指标越小(大)，成本越低(高)时，取规范化指标

$$\bar{x}_i=(x_{i\max}-x_i)/(x_{i\max}-x_{i\min})$$

当指标越偏于中间值，成本越低时，取规范化指标

$$\bar{x}_i=2x_i/(x_{i\max}+x_{i\min}),\quad x_i\leqslant(x_{i\max}+x_{i\min})/2$$

$$\bar{x}_i=2-2x_i/(x_{i\max}+x_{i\min}),\quad x_i>(x_{i\max}+x_{i\min})/2$$

表 8-6 所示为该厂 8 个典型钢管品种的生产工艺指标和对应的生产成本，最后一行为计划生产的一种特种钢管新产品的生产工艺指标。要求以此作为原始样本，预测该新产品的生产成本。

表 8-6　原始学习样本

指标 / 指标值 / 品种	复杂程度	外径	壁厚	原料等级	钢耗	动力消耗	质量要求	工具消耗	成本/(元/t)
35CrMo	9.8	95	9.7	9	6528	256	9	34.04	6280
汽车半轴套管	10	114	10	9.5	9490	272	9.5	39.27	6600
200 高压锅炉管	9.5	60	6	8.8	6443	244	8.8	31.86	6000
J55 热轧管	7	94	8.8	8.5	4069	232	8.4	30.66	5800
N82 热轧管	8	108	12.82	9.2	6782	261	9.2	36.22	6450
低中压锅炉管	6	77	12.82	7	3808	214	7.5	30.38	4880
API 油管 (J55)	9	89	6.42	7.5	3848	220	7.8	31.27	5050
API 油管 (N80)	10	73	6	9.7	18444	284	9.8	40.26	6700
特种钢管(新品)	9.9	100	11	9.7	7800	276	9.8	40	预测成本？

表 8-7 是按上述方法规范化后的输入用学习样本和预测用样本。

表 8-7 输入用学习样本和预测样本

实例编号	规范化工艺指标								成本 /(10^3 元/t)
	$\bar{x}_1$	$\bar{x}_2$	$\bar{x}_3$	$\bar{x}_4$	$\bar{x}_5$	$\bar{x}_6$	$\bar{x}_7$	$\bar{x}_8$	
1	0.05	0.908	0.97	0.259	0.814	0.4	0.348	0.630	6.28
2	0	0.69	0.938	0.074	0.612	0.171	0.130	0.100	6.6
3	0.125	0.69	0.638	0.333	0.82	0.571	0.435	0.850	6.0
4	0.75	0.92	0.935	0.444	0.982	0.743	0.609	0.972	5.8
5	0.50	0.759	0.638	0.185	0.797	0.329	0.261	0.409	6.45
6	1	0.885	0.638	1	1	1	1	1	4.88
7	0.25	0.977	0.682	0.815	0.997	0.914	0.870	0.910	5.05
8	0	0.839	0.638	0	0	0	0	0	6.70
预测样本	0.025	0.85	0.831	0	0.727	0.2	0	0.063	预测成本?

(2) 建立 BP 网络预测模型

由表 8-6 和表 8-7 可以确定网络的结构如图 8-1 所示。这是一种单隐层 BP 网络，隐层节点数初步定为 10，输出层只有一个节点，即成本结点，隐含层的最佳节点数可通过试运行确定。

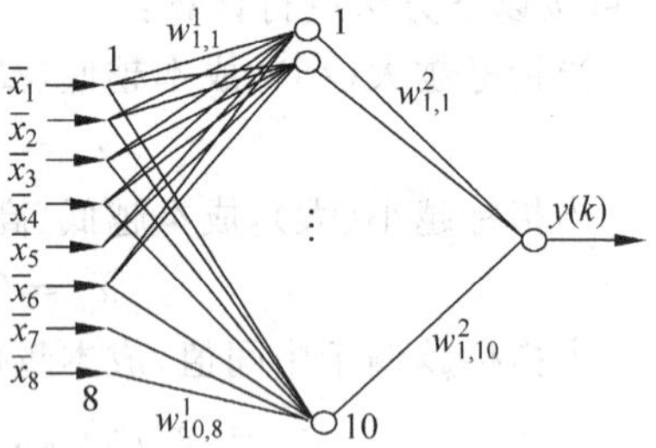

图 8-1 例 8-12 的网络结构

(3) 对 BP 网络进行训练和仿真运算

将经过规范化处理的工艺指标和成本数据(见表 8-7)作为学习样本，按 MATLAB 神经网络算法函数的格式，作为输入向量 **p** 和目标向量 **t** 依次输入，并建立相应的 BP 神经网络，构成如下 MATLAB 求解程序(costforecast.m)：

```
p=[0.050  0.000  0.125  0.750  0.500  1.000  0.250  0.000;…
   0.908  0.690  0.690  0.923  0.759  0.885  0.977  0.839;…
   0.970  0.938  0.638  0.935  0.638  0.638  0.682  0.638;…
   0.259  0.074  0.333  0.444  0.185  1.000  0.815  0.000;…
   0.814  0.612  0.820  0.982  0.797  1.000  0.997  0.000;…
   0.400  0.171  0.571  0.743  0.329  1.000  0.914  0.000;…
   0.348  0.130  0.435  0.609  0.261  1.000  0.870  0.000;…
   0.630  0.100  0.850  0.972  0.409  1.000  0.910  0.000];
t=[6.28  6.60  6.00  5.80  6.45  4.88  5.05  6.70];
[p1,minp,maxp,t1,mint,maxt]=premnmx(p,t);                %输入数据归一化
net=newff(minmax(p),[10,1],{'tansig','purelin'},'traingd');
net.trainparam.epochs=1500;
net.trainparam.goal=1e-4;
[ney,tr]=train(net,p,t1);
a0=sim(net,p1);
a=postmnmx(a0,mint,maxt)                                  %数据反归一化
ta1=[0.025;0.850;0.831;0.000;0.727;0.200;0.000;0.063];
ta2=sim(net,ta1);
a1=postmnmx(ta2,mint,maxt)
```

执行上述程序，对建立的BP网络进行反复训练，当给定的两个终止准则(最大训练次数700和误差精度10^{-4})之一达到设定值时，训练结束。即网络的结构参数(权值和阈值)被完全确定。并输出样本p的成本预测值a。与实际的成本规范值相比较，可以确定在此网络结构和结构参数下的成本预测精度。

最后输入新产品的预测样本p1，运行后可以得到新产品的成本值预测值a1。

经过多次实际运行，发现隐含层取12个神经元时收敛较快。同样，取运行参数——最大训练次数1500和误差终止精度10^{-4}时计算效果较好。

按最后确定的网络结构和运行参数修改程序，运行所得仿真计算结果如下：

```
TRAINGD, Epoch 0/1500, MSE 36.9387/0.0001, Gradient 27.5128/1e-010
TRAINGD, Epoch 25/1500, MSE 0.668653/0.0001, Gradient 1.99374/1e-010
TRAINGD, Epoch 50/1500, MSE 0.235555/0.0001, Gradient 0.857152/1e-010
TRAINGD, Epoch 375/1500, MSE 0.00634802/0.0001, Gradient 0.0581551/1e-010
⋮
TRAINGD, Epoch 1500/1500, MSE 0.00139782/0.0001, Gradient 0.0244662/1e-010
TRAINGD, Maximum epoch reached, performance goal was not met.
a=
    6.2924   6.5844   6.0635   5.8064   6.3716   4.8799   5.0361   6.7191
a1=
     6.8447
```

其中，前8个输出的a值为前8种老产品的成本预测值，后面的a1值为新产品的成本预测值。

(4) 计算结果分析

表8-8所列为前8种老产品的实际成本和预测成本的比较。

表8-8 8种老产品的实际成本和预测成本

产品号	1	2	3	4	5	6	7	8
实际成本/元	6280	6600	6000	5800	6450	4880	5050	6700
预测成本/元	6292	6584	6064	5806	6372	4880	5036	6719
误差/%	0.19	0.24	1.07	0.1	1.2	0	0.28	0.28

由表8-8可以看出，预测值与实际值间的误差小于1.2%，故以上运算所得新产品6845元的成本预测值的误差也不会大于1.2%。

8.2.4 齿轮减速器的最优化设计

任何机械产品都由原动机、减速装置和工作机三部分组成。齿轮减速器是最常用的通用减速装置。显然，减速器的性能好坏直接影响机械产品的技术性能。与直齿圆柱齿轮相比，斜齿圆柱齿轮具有承载能力高、传动平稳、回转误差小、振动噪声低以及体积小、重量轻等优点。因此，一般的齿轮减速器均采用斜齿圆柱齿轮。本节主要介绍双级斜齿圆柱齿轮减速器(图8-2)优化设计的过程和方法。

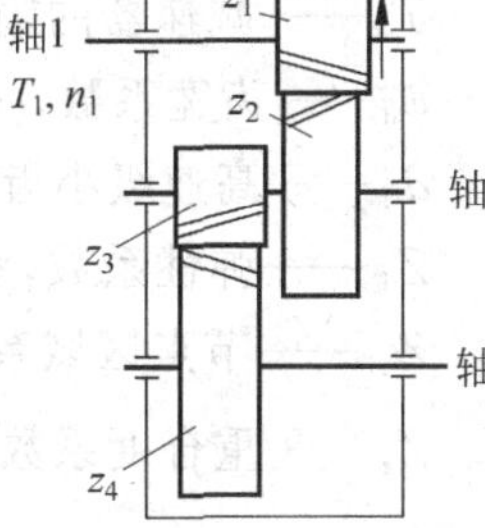

图8-2 双级斜齿圆柱齿轮减速器传动简图

首先建立减速器齿轮传动系统的数学模型，然后针对具体问题，编程计算得到最优设计方案。

1) 确定目标函数和设计变量

根据不同的已知条件和设计要求，齿轮减速器设计的目标和方法是不同的。对于全新的设计，一般是在给定转矩、转速和传动比的情况下，确定主要的传动参数和齿轮结构参数，以使该传动系统既满足所有的设计标准、规范和要求，又具有最小的体积和最紧凑的结构。而体现减速器的体积大小和结构紧凑程度的指标之一是减速器中两级齿轮传动的中心距之和。对于双级斜齿圆柱齿轮减速器，其中心距之和为

$$\sum a = a_1 + a_2 = \frac{1}{2}\left[\frac{m_{n1} z_1 (1+i_1)}{\cos\beta_1} + \frac{m_{n2} z_3 (1+i/i_1)}{\cos\beta_2}\right] \tag{8-1}$$

式中，$a_1, m_{n1}, z_1, \beta_1$ 和 $a_2, m_{n2}, z_3, \beta_2$ 分别为高速级和低速级的中心距、法面模数、小齿轮齿数和螺旋角；i, i_1 分别为给定的总传动比和高速级的传动比。

由此可知，双级斜齿圆柱齿轮减速器设计中的独立参数有7个，由它们构成的设计变量是

$$\begin{aligned}\boldsymbol{X} &= [x_1 \quad x_2 \quad x_3 \quad x_4 \quad x_5 \quad x_6 \quad x_7]^{\mathrm{T}} \\ &= [m_{n1} \quad m_{n2} \quad z_1 \quad z_3 \quad i_1 \quad \beta_1 \quad \beta_2]^{\mathrm{T}}\end{aligned} \tag{8-2}$$

相应的目标函数取两倍中心距之和，即

$$f(\boldsymbol{X}) = \frac{x_1 x_3 (1+x_5)}{\cos x_6} + \frac{x_2 x_4 (1+i/x_5)}{\cos x_7} \tag{8-3}$$

2) 建立约束条件

齿轮减速器的设计首先必须使其中的传动齿轮具有足够的承载能力和工作寿命，具体来说就是要满足齿面接触疲劳强度条件和齿根弯曲疲劳强度条件。其次，传动系统还必须满足有关的结构要求和润滑要求，最后，还必须根据设计规范和要求对齿轮参数的取值进行必要的限制。由此形成了如下几方面的约束条件：

(1) 齿面接触疲劳强度条件(简称接触条件)

由机械设计理论知，齿轮的齿面接触疲劳强度的校核公式是

$$\sigma_H = Z_E Z_H Z_\varepsilon Z_\beta \sqrt{\frac{2KT_1}{\psi_d d_1^2} \cdot \frac{i_1+1}{i_1}} \leqslant \sigma_{HP}$$

式中，K——载荷系数，与原动机的类型、载荷性质、转速大小、齿宽系数的大小和制造精度有关。若减速器由电动机驱动，齿宽系数较大，载荷比较平稳，齿轮为非对称布置，可取载荷系数 $K=1.2$；

T_1——减速器的输入转矩，也是高速级小齿轮所承受的转矩，N·mm；

ψ_d——齿宽系数，$\psi_d = b/d_1$，b 为齿宽，对于软齿面齿轮，一般取 $\psi_d = 1.0$；

d_1——高速级小齿轮的分度圆直径，$d_1 = m_{n1} z_1 / \cos\beta_1$，mm；

Z_E——弹性系数，对锻钢齿轮 $Z_E = 189.8\text{MPa}$；

Z_H——节点区域系数，是螺旋角的函数，可由有关的图表查出，记作 $Z_H(\beta)$；

Z_ε——重合度系数，$Z_\varepsilon = \sqrt{1/\chi\varepsilon_\alpha}$。其中 χ 为接触线长度变化系数，ε_α 为端面重合度系数。对斜齿轮 $\chi = 0.9 \sim 1.0$，$\varepsilon_\alpha = \left[1.88 - 3.2\left(\frac{1}{z_1} + \frac{1}{z_2}\right)\right]\cos\beta$，故重合度系数可记作 $Z_\varepsilon(z_1, i_1, \beta)$；

Z_β——螺旋角系数，$Z_\beta=\sqrt{\cos\beta}$；

σ_{HP}——许用接触应力，由式 $\sigma_{HP}=\dfrac{\sigma_{H\lim}}{S_{H\min}}Z_N$ 计算，其中 $\sigma_{H\lim}$ 为材料的接触极限应力，是硬度 HBS 的函数，记作 $\sigma_{H\lim}$(HBS)；Z_N 为接触寿命系数，是转速 n(r/min)和工作寿命 t(h)的函数，记作 $Z_N(n,t)$；$S_{H\min}$ 为最小接触安全系数，一般取 1.05～1.1。

T_3 为低速级小齿轮所承受的转矩，若取闭式齿轮传动和滚动轴承的传动效率分别为 0.97 和 0.99 时，即

$$T_3=0.99\times0.97\times i_1T_1=0.96i_1T_1\quad(\text{N}\cdot\text{mm})$$

由此可得高速级齿轮的齿面接触强度条件的约束条件为

$$189.8\sqrt{\cos\beta_1}\cdot Z_H(\beta_1)Z_\varepsilon(z_1,i_1,\beta_1)\sqrt{\frac{2KT_1\cos^3\beta_1}{m_{n1}^3z_1^3}\cdot\frac{i_1+1}{i_1}}\leqslant\sigma_{HP2}$$

即

$$Z_H(x_6)Z_\varepsilon(x_3,x_5,x_6)\cdot\cos^2x_6\cdot\sqrt{\frac{1+1/x_5}{x_1^3x_3^3}}-3.726\times10^{-3}/(\sqrt{KT_1}\cdot\sigma_{HP2})\leqslant0$$

同理可得低速级齿轮的齿面接触强度约束条件为

$$Z_H(x_7)Z_\varepsilon(x_4,i/x_5,x_7)\cdot\cos^2x_7\cdot\sqrt{\frac{1+i/x_5}{x_2^3x_4^3}}-3.881\times10^{-3}/(\sqrt{KT_1}\cdot\sigma_{HP4})\leqslant0$$

其中部分系数经整理或函数拟合后为

节点区域系数　$Z_H(\beta)=2.9027-0.3702\times e^\beta$

重合度系数　$Z_\varepsilon(z,i,\beta)=\{0.329/[0.5875-(1/z+1/iz)]\cos\beta\}^{1/2}$

接触极限应力　$\sigma_{H\lim}(\text{HBS})=495+0.889(\text{HBS}-150)$

接触寿命系数

$$Z_N(n,t)=\begin{cases}1.6, & 60nt\leqslant10^5\\2.75-0.1006\times\ln(60nt), & 10^5<60nt\leqslant5\times10^7\\1.0, & 60nt>5\times10^7\end{cases}$$

(2) 齿根弯曲疲劳强度条件(简称弯曲强度条件)

齿根弯曲强度的校核公式是

$$\sigma_F=\frac{2KT_1}{\psi_d d_1^2m_n}Y_{Fa}Y_{Sa}Y_\varepsilon Y_\beta\leqslant\sigma_{FP}$$

式中，Y_{Fa}，Y_{Sa}，Y_ε 和 Y_β 分别为齿形系数、应力修正系数、重合度系数和螺旋角系数，它们都是齿数 Z 和螺旋角 β 的函数，分别记作 $Y_{Fa}(z,\beta)$，$Y_{Sa}(z,\beta)$，$Y_\varepsilon(z,\beta)$ 和 $Y_\beta(z,\beta)$。

σ_{FP} 代表许用弯曲应力，其值由下式计算

$$\sigma_{FP}=\frac{\sigma_{F\lim}Y_{ST}}{S_{F\lim}}Y_N$$

式中，$\sigma_{F\lim}$——齿轮材料的弯曲极限应力，可以由有关手册中查得，MPa；

$S_{F\lim}$——弯曲强度的安全系数，对软齿面齿轮一般取 1.35；

Y_{ST}——应力修正系数，一般取 $Y_{ST}=2.0$；

Y_N——弯曲强度计算的寿命系数，与应力循环次数 N 有关，可从有关图表中查得。

由此可得高速级小齿轮和大齿轮的弯曲强度条件为

$$\frac{2KT_1\cos^2\beta_1}{z_1^2 m_{n1}^3} Y_{Fa}(z_1,\beta_1) Y_{Sa}(z_1,\beta_1)_s Y_\varepsilon(z_1,\beta_1) Y_\beta(z_1,\beta_1) - \sigma_{FP} \leqslant 0$$

即

$$\frac{\cos^2 x_6}{x_3^2 x_1^3} T_1 Y_{Fa}(x_3,x_6) Y_{Sa}(x_3,x_6) Y_\varepsilon(x_3,x_6) Y_\beta(x_3,x_6) - 0.5\times\sigma_{FP1} \leqslant 0$$

$$\frac{\cos^2 x_6}{x_3^2 x_1^3} T_1 Y_{Fa}(x_5 x_3,x_6) Y_{Sa}(x_5 x_3,x_6) Y_\varepsilon(x_3,x_6) Y_\beta(x_3,x_6) - 0.5\sigma_{FP2} \leqslant 0$$

同理可得低速级齿轮的弯曲强度约束条件为

$$\frac{x_5\cos^2 x_7}{x_4^2 x_2^3} Y_{Fa}(x_4,x_7) Y_{Sa}(x_4,x_7) Y_\varepsilon(x_4,x_7) Y_\beta(x_4,x_7) - 0.5208/(KT_1\cdot\sigma_{FP3}) \leqslant 0$$

$$\frac{x_5\cos^2 x_7}{x_4^2 x_2^3} Y_{Fa}(x_{4i}/x_5,x_7) Y_{Sa}(x_{4i}/x_5,x_7) Y_\varepsilon(x_4,x_7) Y_\beta(x_4,x_7) - 0.5208/(KT_1\cdot\sigma_{FP4}) \leqslant 0$$

其中，经整理或函数拟合后的相关系数为

齿形系数

$$Y_{Fa} = 3.8193 - 0.3628\ln(z_v) \quad (z_v \text{为当量齿数})$$

应力修正系数

$$Y_{Sa} = 1.1233 + 0.146\ln(z_v)$$

弯曲极限应力

$$\sigma_{Flim}(HBS) = 170 + 0.3\times(HBS - 150)$$

弯曲寿命系数

$$Y_N(n) = \begin{cases} 2.5, & 60nt \leqslant 10^4 \\ 5.06 - 02728\times\ln(60nt), & 10^4 < 60nt < 3\times10^6 \\ 1.0, & 60nt > 3\times10^6 \end{cases}$$

重合度系数

$$Y_\varepsilon(z,i,\beta) = 0.329/[0.5875 - (1/z + 1/iz)]\cos\beta$$

螺旋角系数

$$Y_\beta(z,\beta) = 1.0 - 2.65\times10^{-3} z\beta\tan\beta$$

(3) 结构和润滑条件

运动中，齿轮和轴之间不能发生干涉。高速级大齿轮的齿顶需要与低速级的轴保持一定的距离，即

$$a_2 - \frac{1}{2}d_2 \geqslant \delta_1$$

式中，δ_1 为齿轮 2 的分度圆到轴 3 中心的最小距离，若轴 3 处的直径为 60mm，可取 $\delta_1 = 40$mm。

为保证紧凑的结构，两个大齿轮的直径不能太大，若取最大直径为 350mm，则有

$$d_2 - 350 \leqslant 0$$
$$d_4 - 350 \leqslant 0$$

为了使模数取标准值，建立以下离散性约束

$$|2m_{n1}-\text{round}(2m_{n1})|-0.001\leqslant 0$$
$$|2m_{n2}-\text{round}(2m_{n2})|-0.001\leqslant 0$$

式中，round 为取整函数。

考虑到轴 1 与联轴器配合处的直径必须符合标准，齿轮 1 的直径不能太小，一般应大于 50mm，故有约束

$$50-d_1\leqslant 0$$

为了保证齿轮有良好的润滑，两级大齿轮的浸油深度应大致相等，即

$$d_4-d_3\leqslant 2\delta_2$$

式中，d_3，d_4——为高速级和低速级大齿轮的分度圆直径；

δ_2——两级大齿轮的半径之差，即浸油深度之差，一般取 $\delta_2=10\sim15$mm。

(4) 设计变量取值范围约束

传递动力的齿轮，模数不能小于 2，中小型齿轮减速器中齿轮模数一般不大于 4，故取

$$2\leqslant m_{n1}\leqslant 4$$
$$2\leqslant m_{n2}\leqslant 4$$

对于软齿面齿轮，小齿轮的齿数应选得大些为好，一般的选取范围是 20～40。于是有

$$20\leqslant z_1\leqslant 40$$
$$20\leqslant z_3\leqslant 40$$

对于中小型齿轮减速器，齿轮的传动比一般选在 3～5，于是有

$$3\leqslant i_1\leqslant 5$$

斜齿轮的螺旋角一般选在 8°～20°，考虑到最后还需对计算的数据进行调整，故取

$$8\leqslant \beta_1\leqslant 16$$
$$8\leqslant \beta_2\leqslant 16$$

3) 编程计算

例 8-13 试用最优化设计方法，设计确定双级标准斜齿圆柱齿轮减速器的齿轮结构参数。已知输入转矩 $T_1=2\times10^5$N·mm，输入转速 $n_1=500$r/min，总传动比 $i=15$。

解：根据以上建立的双级斜齿圆柱齿轮减速器的数学模型，用 MATLAB 语言编制的求解程序由以下 4 个函数(主程序和子程序)组成：

geardesign.m	齿轮系统设计主程序
gearobjfun.m	目标函数子程序
gearconstr.m	约束条件子程序
gearparameter.m	许用应力计算子程序

具体的 MATLAB 程序代码如下，其中%为注释标识符，global 为全局变量标识符。

① 主程序(geardesign.m)

```
%减速箱齿轮传动优化设计主程序 geardesign.m
global rat;
global kk;
global tt1;
global n0;
global t;
```

```
global hbs;
global sigmahp;
global sigmafp;
kk=1.2;
tt1=2e5;
rat01=4;
rat=15;
n0=500;
t=24000;
hbs=[230,200,230,200];
[sigmahp,sigmafp]=gearparameter(rat01);
x0=[2,3,30,25,4,10,15];
options=optimset(options,'display','iter');
lbnd=[2,2,20,20,3,8,8];
ubnd=[4,4,40,40,5,16,16];
[x,f,exitflag,output]=fmincon('gearobjfun',x0,[],[],[],[],lbnd,ubnd,'gearconstr',options)
```

② 目标函数子程序(gearobjfun.m)

```
%目标函数子程序 gearobjfun.m
function f=gearobjfun(x)
global rat;
f=(x(1)*x(3)*(1+x(5)))/cos(x(6)*pi/180)+(x(2)*x(4)*(1+rat/x(5)))/cos(x(7)*pi/180);
```

③ 约束条件子程序(gearconstr.m)

```
%约束条件子程序 gearconstr.m
function [c,ceq]=gearconstr(x)
global rat;
global tt1;
global sigmahp;
global sigmafp;
beta(1)=x(6)*pi/180;
beta(2)=x(7)*pi/180;
epa(1)=(1.88-3.2*(x(5)+1)/x(3)/x(5))*cos(beta(1));
epa(2)=(1.88-3.2*(rat+x(5))/x(4)/rat)*cos(beta(2));
for i=1:2
yep(i)=1.053/epa(i);
zep(i)=sqrt(yep(i));
zh(i)=2.9027-0.3702*exp(beta(i));
end
zv(1)=x(3)/(cos(beta(1)))^3;
zv(2)=x(5)*zv(1);
zv(3)=x(4)/(cos(beta(2)))^3;
zv(4)=rat/x(5)*zv(3);
for i=1:4
yfa(i)=3.8193-0.3628*log(zv(i));
ysa(i)=1.1233+0.146*log(zv(i));
end
for i=1:2
epsbeta(i)=0.318*x(i+2)*tan(beta(i));
ybeta(i)=1.0-epsbeta(i)*x(i+5)/120;
```

```
if(ybeta(i)<0.75) ybeta(i)=0.75;
end
end
c(1)=zh(1)*zep(1)*(cos(beta(1)))^2*sqrt((1+1/x(5))/(x(1)*x(3))^3)*sqrt(kk*tt1)
    -3.726e-3*sigmahp(2);
c(2)=zh(2)*zep(2)*(cos(beta(2)))^2*sqrt((1+rat/x(5))/(x(2)*x(4))^3)*sqrt(kk*tt1)
    -3.802e-3*sigmahp(4);
c(3)=(cos(beta(1)))^2/x(3)^2/x(1)^3*yfa(1)*ysa(1)*yep(1)*ybeta(1)*kk*tt1-0.5*
    sigmafp(1);
c(4)=(cos(beta(1)))^2/x(3)^2/x(1)^3*yfa(2)*ysa(2)*yep(1)*ybeta(1)*kk*tt1-0.5*
    sigmafp(2);
c(5)=x(5)*(cos(beta(2)))^2/x(4)^2/x(2)^3*yfa(3)*ysa(3)*yep(2)*ybeta(2)*kk*tt1-
    0.5208*sigmafp(3);
c(6)=x(5)*(cos(beta(2)))^2/x(4)^2/x(2)^3*yfa(4)*ysa(4)*yep(2)*ybeta(2)*kk*tt1-
    0.5208*sigmafp(4);
d1=x(1)*x(3)/cos(beta(1));
d2=x(1)*x(3)*x(5)/cos(beta(1));
d3=x(2)*x(4)/cos(beta(2));
d4=x(2)*x(4)*rat/x(5)/cos(beta(2));
a1=0.5*x(1)*x(3)*(1+x(5))/cos(beta(1));
a2=0.5*x(2)*x(4)*(1+rat/x(5))/cos(beta(2));
c(7)=d4-d2-20;
c(8)=40+0.5*d2-a2;
c(9)=d2-350;
c(10)=d4-350;
c(11)=50-d1;
c(12)=abs(2*x(1)-round(2*x(1)))-0.001;
c(13)=abs(2*x(2)-round(2*x(2)))-0.001;
ceq=[];
```

④ 许用应力计算程序(gearparameter.m)

```
%许用应力计算程序 gearparameter.m
function [sigmahp,sigmafp]=gearparameter(rat01)
global n0;
global rat;
global t;
global hbs; ;
for i=1:4
  sigmah(i)=495+0.889*(hbs(i)-150);
  sigmaf(i)=170+0.3*(hbs(i)-150);
end
nr(1)=n0;
nr(2)=nr(1)/rat01;
nr(3)=nr(1)/rat01;
nr(4)=n0/rat;
for i=1:4
 nn(i)=60*nr(i)*t;
if(nn(i)<1e+5) zn(i)=1.6;
    elseif(nn(i)<5e+7) zn(i)=2.75-0.1006*log(nn(i));
 else zn(i)=1.0;
```

```
end
if(nn(i)<1e+4) yn(i)=2.5;
    elseif (nn(i)<3 * 1e6) yn(i)=5.06-0.2728 * log(nn(i));
 else yn(i)=1.0;
end
end
for i=1 : 4
    sigmahp(i)=sigmah(i) * zn(i)/1.1;
    sigmafp(i)=sigmaf(i) * yn(i) * 1.48;
end
```

运行上述最优化设计程序，得到以下结果：

序号	函数计算次数	目标函数值	不满足的约束值	步长	梯度的模	
Iter	F-count	f(x)	max constraint	Step-size	Directional derivative	First-order optimality Procedure
1	17	732.739	2.999	1	120	61.3
2	26	777.531	3.05	1	39.4	16.2
3	35	790.886	0.09624	1	13.3	3.29
4	44	790.459	0.03982	1	0.332	5.13
5	53	789.306	0.03224	1	1.07	0.553 Hessian modified
6	62	789.216	1.896e-007	1	0.0903	0.0873 Hessian modified
7	71	789.216	3.775e-014	1	2.92e-005	4.35e-005 Hessian modified
8	80	789.216	5.684e-014	1	5.75e-012	0.0723 Hessian modified

```
Optimization terminated successfully:
 First-order optimality measure less than options. TolFun and
  maximum constraint violation is less than options. TolCon
Active Constraints:
    1   13   14   15   16   22   27
x=   2.0000   2.9995   31.7032   31.5754   4.8760   16.0000   16.0000
f=   789.2161
output=
        iterations: 8
        funcCount: 80
        stepsize: 1
algorithm: 'medium-scale: SQP, Quasi-Newton, line-search'
firstorderopt: 6.8675e-014
cgiterations: []
```

由上述输出结果可以看出，计算中采用序列二次规划算法和一维搜索算法，共经过了8次二次规划子问题的求解，在第8次求解中计算目标函数80次。当相邻两次二次规划子问题解的函数值之差和最大不满足约束的值都满足给定计算精度 10^{-6} 之后程序运行结束。输出的最优解如下：

```
x=   2.0000   2.9995   31.7032   31.5754   4.8760   16.0000   16.0000
f=   789.2161
```

经过适当圆整和标准化修正后的齿轮传动系统设计参数见表 8-9。

表 8-9 修正后的齿轮传动系统设计参数

参数 \ 齿轮	齿轮 1	齿轮 2	齿轮 3	齿轮 4
模数/mm	2		3	
齿数	32	155	31	97
分度圆直径/mm	66.738	323.262	96.875	303.125
齿宽/mm	72	67	102	97
螺旋角/(°)	16.4688		16.2602	
中心距/mm	195		200	
中心距之和/mm	395			

经过进一步的分析，证明此设计结果正确合理，是满足设计要求并使中心距取 5 的倍数系列值时的最佳设计方案。

8.2.5 平面四杆机构再现轨迹的最优化设计

使平面四杆机构中连杆上的某点的运动轨迹接近给定平面曲线的设计在工程设计中应用很多。用解析法和作图法可以再现一些简单曲线，对于比较复杂的曲线再现就只能求助于最优化设计。

图 8-3 所示为一由杆 a,b,c,d 组成的平面四杆机构，其中 a 为曲柄，d 为机架，E_i 为连杆上的一点，Q 为一给定的平面曲线。要求四杆机构运动时，E_i 点的运动轨迹逼近曲线 Q。

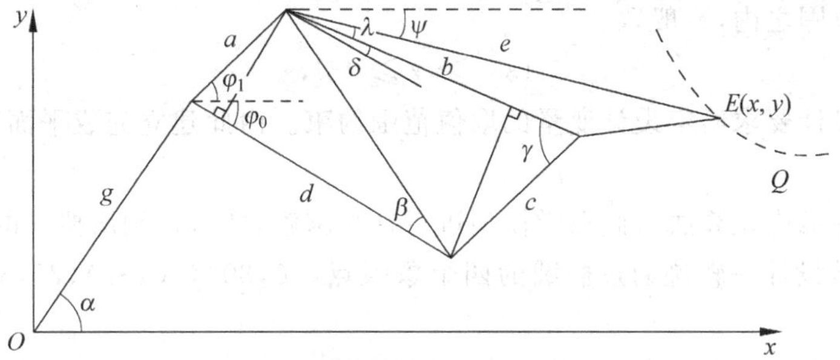

图 8-3 平面四杆机构设计示意图

将曲线 Q 在给定区间内取 n 个等分点，每个点的坐标记作 $Q_i(x_{qi},y_{qi})$。连杆上 E_i 点的坐标由图 8-3 计算可得

$$x_i = g\cdot\cos\alpha + a\cdot\cos\varphi_i + e\cdot\cos(\lambda+\delta_i+\varphi_0)$$

$$y_i = g\cdot\sin\alpha + a\cdot\sin\varphi_i + e\cdot\sin(\lambda+\delta_i+\varphi_0)$$

其中：

$$\delta_i = \arcsin\left(\frac{c\cdot\sin\gamma_i}{\rho_i}\right) - \beta_i$$

$$\gamma_i = \arccos\left(\frac{b^2 + c^2 - \rho_i^2}{2bc}\right)$$

$$\beta_i = \arcsin\left(\frac{a \cdot \sin(\varphi_i - \varphi_0)}{\rho_i}\right)$$

$$\rho_i = \sqrt{a^2 + d^2 - 2ad\cos(\varphi_i - \varphi_0)}$$

$$\varphi_i = \varphi_i + (i-1) \cdot \varphi_d$$

$$\psi_i = \varphi_0 + \delta_i + \lambda$$

将曲线 Q 在给定区间内取 n 个等分点,每个点的坐标记作 $Q_i(x_{qi}, y_{qi})$。

分析可知,连杆上 E_i 点的坐标是 $a, b, c, d, g, e, \alpha, \lambda, \varphi_0, \varphi_1, \varphi_d$ 的函数,若取 $a=1$,将其他参数作为设计变量,则有

$$\boldsymbol{X} = [x_1, x_2, x_3, x_4, x_5, x_6, x_7, x_8, x_9, x_{10}]^{\mathrm{T}} = [b, c, d, g, e, \alpha, \lambda, \varphi_0, \varphi_1, \varphi_d]$$

再现轨迹就是要求连杆上 E_i 点的实际位置(x_i, y_i)尽量接近轨迹曲线上各个点的坐标(x_{qi}, y_{qi}),由此可以建立如下目标函数

$$\min f(\boldsymbol{X}) = \sum_{i=1}^{n} (x_i - x_{qi})^2 + (y_i - y_{qi})^2$$

铰链四杆机构中,任何一根杆长加曲柄的长度必须小于其他两根杆长之和,于是有

$$a + b < c + d$$

$$a + c < b + d$$

$$a + d < b + c$$

为了保证一定的传力效果,四杆机构的传动角 γ(连杆 b 与摇杆 c 之间的夹角)

$$\gamma = \arccos\left[\frac{c^2 + b^2 - (a+d)^2}{2bc}\right]$$

必须在一定的范围之内,一般取

$$135° \geqslant \gamma \geqslant 45°,$$

还可根据设计要求给定设计变量的取值范围约束。由此建立完成平面四杆机构再现轨迹的数学模型。

采用非线性最优化算法对此数学模型进行计算求解,即可得到所要求的最优设计。

例 8-14 试设计一轨迹通过椭圆的四个象限点(40,30)(30,35)(20,30)(30,25)的平面四杆机构。

解:根据前述方法建立的数学模型所编制的 MATLAB 计算程序如下:

(1) 主程序 (linkdesign. m)

```
%铰链四杆机构再现轨迹设计主程序    linkdesign. m
options=optimset('Display','iter');
%x=[b,c,d,g,e,alpha,lam,phi0,phi1,phid]
global aa;
global nn;
global ang;
global xqj;
global yqj;
aa=10;
nn=8;
```

```
ang=pi/180;
xqj=[40,30,20,30,40,30,20,30];
yqj=[30,35,30,25,30,35,30,25];
lbnd=[12,12,12,12,0,-90,-45,-45,-120,89];
ubnd=[30,30,50,70,70,70,50,66,120,90];
x0=[19,19,22,35,35,35,11,-15,21,30];
[x,f,exitflag,output]=fmincon('linkobjfun',x0,[],[],[],[],lbnd,ubnd,'linkconstr',options)
```

(2) 目标函数子程序 (linkobjfun. m)

```
%铰链四杆机构再现轨迹设计目标函数子程序    linkobjfun. m
function f=linkobjfun(x)
global aa;
global nn;
global ang;
global gama;
global xqj;
global yqj;
f=0;
for i=1:nn
if(i==1) phi(i)=x(9)*ang;
else phi(i)=x(9)*ang+(i-1)*x(10)*ang;
end
rhu(i)=sqrt(aa^2+x(3)^2-2*aa*x(3)*cos(phi(i)-x(8)*ang));
beta(i)=asin(aa*sin(phi(i)-x(8)*ang)/rhu(i));
gam(i)=acos((x(1)^2+x(2)^2-rhu(i)^2)/(2*x(1)*x(2)));
gama(i)=gam(i)/ang;
delt(i)=asin(x(2)*sin(gam(i))/rhu(i))-beta(i);
psi(i)=x(8)*ang+x(7)*ang+delt(i);
xx(i)=x(4)*cos(x(6)*ang)+aa*cos(phi(i))+x(5)*cos(psi(i));
yy(i)=x(4)*sin(x(6)*ang)+aa*sin(phi(i))+x(5)*sin(psi(i));
dtx(i)=xx(i)-xqj(i);
dty(i)=yy(i)-yqj(i);
f=f+(abs(dtx(i)))^2+(abs(dty(i)))^2;
end
```

(3) 约束条件子程序 (linkconstr. m)

```
%铰链四杆机构再现轨迹设计约束条件子程序 linkconstr. m
function[c,ceq]=linkconstr(x)
global aa;
global nn;
global gama;
c(1)=x(1)+aa+5-x(2)-x(3);
c(2)=x(2)+aa+5-x(1)-x(3);
c(3)=x(3)+aa+5-x(1)-x(2);
for i=1:nn  c(3+i)=35-gama(i);
    c(nn+3+i)=gama(i)-135;
end
ceq=[];function[c,ceq]=linkconstr(x)
```

计算机运算结果如下：

```
x = 30.0000   30.0000   45.0000   35.8474   14.6395   63.5806
    -2.8837   -45.0000   -3.5863   90.0000
f = 2.5154
```

分析可知这是一曲柄摇杆机构，其曲柄长度为10。若将其放大10倍，设计所得曲柄摇杆机构的杆长分别为

曲柄 $a=100$，连杆 $b=300$，摇杆 $c=300$，机架 $d=450$。

E 点的位置：$e=146.395$，$\lambda=-2.8837$。

设计曲柄摇杆机构的原理图见图8-4。

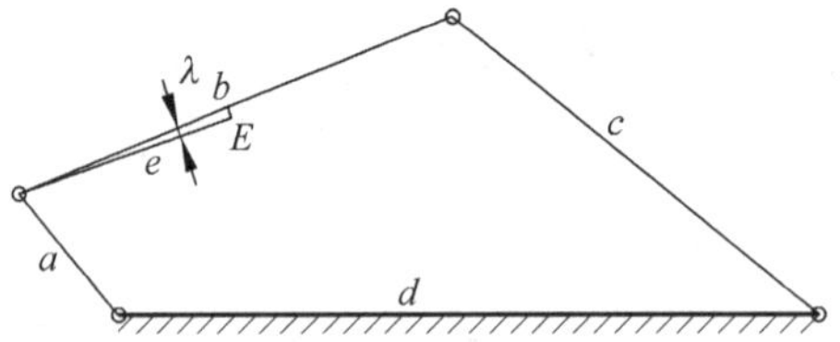

图8-4 设计四连杆机构原理图

设计曲柄摇杆机构的四个位置的运动简图如图8-5所示。

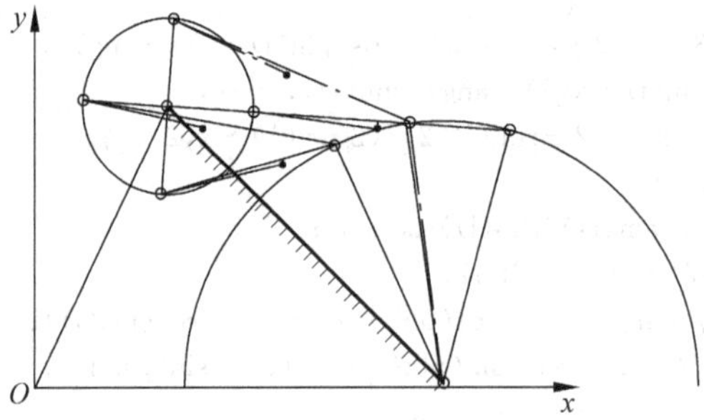

图8-5 设计曲柄摇杆机构运动简图

本章重点：MATLAB工具箱中用于求解各类最优化问题的函数格式及其使用方法；工程最优化设计问题的MATLAB求解程序的结构与运行方式。

基本要求：熟悉各种MATLAB最优化函数的功能、格式及输入输出参数的意义；熟悉常用MATLAB最优化程序的结构、输入/输出数据的形式及最优化函数的调用格式；掌握MATLAB最优化问题的编程方法；能计算求解比较简单的工程最优化设计问题。

内容提要：

MATLAB是一种面向科学与工程计算的高级语言和解决各类工程问题的大型软件包。它的最优化工具箱、遗传算法工具箱和神经网络工具箱都有许多函数可以用来求解工程最优化设计问题，其中最常用的函数如下：

linprog　线性规划问题的求解函数；

fminsearch　非线性无约束问题的求解函数；

fminbnd 非线性边界约束问题的求解函数；

fmincon 非线性一般约束问题的求解函数；

fminmax 多目标问题的求解函数；

ga 最优化问题的遗传算法函数；

newff, train, sim 分别是产生神经网络、进行网络训练和仿真运算的函数。

对于简单的问题，可以采用“命令模式”。在命令栏直接逐行输入有关数据的赋值语句和有关的最优化函数调用语句。所有语句输入完成后，马上开始运算求解，并在运算结束后显示计算结果。

对于比较复杂的问题，最好采用函数调用模式。分别建立以 m 为扩展名的目标函数子程序、约束函数子程序和必需的其他子程序，然后建立调用这些子程序的最优化计算主程序。程序编制完成后，只要运行主程序，就可以开始运算或调试运算，最后得到所求问题的最优解。

习　题

1. 用 MATLAB 最优化工具箱的相关函数编程求解：

(1) 第 1 章的习题 1 和习题 3。

(2) 第 3 章的习题 1 和习题 4。

(3) 第 4 章的习题 1～4。

(4) 第 5 章的习题 1 和习题 2。

(5) 第 6 章的习题 1，习题 3～5。

2. 结合自己的工作，提出一个最优化设计问题，建立数学模型，并用 MATLAB 最优化工具箱的相关函数编程求解。

第 8 章　习题解答

参考文献

[1] 唐焕文,秦学志.实用最优化方法[M].大连：大连理工大学出版社,1994.
[2] 施光燕,董家礼.最优化方法[M].北京：高等教育出版社,1999.
[3] 刘惟信.机械最优化设计[M].北京：清华大学出版社,1994.
[4] 陈继平,李元科.现代设计方法[M].武汉：华中科技大学出版社,1998.
[5] 朱德通.最优化模型与试验[M].上海：同济大学出版社,2003.
[6] 周明,孙树栋.遗传算法原理与应用[M].北京：国防工业出版社,1999.
[7] 玄光男,程润伟.遗传算法与工程优化[M].于歆杰,周根贵,译.北京：清华大学出版社,2004.
[8] 陈祥光,裴旭东.人工神经网络技术及应用[M].北京：中国电力出版社,2003.
[9] 焦李成.神经网络计算[M].西安：西安电子科技大学出版社,1993.
[10] 王洪元,史国栋.人工神经网络技术及其应用[M].北京：中国石化出版社,2002.
[11] 谢庆生,等.机械工程中的神经网络方法[M].北京：机械工业出版社,2003.
[12] 李元科.工程最优化设计[M].北京：清华大学出版社,2006.